高等职业教育机电类专业"十三五"规划教材

金属加工实训教程

主　编　于磊磊　　石叶琴

副主编　杨立平　　徐留明　马科学

参　编　陈发金　　赵　云　刘　芳　邓松茂

主　审　吴　岱　　邢文娟

西安电子科技大学出版社

内 容 简 介

  本书根据国家对职业教育改革发展示范学校建设的要求,借鉴国内外先进的职业教育理念和教学方法,并参照国家职业技能鉴定标准的相关要求编写而成。

  全书共九章,包括金属加工基础、热加工基础、冷加工基础以及钳工实训、车床加工实训、铣床加工实训、数控车床加工实训、加工中心加工实训、特种加工实训等内容,涉及金属材料的基本选用、冷加工和热加工基础知识,配有常见金属加工方式和类型、工学结合的加工案例及五个综合训练项目。

  本书可作为职业院校机械类专业及相关专业的实训教材,也可作为机械加工岗位培训用书,还可供相关工程技术人员选用。

图书在版编目(CIP)数据

  金属加工实训教程/于磊磊,石叶琴主编. —西安:西安电子科技大学出版社,2020.4
  ISBN 978 - 7 - 5606 - 5572 - 7

  Ⅰ.① 金… Ⅱ.① 于… ② 石… Ⅲ.① 金属加工—高等职业教育—教材 Ⅳ.① TG

中国版本图书馆 CIP 数据核字(2020)第 017158 号

策划编辑 李惠萍
责任编辑 权列秀 阎彬
出版发行 西安电子科技大学出版社(西安市太白南路 2 号)
电   话 (029)88242885 88201467   邮   编 710071
网   址 www.xduph.com   电子邮箱 xdupfxb001@163.com
经   销 新华书店
印刷单位 陕西精工印务有限责任公司
版   次 2020 年 4 月第 1 版 2020 年 4 月第 1 次印刷
开   本 787 毫米×1092 毫米 1/16 印张 16.75
字   数 395 千字
印   数 1～3000 册
定   价 37.00 元

  ISBN 978 - 7 - 5606 - 5572 - 7/TG

XDUP 5874001 - 1

  * * *如有印装问题可调换* * *

前　　言

本书根据国家职业教育改革发展建设的要求，借鉴了国内外先进的职业教育理念和教学方法，并参照国家职业技能鉴定的相关要求，采用项目式教学的模式编写而成。本书主要特点如下：

（1）在编写理念上，根据职业学校学生的培养目标及其认知特点，打破了传统的理论—实践—再理论的认知规律，代之以实践—理论—再实践的新认知规律，突出"做中学，学中做"的新型教育理念。

（2）在教学思想上，坚持"理实一体"，充分体现"教、学、做一体化"的教学模式，在任务实施过程中强调实践与理论的有机统一，技能上力求满足企业的用工需要，理论上做到适度、够用；融入了对职业技能和职业素养的要求，课题的选择体现了梯度性的特点，既能有效地减少实训耗材的支出，降低实训成本，又体现出了适应职业岗位需求的知识技能。

（3）在教学内容上，充分考虑学生的认知规律，强调由浅入深、循序渐进，力求在教学内容上做到学生"能学"和"乐学"。同时，在内容编排上打破了原有的理论框架，对内容进行有效整合、取舍和补充，简化原理性的描述，尽量以图表的形式将复杂的内容形象化，由实践操作的需要引出理论知识的讲解，充分适应和迎合学生的学习习惯，使学生明确学习目标。

本书力求体现新知识、新技术、新工艺，在内容上与国家职业技能鉴定规范相结合，力争做到言简意赅、条理清晰、内容新颖、图文并茂。全书共有九个章节，分别为金属加工基础、热加工基础、冷加工基础、钳工实训、车床加工实训、铣床加工实训、数控车床加工实训、加工中心加工实训和特种加工实训。本书对每一知识点的讲解，均采用通俗易懂的语言和形式，并配有易实施的加工案例，内容简单明了。

本课程的教学时数建议为 130 课时，各章的课时分配如下表所示：

章序	课程内容	课时分配		
		合计	讲授	实操
第一章	金属加工基础	6	4	2
第二章	热加工基础	6	4	2
第三章	冷加工基础	8	4	4
第四章	钳工实训	18	8	10
第五章	车床加工实训	18	8	10
第六章	铣床加工实训	14	6	8
第七章	数控车床加工实训	18	8	10
第八章	加工中心加工实训	18	8	10
第九章	特种加工实训	16	8	8
	机动	8		
课时合计		130		

　　本书由于磊磊、石叶琴任主编，杨立平、徐留明、马科学任副主编，吴岱、邢文娟主审。参与本书编写工作的还有陈发金、赵云、刘芳、邓松茂等。本书在编写过程中借鉴了国内外同行的最新资料与文献，并得到南京交通技师学院、南京钟山职业技术学院、连云港中等专业学校等单位的大力支持，在此一并致以衷心的感谢。

　　由于编者水平有限，书中难免存在不足之处，欢迎读者提出宝贵意见或建议。

　　编者联系方式：112707475@qq.com。

编　者

2019 年 10 月

目　录

第一章　金属加工基础

1.1　常用金属材料

学习目标

1. 了解金属材料的分类。
2. 正确识读常用金属材料的分类、牌号及用途。

课堂讨论

填写图 1-1-1 中各金属物件的颜色，讨论其在材质上有哪些差异。

铝合金蒸锅

颜色：_____

铸铁阀门

颜色：_____

铜鼎

颜色：_____

刀具和剪刀

颜色：_____

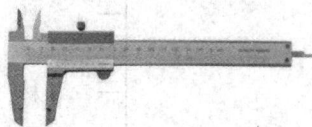

游标卡尺

颜色：_____

图 1-1-1　各种金属物件

通过观察不难看出，有些金属的颜色不同，有些金属的颜色相同或相近。这些金属除了颜色有差异之外，由于组成金属的成分不同，其组织和性能也存在差异。

一、材料的种类

为了便于材料的生产、应用、管理研究与开发，有必要对材料进行分类。由于材料的种类繁多，用途广泛，因此分类的方法也很多。根据材料的用途可分为建筑材料、电工材料、结构材料等；按材料的结晶状态可分为单晶体材料、多晶体材料及非晶体材料；按材料的物理性能及物理效应可分为半导体材料、磁性材料、激光材料、热电材料、光电材料等。

在工程上通常按材料的化学成分、结合键的特点将工程材料分为金属材料、无机非金属材料、高分子材料和复合材料。材料的分类如图1-1-2所示。

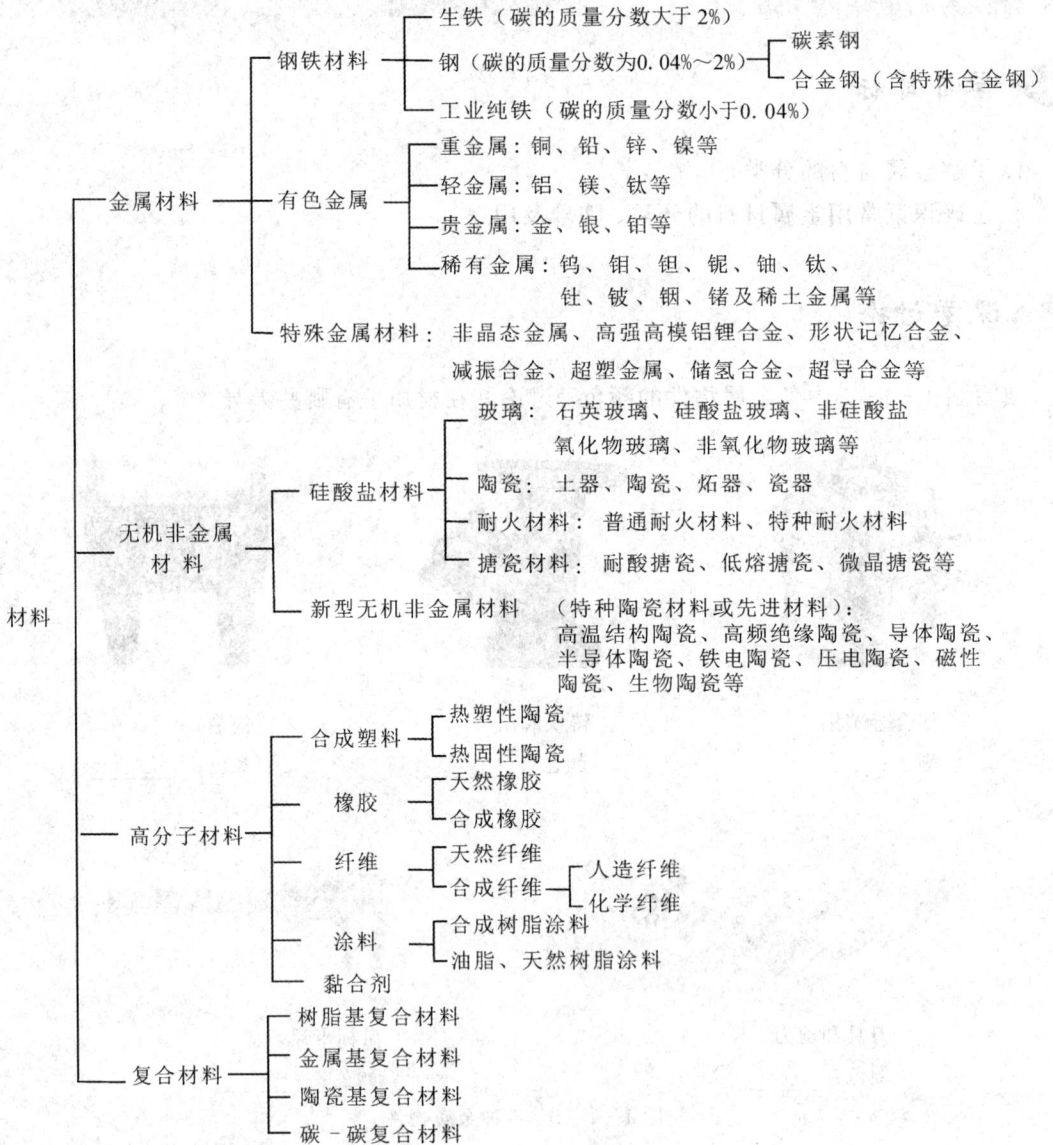

图1-1-2 材料的分类

二、常用金属材料的分类、牌号及用途

金属材料是指以过渡族金属为基础的纯金属和含有金属、半金属或非金属的合金。由于金属材料具有良好的力学性能(较高的强度、刚度、塑性、韧性)、物理性能(导电、导热性等)、化学性能及工艺性能,能采用比较简便和经济的加工方法制成零件,因此金属材料大量用作结构材料和功能材料,是目前应用最广泛的材料。

1. 碳素钢

碳素钢是指碳的质量分数低于 2.11%,并有少量硅、锰以及磷、硫等杂质的铁碳合金。工业上应用的碳素钢中碳的质量分数一般不超过 1.4%,这是因为碳的质量分数超过此值后,将表现出很大的硬脆性,并且加工困难,无法很好地满足相关的使用和生产要求。常见的碳素钢制品如图 1-1-3 所示。

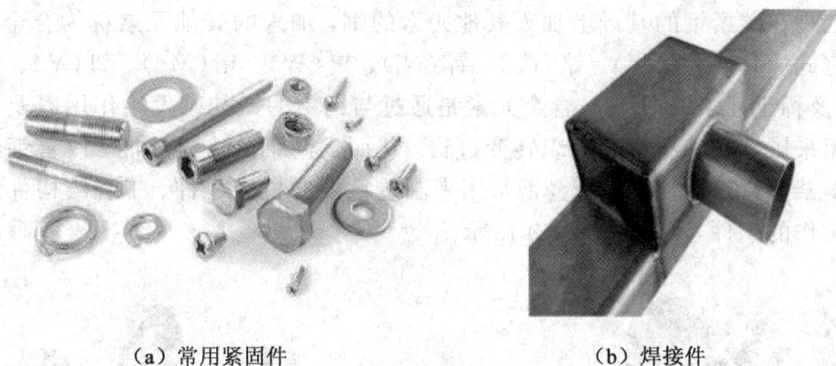

(a) 常用紧固件　　　　　(b) 焊接件

图 1-1-3　常见的碳素钢制品

1) 碳素钢的分类

碳素钢的分类方法主要有下列几种:

(1) 按含碳量分,有低碳钢($\omega_C \leqslant 0.2\%$)、中碳钢($0.25\% \leqslant \omega_C \leqslant 0.60\%$)、高碳钢($\omega_C > 0.60\%$),其中 ω_C 为钢中的碳质量分数。

(2) 按质量分,有普通碳素钢($\omega_S \leqslant 0.050\%$,$\omega_P \leqslant 0.045\%$)、优质碳素钢($\omega_S \leqslant 0.035\%$,$\omega_P \leqslant 0.035\%$)、高级优质碳素钢($\omega_S \leqslant 0.030\%$,$\omega_P \leqslant 0.030\%$),特级优质碳素钢($\omega_S \leqslant 0.020\%$,$\omega_P \leqslant 0.025\%$)。其中 ω_S 为钢中硫元素的质量分数,ω_P 为钢中磷元素的质量分数。

(3) 按用途分,碳素钢分为碳素结构钢、碳素工具钢。

(4) 按冶炼方法分,可分为平炉钢、转炉钢(氧气转炉、空气转炉)和电炉钢。

(5) 按钢的脱氧程度分,可分为沸腾钢(钢号后标"F")、镇静钢(用"Z"表示,可不标出)、半镇静钢(钢号后标"b")、特殊镇静钢(代号为"TZ",可不标出)。

2) 典型碳素钢的牌号、主要性能及用途

典型碳素钢的牌号、主要性能及用途如表 1-1-1 所示。

表 1 - 1 - 1　典型碳素钢的牌号、主要性能及用途

序号	分类	典型钢号	典型钢号说明	用　　途
1	碳素结构钢	Q235	沸腾钢，质量为 A 级，屈服强度为 235MPa	主要作焊接件、紧固件、轴、支座等
2	优质碳素结构钢	45	碳的质量分数平均为 0.45%	低碳钢强度低、塑性好，可制作容器、冲压件等；中碳钢强度高、塑性适中，可用于制作调质件，如轴、套等；高碳钢强度高、塑性差、弹性差，可制作弹性零件及耐磨件，如弹簧、轧辊等
		65Mn	Mn 的含量较高，碳的质量分数平均为 0.65%	
3	碳素工具钢	T8	碳的质量分数平均为 0.8%	根据质量分数不同，分别用于制作冲模、量规或锉刀、刮刀及手用工具等

2. 合金钢

合金钢就是在碳素钢的基础上加入其他元素的钢，加入的其他元素称为合金元素。常用的合金元素有硅（Si）、锰（Mn）、铬（Cr）、镍（Ni）、钨（W）、钼（Mo）、钒（V）、钛（Ti）、铝（Al）、硼（B）及稀土元素（RE）等。合金元素是通过与钢中的铁和碳发生作用以及合金元素之间的相互作用来影响钢的组织和组织转变过程，从而提高钢的力学性能，改善钢的热处理工艺性能和获得某些特殊性能的。合金钢常用来制造重要的机械零件、工程结构件以及一些在特殊条件下工作的钢件，如图 1 - 1 - 4 所示。

（a）法兰　　　　　　　　　　　　　　　　（b）螺母

图 1 - 1 - 4　常见的合金钢制品

3. 铸铁

铸铁是以 Fe、C、Si 为基础的复杂的多元合金。铸铁的 $\omega_C = 2.0\% \sim 4.0\%$，除 C 和 Si 外，还含有 Mn、P、S 等元素。从化学成分看，铸铁与钢的主要区别在于铸铁比钢含有较高的碳和硅，并且硫、磷杂质含量较高。常用铸铁的化学成分范围是 $\omega_C = 2.5\% \sim 4.0\%$，$\omega_{Si} = 1.0\% \sim 3.0\%$，$\omega_{Mn} = 0.4\% \sim 1.4\%$，$\omega_P = 0.1\% \sim 0.5\%$，$\omega_S = 0.02\% \sim 0.20\%$。其中 ω_{Si} 为铸铁中硅元素的质量分数，ω_{Mn} 为铸铁中锰元素的质量分数。为了提高铸铁的力学性能或获得某种特殊性能，可加入 Cr、Mo、V、Cu、Al 等合金元素，从而形成合金铸铁。铸铁可分为白口铸铁、灰口铸铁、可锻铸铁、球墨铸铁、蠕墨铸铁、麻口铸铁。

4. 有色金属及其合金

有色金属是除钢铁材料以外的其他金属材料的总称，如铝、镁、铜、锌、锡、铅、镍、钛、金、银、铂、钒、钼等金属及其合金就属于有色金属材料。

有色金属材料种类较多，冶炼比较难，成本较高，故其产量和使用量（只占金属材料的5％）远不如钢铁材料。但是有色金属材料由于具有钢铁材料所不具备的某些物理性能和化学性能，如良好的导热性、导电性以及优异的化学稳定性和高比强度等，因而在机械工程中占有重要的地位，是现代工业中不可缺少的重要金属材料，广泛应用于机械制造、航空、航海、汽车、石化、电力、电器、核能及计算机等行业。常用的有色金属有铝及铝合金、铜及铜合金、钛及钛合金、镁及镁合金、滑动轴承合金等。

1）铝及铝合金

（1）纯铝。纯铝是银白色金属，主要性能特点是密度小，导电性和导热性高，耐大气腐蚀性能好，塑性好，无铁磁性。因此纯铝适宜制造要求导电的电线、电缆以及导热和耐大气腐蚀而对强度要求不高的某些制品。

（2）铝合金。在纯铝中加入 Cu、Mg、Si 等合金元素后所组成的铝合金，不仅基本保持了纯铝的优点，还可明显提高其强度和硬度，使其应用领域显著扩大。目前，铝合金广泛应用于普通机械、电气设备、航空航天器、运输车辆和装饰装修等。铝合金分为变形铝合金及铸造铝合金两种。

① 变形铝合金。变形铝合金能够进行压力加工，并可加工成各种形态、规格的铝合金型材（如板、带、箔、管、线、型及锻件等），主要用于航空器材、人造地球卫星、交通车辆材料、舰船用材、各种建筑装饰材料和空间探测器的主要结构材料等。根据能否进行热处理强化来分类，变形铝合金可分为热处理不能强化变形铝合金和热处理能强化变形铝合金两大类。其中热处理不能强化变形铝合金不能通过热处理来提高其力学性能，只能通过冷变形加工来实现强化，它主要包括防锈铝。热处理能强化变形铝合金可以通过淬火和时效等热处理手段来提高其力学性能，它主要包括硬铝、超硬铝、锻铝等。

② 铸造铝合金。铸造铝合金是指可采用铸造成形方法直接获得铸件的铝合金。铸造铝合金与变形铝合金相比，一般含有较高的合金元素，具有良好的铸造性能，但塑性与韧性较低，不能进行压力加工。铸造铝合金按其所加合金元素的不同，可分为 Al-Si 系合金、Al-Cu 系合金、Al-Mg 系合金、Al-Zn 系合金等。

铸造铝合金牌号由铝和主要合金元素的化学符号以及表示主要合金元素质量百分含量的数字组成，并在其牌号前面冠以"铸"字的汉语拼音首字母"Z"。例如，ZAlSi12 表示 $\omega_{Si}=12\%$，$\omega_{Al}=88\%$ 的铸造铝合金。

2）铜及铜合金

铜及铜合金的应用范围仅次于钢铁，它具有优良的导电性和导热性，以及很好的冷、热加工性能和良好的耐蚀性。铜的强度不高，硬度较低。铜及铜合金一般分为纯铜、黄铜、青铜和白铜，广泛用于电力、电子、仪表、机械、化工、海洋工程、交通、建筑等各种工业部门。

（1）纯铜。纯铜呈玫瑰红色，表面氧化膜是紫色，又称为紫铜。纯铜的密度为 8.9 g/cm³，熔点为 1083℃，纯度为 99.5％～99.95％，具有良好的导热性和导电性，其电导率仅次于银而位居第二位。纯铜广泛用作导电材料及配制铜合金的原料。

根据铜中杂质含量及提炼方法不同，纯铜分为工业纯铜、无氧铜和磷脱氧铜。

（2）铜合金。根据化学成分不同，铜合金分为黄铜、青铜和白铜三类。根据生产方法的不同，铜合金还可以分为加工铜合金和铸造铜合金。

3）钛及钛合金

钛金属在 20 世纪 50 年代才开始投入工业生产和应用，但其发展却非常迅速，广泛应用于航空、航天、化工、造船、机电产品、医疗卫生和国防等部门。由于钛具有密度小、强度高、比强度（单位体积质量的材料强度）高、耐高温、耐腐蚀和良好的冷热加工性能等优点，所以钛金属主要用于制造要求塑性高、有较高强度、耐蚀和可焊接的零件。

4）镁及镁合金

镁是地球上排位第八的富有元素，同时也是海水中的第三富有元素。镁合金作为最轻的工程金属材料，被誉为"21 世纪的绿色工程材料"。随着金属材料消耗量的急剧上升和科学技术的飞速发展，地球的资源日趋贫化。有些金属如铜、铅、锌只能持续几十年，有些如铝、铁也只够使用一百年到三百年。镁是地球上储量最丰富的轻金属元素之一，占地壳表层金属矿含量的 2.3%，其在盐湖及海洋中的含量也十分巨大，约占海水重量的 0.13%。因此，在很多传统金属矿产趋于枯竭的今天，加速开发镁材料对保持社会可持续发展具有重要的战略意义。

5）滑动轴承合金

滑动轴承合金又称为轴瓦合金，是用于制造滑动轴承的材料。轴承合金的组织是指在软相基体上均匀分布着硬相质点，或在硬相基体上均匀分布着软相质点。滑动轴承合金的理想组织状态示意图见图 1-1-5。滑动轴承合金具有良好的耐磨性和减摩性，有一定的抗压强度和硬度，有足够的疲劳强度和承载能力，塑性和冲击韧度良好，具有良好的抗咬合性、顺应性、镶嵌性以及良好的导热性、耐腐蚀性和小的热膨胀系数。滑动轴承如图 1-1-6 所示。

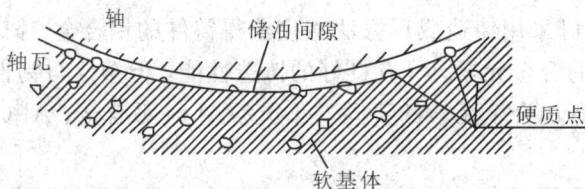

图 1-1-5　滑动轴承合金的理想组织状态示意图　　　图 1-1-6　滑动轴承

1.2　金属材料的力学性能

学习目标

1. 理解材料的力学性能。
2. 理解强度、塑性、硬度、韧性等概念。
3. 了解金属疲劳现象。

课堂讨论

轴是机械中常见的零件，在使用过程中经常会出现如图 1-2-1 和图 1-2-2 所示的现象，这说明了什么问题？

图 1-2-1　螺杆磨损

图 1-2-2　齿轮轮齿断裂

金属材料的力学性能是指金属材料在力的作用下所显示的与弹性和非弹性反应相关或涉及应力应变关系的性能，如弹性、强度、硬度、塑性、韧性、疲劳强度等。弹性是指物体在外力作用下改变其形状和尺寸，当外力卸除后物体又恢复到其原始形状和尺寸的特性。物体受外力作用后导致物体内部之间相互作用的力，称为内力 F。单位面积上的内力，称为应力 T（N/mm^2）。金属材料的强度指标就是用应力来度量的。应变是指由外力所引起的物体原始尺寸或形状的相对变化。

金属材料力学性能指标是评定金属材料质量的主要判据，也是金属构件设计时选材和进行强度计算的主要依据。金属材料的力学性能指标主要有强度、塑性、硬度、韧性和疲劳强度。

一、强度和塑性

1. 定义

金属材料在力的作用下，抵抗永久变形和断裂的能力称为强度。因金属材料承受外力方式的不同，其变形存在多种形式，所以材料的强度又可分为抗拉强度、抗压强度、抗扭强度、抗弯强度和抗剪强度。

塑性是指金属材料在断裂前发生不可逆转永久变形的能力。永久变形是指物体在力的作用下产生的形状、尺寸的改变，且外力去除后，变形不能恢复到原来的形状和尺寸的变形。金属材料的强度和塑性指标可以通过拉伸试验测得。

2. 强度指标

金属材料抵抗拉伸力强度指标主要有抗拉强度、屈服强度和规定残余延伸强度等。

1）抗拉强度

抗拉强度是指材料在拉断前承受的最大应力值。当金属钢材屈服到一定程度后，由于内部晶粒重新排列，其抵抗变形能力又重新提高，此时变形虽然发展很快，但却只能随着应力的提高而提高，直至应力达最大值。此后，钢材抵抗变形的能力明显降低，并在最薄弱处发生较大的塑性变形，此处试件截面迅速缩小，出现颈缩现象，直至断裂破坏。钢材受拉断裂前的最大应力值称为强度极限或抗拉强度。

2）屈服强度和规定残余延伸强度

屈服强度是金属材料发生屈服现象时的屈服极限，亦即抵抗微量塑性变形的应力。对于无明显屈服的金属材料，规定以产生 0.2% 残余变形的应力值为其屈服极限，称为条件屈服极限或屈服强度。大于此极限的外力作用将会使零件永久失效，无法恢复。如低碳钢的屈服极限为 207 MPa，在大于此极限的外力作用之下，零件将会产生永久变形，而当外力小于屈服极限时，去掉外力零件还会恢复原来的样子。

工业上规定，残余延伸强度是指试样卸除应力后，残余延伸率等于规定的残余延伸率时对应的应力，用应力符号 R 并加角标"r"和规定残余延伸率表示。例如：国家标准规定 $R_{r0.2}$ 表示规定残余延伸率为 0.2% 时的应力，并将其定为没有产生明显屈服现象的金属材料的屈服强度。

3. 塑性指标

金属材料的塑性可以用拉伸试样断裂时的最大相对变形量来表示，如拉伸后的断后伸长率和断面收缩率。它们是工程上广泛使用的表征材料塑性大小的主要力学性能指标。

1）伸长率

拉伸试样在进行拉伸试验时，在力的作用下产生塑性变形，拉伸试样中的原始标距会不断伸长，如图 1-2-3 所示。拉伸试样拉断后的标距伸长量与原始标距的百分比称为断后伸长率，用符号 A 表示。A 可用下式计算：

$$A = \frac{L_u - L_o}{L_o} \times 100\%$$

式中：L_u 为拉伸试样对接后测出的标距长度，单位是 mm；L_o 为拉伸试样原始标距长度，单位是 mm。

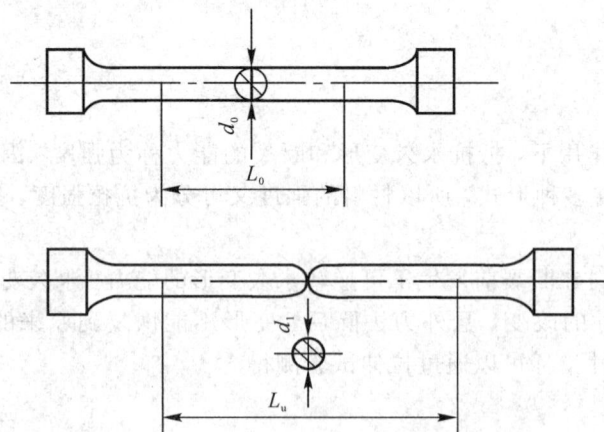

图 1-2-3　拉伸试样实验图

伸长率是金属材料的重要机械性能指标，是关系产品优劣和能承受外力大小的重要标志，抗拉强度及伸长率的大小与材料性质、加工方法和热处理条件有关。

2）断面收缩率

断面收缩率（Section shrinkage）是指材料在拉伸断裂后，断面最大缩小面积与原断面积的百分比。断面收缩率用符号 Z 表示。Z 值可用下式计算：

$$Z = \frac{S_\circ - S_u}{S_\circ} \times 100\%$$

式中：$S_\circ$ 为拉伸试样原始横截面积，单位是 mm^2；S_u 为拉伸试样断口处的横截面积，单位是 mm^2。

金属材料的塑性大小对金属零件的加工和使用具有非常重要的实际意义。塑性好的金属材料不仅能顺利地成型加工，而且在金属零件使用过程中超载时由于金属材料可进行塑性变形，就能避免金属零件发生突然断裂。所以，大多数机械零件除要求具有较高的硬度外，还需有一定的塑性。

二、硬度

材料局部抵抗硬物压入其表面的能力称为硬度。金属材料对外界物体入侵的局部抵抗能力，是比较各种材料软硬的指标。由于规定了不同的测试方法，所以有不同的硬度标准。各种硬度标准的力学含义不同，相互不能直接换算，但可通过试验加以对比。

硬度的测定方法有压入法、划痕法、回弹高度法等，其中压入法比较普遍。压入法是在静态试验力作用下，将一定的压头压入金属材料表层，然后根据压痕的面积大小（或者压痕的深度）测定其硬度值，这种硬度评定方法又称为压痕硬度。常用的硬度测试方法有布氏硬度（HBW）、洛氏硬度（HRA、HRB、HRC 等）和维氏硬度（HV）。

1. 布氏硬度

布氏硬度是由瑞典人提出的，它在工程技术特别是机械和冶金工业中广泛使用。布氏硬度的测量方法是用规定大小的载荷 P，把直径为 D 的钢球压入被测材料表面，持续规定的时间后卸载，用载荷值（千克力，1 千克力约等于 9.8 牛顿）和压痕面积（平方毫米）之比定义硬度值。布氏硬度 HBW 的计算式为：

$$HBW = 0.102 \times \frac{2F}{\pi D(D - \sqrt{D^2 - d^2})}$$

式中：F 为试验力，单位是 N；D 为压头的直径，单位是 mm；d 为压痕的直径，单位是 mm。

布氏硬度的标注方法：测定的硬度值应标注在硬度符号"HBW"的前面，除了保持时间为 $10 \sim 15$ s 的试验条件外，在其他条件下测得的硬度值，均应在硬度符号"HBW"的后面用相应的数字注明压头直径、试验力大小和试验力保持时间。例如：150HBW10/1000/30 表示压头直径为 10 mm 的硬质合金球，在 1000 kgf 试验力的作用下，保持 30 s 时测得的布氏硬度值为 150。

布氏硬度试验的特点是试验时金属材料表面压痕大，能在较大范围内反映被测金属材料的平均硬度，测得的硬度值比较准确和稳定，数据重复性强，不受个别组成相及微小不均匀区的影响。但由于布氏硬度试验压痕较大，对金属材料表面的损伤较大，因此，布氏硬度试验不宜测定太小或太薄的试样。通常布氏硬度试验适合于测定非铁金属、灰铸铁，可锻铸铁、球墨铸铁及经退火、正火、调质处理后的各类钢材。

2. 洛氏硬度

洛氏硬度测定法是美国人于 1919 年提出的，它基本上克服了布氏硬度测定法的上述不足。洛氏硬度所采用的压头是锥角为 120°的金刚石圆锥(如图 1-2-4(a)所示)或直径为 1/16 英寸(1 英寸等于 25.4 毫米)的钢球(如图 1-2-4(b)所示)，并用压痕深度作为标定硬度值的依据。测量时，总载荷分初载荷和主载荷(总载荷减去初载荷)两次施加，初载荷一般选用 10 千克力，加至总载荷后卸去主载荷，并以这时的压痕深度来衡量材料的硬度。洛氏硬度标记为 HR，所测数值写在 HR 后。洛氏硬度值计算公式为：

$$HR = \frac{N-h}{S}$$

式中：N 为常数，金刚石压头时 $N=0.2$ mm，淬火钢球压头时 $N=0.26$ mm；h 为主载荷解除后试件的压痕深度；S 也为常数，一般情况下 $S=0.002$ mm。

(a) 圆锥测头　　　　　　　　　　　　　(b) 钢球测头

图 1-2-4　洛氏硬度测头

为了适应极宽阔的测量范围，可采用改变载荷和更换压头两种办法。不同的载荷和压头组成不同的洛氏硬度标尺，常用的标尺有 A、B、C 三种。标尺 A 用于钨、硬质合金及其他硬材料，还用于淬硬的薄钢带。由于大载荷容易损坏金刚石压头，所以载荷改为 60 千克力。标尺 A 是所有洛氏硬度标尺中唯一能在退火黄铜直到硬质合金这样广阔的硬度范围内使用的标尺。标尺 B 用于中等硬度的金属材料，如退火的低碳钢和中碳钢、黄铜、青铜和硬铝合金；压头为直径是 1/16 英寸的钢球；载荷为 100 千克力。其标尺范围为 HRB0～HRB100，硬度高于 HRB100 时钢球可能被压扁。标尺 C 用于硬度高于 HRB100 的材料，如淬火钢、各种淬火和回火合金钢，压头为顶角 120°的金刚石圆锥；载荷为 150 千克力。标尺 C 的使用范围为 HRC20～HRC70，标尺 B 和 C 是洛氏硬度的标准标尺。

3. 维氏硬度

维氏硬度试验方法是英国史密斯和塞德兰德于 1925 年提出的。英国的维克斯-阿姆斯特朗(Vickers-Armstrong)公司试制了第一台以此方法进行试验的硬度计。和布氏、洛氏硬度试验相比，维氏硬度试验测量范围较宽，从较软材料到超硬材料，几乎全部涵盖。

维氏硬度的测定原理基本上和布氏硬度相同，也是根据压痕单位面积上的载荷来计算硬度值。所不同的是维氏硬度试验的压头是金刚石的正四棱锥体。试验时，在一定载荷的作用下，在试样表面上压出一个四方锥形的压痕，测量压痕的对角线长度，用以计算压痕的表面积，载荷除以表面积的数值就是试样的硬度值，用符号 HV 表示。HV 主要用于确定钢的表面渗氮硬化程度。维氏硬度测量法所用的压头是金刚石正四棱锥(如图 1-2-5 所示)，它的两相对面间的夹角为136°，载荷有5、10、20、30、50、100千克力等几种，用压出的四棱锥压痕表面积除载荷所得的值作为维氏硬度值，记为HV，即

$$HV = \frac{0.1891F}{d^2}$$

式中：F为载荷（N）；d为压痕对角线长度的算术平均值（mm）。

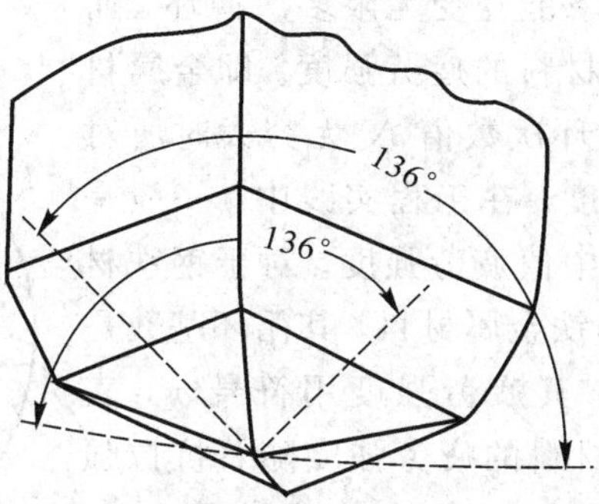

图1-2-5　金刚石正四棱锥压头

用于测定上述硬度的仪器以英国维克斯-阿姆斯特朗公司制造的应用较广，故得名为维氏硬度。

三、韧性

材料韧性是在冲击、震动荷载作用下，金属材料可吸收较大的能量产生一定的变形而不被破坏的性质，称为韧性或冲击韧性。刚性和脆性一般是连在一起的。脆性是指当外力达到一定限度时，材料发生无先兆的突然破坏，且破坏时无明显塑性变形的性质。脆性材料力学性能的特点是抗压强度远大于抗拉强度，破坏时的极限应变值极小。与韧性材料相比，它们对抵抗冲击荷载和承受震动作用是相当不利的。

金属材料的韧性大小通常采用吸收能量K（单位是J）指标来衡量，而测定金属材料吸收能量K，通常采用夏比摆锤冲击试验方法（GB/T 229—2007《金属材料夏比摆锤冲击试验方法》）来测定。

四、疲劳

疲劳是指材料、零件和构件在循环应力或应变作用下，在某点或某些点产生局部的永久性损伤，并在一定循环次数后形成裂纹或使裂纹进一步扩展直到完全断裂的现象。日常生活和生产中，许多零件工作时承受的实际应力值通常低于制作金属材料的屈服强度或规定残余延伸强度，但是零件在循环应力作用下，经过一定时间的工作后会突然发生疲劳断裂。

金属材料发生的疲劳断裂与其在静载荷作用下的断裂情况是不同的。金属材料在疲劳断裂时不产生明显的塑性变形，断裂是突然发生的，因此，疲劳断裂具有很大的危险性，常常造成严重事故。据统计，在损坏的机械零件中，80%以上是因疲劳造成的。因此，研究疲劳现象对于正确使用金属材料、合理设计机械构件具有重要意义。

研究表明，疲劳断裂一般产生在零件应力集中的局部区域，该区域首先形成微小的裂纹核心，即微裂源。随后在循环应力作用下，微小裂纹继续扩展长大。由于微小裂纹不断扩展，使零件的有效工作面逐渐减小，因此，零件所受应力不断增加，当应力超过金属材料的断裂强度时，则突然发生疲劳断裂，最终形成断裂区。所以，金属疲劳断裂的断口一般由微裂源、扩展区和瞬断区组成，如图 1-2-6 所示。

金属材料在循环应力作用下能经受无限多次循环，而不断裂的最大应力值称为金属材料的疲劳强度。即金属材料在多次循环应力作用下其循环次数值 N 无穷大时所对应的最大应力值，称为疲劳强度。在工程实践中，一般是求对应于指定的循环基数下的中值疲劳强度。对于钢铁材料，其循环基数是 10^7；对于非铁金属材料，其循环基数是 10^8。对于对称弯曲循环应力，其疲劳强度用符号 σ_{-1} 表示。许多试验结果表明：金属材料的疲劳强度随着抗拉强度的提高而提高，对于结构钢，当抗拉强度 $R_m \leqslant 1400$ MPa时，其疲劳强度 σ_{-1} 约为抗拉强度的 1/2。

图 1-2-6 疲劳断口示意图

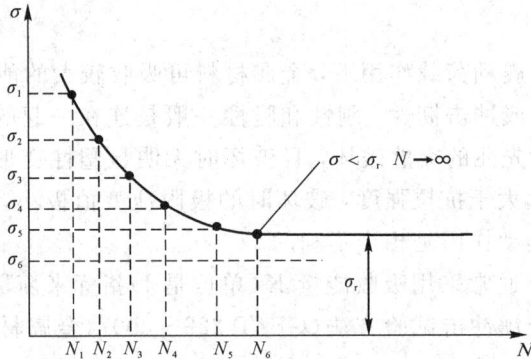

疲劳断裂是在循环应力作用下，经一定循环次数后发生的。金属材料在承受一定循环应力 σ 条件下，其产生疲劳断裂时所经历的循环次数 N 可以用曲线来描述，这种曲线称为 σ-N 曲线，如图 1-2-7 所示。

图 1-2-7 σ-N 曲线

由于大部分机械零件的损坏是由疲劳造成的，因此，消除或减少疲劳失效，对于提高零件的使用寿命有着重要意义。疲劳破坏一般是由于金属材料内部的气孔、疏松、夹杂及表面划痕、缺口等应力集中，从而导致金属产生微裂纹。因此，设计零件时，除在结构上注意减轻零件的应力集中现象外，改善零件表面粗糙度，可减少缺口效应，提高其疲劳强度。例如：采用表面处理，如高频淬火、表面形变强化(喷丸、滚压、内孔挤压等)、化学热处理(渗碳、渗氮、碳-氮共渗)以及各种表面复合强化工艺等，都可改变零件表层的残余应力状态，从而提高零件的疲劳强度。

飞机、船舶、汽车、动力机械、工程机械、冶金、石油等机械以及铁路桥梁等的主要零件和构件，大多在循环变化的载荷下工作，疲劳是其主要的失效形式。因此，在设计各类承受循环载荷的机械和结构中，疲劳实验数据成为质量检查的重要项目之一。

1.3　钢的热处理基础

学习目标

1. 了解金属材料热处理的概念、目的、原理、分类及应用。
2. 理解退火、正火、淬火、回火、调质、时效处理的目的、方法及应用。
3. 了解钢的表面热处理和化学热处理的一般方法。
4. 可通过现场教学或采用多媒体等教学手段，了解典型零件的热处理工艺过程。

一、热处理概述

金属热处理是采用适当的方式对金属材料或工件进行加热、保温和冷却，以获得所需要的组织结构和性能的工艺。热处理可以充分发挥材料性能的潜力，提高工件的加工性能和使用性能，减轻工件自重，节约材料，降低成本。

热处理与其他加工方法（如压力加工、铸造、焊接等）不同，它不改变工件的形状和大小，而只改变工件的内部组织和性能。钢热处理的目的是为了改善钢的性能，例如强度、硬度、塑性、韧性、耐磨性、耐蚀性、加工性能等。对于机械装备制造业来说，各类机床中需要经过热处理的部件约占其总质量的 60%～70%；汽车、火车等运输机械设备中需要热处理的部件约占 70%～80%；而轴承、各种工具和模具等几乎 100%需要热处理。因此，热处理在机械装备制造业中占有十分重要的地位。

二、热处理分类

根据零件热处理的目的、加热方法和冷却方法的不同，热处理工艺可分为整体热处理、表面热处理和化学热处理三类。热处理工艺分类和名称如表 1-3-1 所示。

表 1-3-1　热处理工艺分类和名称

	整体热处理	表面热处理	化学热处理
分类与名称	退火	表面淬火和回火	渗碳
	正火	物理气相沉积	碳氮共渗
	淬火	化学气相沉积	渗氮
	淬火和回火	等离子体增强化学气相沉积	氮碳共渗
	调质	激光辅助化学气相沉积	渗其他非金属
	稳定化处理	离子注入	渗金属
	固溶处理、水韧处理		多元共渗
	固溶处理和时效		

1. 整体热处理

1）退火

退火是将工件加热到适当温度，保持一定时间，然后缓慢冷却的热处理工艺。退火的目的是消除钢铁材料的内应力，降低钢铁材料的硬度，提高其塑性，细化钢铁材料的组织，均匀其化学成分，并为最终热处理做好组织准备。

根据钢铁材料化学成分和退火目的不同，退火通常分为完全退火、等温退火、球化退火、去应力退火、均匀化退火等。在机械零件的制造过程中，一般将退火作为预备热处理工序，并安排在铸造、锻造、焊接等工序之后，粗切削加工之前，用来消除前一道工序中所产生的某些缺陷或残余内应力，为后续工序做好组织准备。

2）正火

正火是一种改善钢材韧性的热处理方式，是指将工件加热至某一温度后在空气中冷却的热处理工艺。正火时可在稍快的冷却中使钢材的结晶晶粒细化，不但可得到满意的强度，而且可以明显提高韧性，降低构件的开裂倾向。一些低合金热轧钢板、低合金钢锻件与铸造件经正火处理后，材料的综合力学性能可以大大改善，而且也改善了切削性能。正火与退火相比具有操作简便、生产周期短、生产效率高、生产成本低的特点。

3）淬火

淬火是将金属工件加热到某一适当温度并保持一段时间，随即浸入淬冷介质中快速冷却的金属热处理工艺。

淬火的主要目的是提高钢铁材料的硬度和强度，并与回火工艺合理配合，获得需要的使用性能。一些重要的结构件，特别是在动载荷与摩擦力作用下的零件，以及各种类型的重要工具（如刀具、钻头、丝锥、板牙、精密量具等）和重要零件（如销、套、轴、滚动轴承、模具等）都要进行淬火处理。

4）回火

回火是为了降低钢件的脆性，将淬火后的钢件在高于室温而低于710℃的某一适当温度进行长时间的保温，再进行冷却的工艺。回火过程是一个由非平衡组织向平衡组织转变的过程，这个过程是依靠原子的迁移和扩散进行的，所以，回火温度越高，则原子扩散速度越快；反之，则原子扩散速度越慢。

另外，淬火钢内部存在很大的内应力，脆性大，韧性低，一般不能直接使用，如不及时消除内应力，将会引起工件的变形甚至开裂。回火是在淬火之后进行的，通常也是零件进行热处理的最后一道工序，其目的是消除和减小内应力，稳定组织，调整性能以获得较好的强度和韧性配合，表1-3-2所示为常见的回火方法及应用。

表1-3-2　常见的回火方法及应用

回火方法	加热温度/℃	力学性能特点	应用范围	硬度 HRC
低温回火	150～250	高硬度、耐磨性	刀具、量具、冲模等	58～65
回火	250～500	高弹性、韧性	弹簧、钢丝绳	35～50
高温回火	500～650	良好的综合力学性能	连杆、齿轮及轴类	20～30

5）调质

调质处理就是淬火加高温回火的双重热处理方法，其目的是使零件具有良好的综合机械性能。高温回火是指在 500℃～650℃ 之间进行回火。调质件大都在比较大的动载荷作用下工作，它们承受着拉伸、压缩、弯曲、扭转或剪切的作用，有的表面还承受摩擦，要求有一定的耐磨性等，总之，零件处在各种复合应力下工作。这类零件主要为各种机器和机构的结构件，如轴类、连杆、螺柱、齿轮等，在机床和汽车等制造工业中应用很普遍。尤其是对于重型机器中的大型部件，调质处理用得更多。因此，调质处理在热处理中占有很重要的位置。在机械产品中的调质件，因其受力条件不同，对其所要求的性能也就不完全一样。一般说来，各种调质件都应具有优良的综合力学性能，即高强度和高韧性的适当配合，以保证零件长期顺利工作。

6）时效

为了消除精密量具或模具、零件在长期使用中尺寸、形状发生变化，常在低温回火后（低温回火温度 150℃～250℃）、精加工前，把工件重新加热到 100℃～150℃，保持 5～20 小时，这种为稳定精密制件质量的处理，称为时效。对在低温或动载荷条件下的钢材构件进行时效处理，以消除残余应力，稳定钢材组织和尺寸，尤为重要。机械制造过程中常用的时效方法主要有自然时效、热时效、变形时效、振动时效和沉淀时效等。

从图 1-3-1 中可以看出，虽然低碳钢中碳的质量分数并不高，但经过时效后，其硬度有时会提高 50%，这对于低碳钢进行锻压加工是不利的。同时，随着热时效温度的提高，热时效过程中碳的扩散速度也会越来越快，则热时效的时间也会显著缩短。

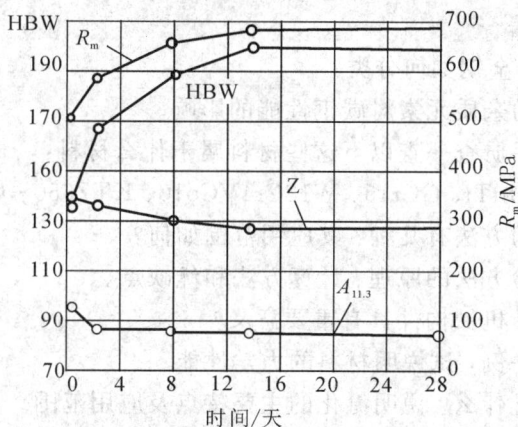

图 1-3-1 低碳钢时效后力学性能的变化

2. 表面热处理

生产中常遇到有些零件（如凸轮、曲轴、齿轮等）在工作时，既承受冲击，表面又承受摩擦，这些零件常采用表面热处理，保证"表硬心韧"的使用性能。表面热处理是指仅对工件表层进行热处理以改变其组织和性能的工艺，主要为表面淬火。

表面淬火是将钢件的表层淬透到一定的深度，而零件中心部分仍保持未淬火状态的一种局部淬火的方法。表面淬火的目的在于获得高硬度、高耐磨性的表面，而零件中心部分仍然保持原有的良好韧性，常用于机床主轴、齿轮、发动机的曲轴等。目前生产中常用的表面淬火方法有感应淬火和火焰淬火两种。

3. 化学热处理

化学热处理是指将金属或合金工件置于一定温度的活性介质中保温，使一种或几种元素渗入它的表层，以改变其化学成分、组织和性能的热处理工艺。其特点是表层不仅有组织改变也有化学成分的改变。按钢件表面渗入的元素不同，化学热处理可分为渗碳、渗氮（氮化）、碳氮共渗、渗硼、渗硅、渗铬等。下面简要介绍渗碳、渗氮及碳氮共渗三种热处理方法。

（1）渗碳。渗碳指使碳原子渗入到钢表面层的过程。渗碳可使低碳钢的工件具有高碳钢的表面层，再经过淬火和低温回火，使工件的表面层具有较高的硬度和耐磨性，而工件的中心部分仍然保持低碳钢的韧性和塑性。渗碳工艺广泛应用于飞机、汽车和拖拉机等机械的零件制造，如齿轮、轴、凸轮轴等。

（2）渗氮。在一定温度下使活性氮原子渗入工件表面的化学热处理工艺即为渗氮。其目的是提高表面硬度和耐磨性，并提高疲劳强度和耐蚀性。目前常用的渗氮方法主要有气体渗氮和离子渗氮。

（3）碳氮共渗。向钢件表面同时渗入碳、氮的化学表面热处理工艺，即为碳氮共渗。以渗碳为主，渗入少量氮。按共渗介质状态分为气体、液体及固体三类。固体和液体碳氮共渗已很少使用。气体碳氮共渗法不用氰盐，容易控制表面质量，可实现机械化、自动化，故应用较为广泛。与渗碳相比，碳氮共渗具有较快的渗入速度，较高的渗层的淬透性和回火抗力，较好的耐磨性和抗疲劳性等优点。该工艺方法处理温度较低，常用来代替渗碳处理。

巩 固 练 习

1. 在金属材料中，合金钢如何分类？
2. 简述碳钢中常存的杂质元素对碳钢性能的影响。
3. 通过网络或相关手册查一查以下这些材料属于什么材料：
Q235、Q460、20CrMnTi、GCr15、W18Cr4VCo10、KTZ650-02、2A12、TC4。
4. 常用的测量硬度的方法有几种？其应用范围如何？
5. 简述布氏硬度试验方法的原理、计算方法和优缺点。
6. 为什么说合理设计机械构件具有重要意义？
7. 结合日常生活举一例，试说明材料的力学性能。
8. 氮化的主要目的是什么？说明氮化的主要特点及应用范围。
9. 正火与退火的主要区别是什么？生产中应如何选择正火与退火？
10. 试说明表面淬火、渗碳、氮化热处理工艺在适用材料、性能、应用范围等方面的差别。

第二章 热加工基础

2.1 铸 造

学习目标

1. 了解铸造的特点、分类及应用。
2. 了解砂型铸造的工艺过程。
3. 了解特种铸造的方法、工艺及设备。
4. 了解铸造的新技术和新工艺。

课堂讨论

观察如图 2-1-1 所示工件，其中有些是空心的，有些是实心的，有些形状简单，有些形状复杂，有些体积较小，有些体积又很大，但这些工件都采用了相同的加工方法进行加工，这一加工方法就是铸造。你能说出生活中类似的工件吗？

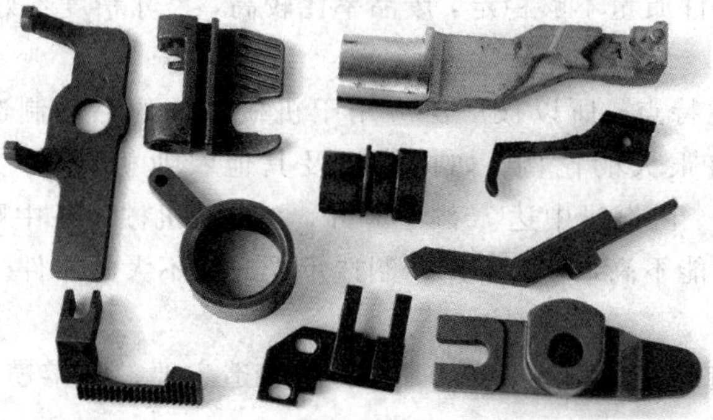

图 2-1-1 铸造零件

一、认识铸造

1. 铸造的定义

熔炼金属，制造铸型，并将熔融金属浇入铸型，凝固后获得一定形状和性能的铸件的成型方法，称为铸造，如图 2-1-2 所示。

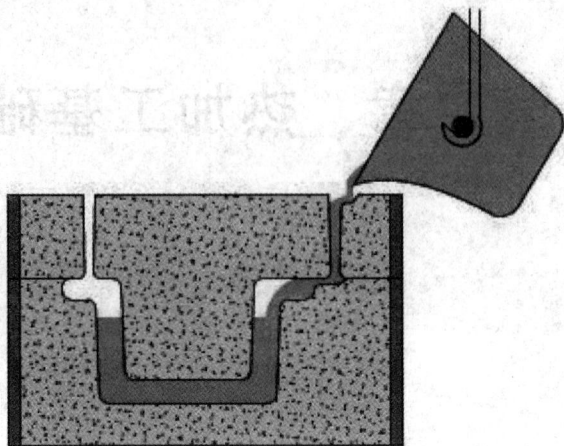

图 2-1-2　铸造

2. 铸造的特点

铸造是将金属熔炼成符合一定要求的液体并浇进铸型里，经冷却凝固、清整处理后得到有预定形状、尺寸和性能的铸件的工艺过程。铸造是现代装置制造工业的基础工艺之一。铸造具有较强的适应性，可以生产出形状复杂，特别是具有复杂内腔的零件毛坯，如各种箱体、床身、机架等。铸造产品的适应性广，工艺灵活性大，工业上常用的金属材料均可用来进行铸造，铸件的质量可由几克到几百吨。

铸造的原材料来源广泛，价格低廉，并可直接利用废机件，机械加工量相对较少，故铸件成本较低。

铸造组织疏松，晶粒粗大，内部易产生缩孔、缩松、气孔等缺陷，会导致铸件的力学性能特别是冲击韧性低，铸件质量不够稳定，废品率比较高，尺寸精度不好控制。

3. 铸造的应用

由于铸造具有上述特点，所以被广泛应用于机械零件的毛坯制造。在各种机械和设备中，铸件在质量上占有很大的比例。如拖拉机及其他农业机械中，铸件的质量达 40%～70%，在金属切削机床、内燃机中达 70%～80%，在重型机械设备中则高达 90%。但由于铸造易产生缺陷，力学性能不高，因此多用于制造承受应力不大的零件。

4. 铸造的分类

铸造分为砂型铸造和特种铸造两类，其中特种铸造主要包括熔模铸造、金属型铸造和压力铸造三种。

5. 铸造的安全文明生产要求

（1）进行铸造的工作人员必须有相应的上岗证和操作证，持证上岗。

（2）操作人员必须按规定穿戴好劳动保护用品。

（3）熔炼炉体及其附属设施完好，控制系统灵敏可靠，升降起吊装置符合起重机械要求，炉坑干燥并设护栏或盖板，炉料符合专门要求。

（4）铸造设备完好，操纵灵敏，安全防护装置齐全可靠，除尘装置符合要求。

（5）压铸机压铸型区有防护装置并与压射程序联锁，制芯机芯盒加热棒长短适中，线头连接可靠，混砂机防护罩牢固可靠，检修门电气联锁，抛（喷）丸机密封良好，门孔电气联锁。

（6）铁水包、钢水包和灼热件起重作业影响范围内，不得设置休息室、更衣室和人行通道，不得存放危险物品，地面保持干燥。

（7）高温烘烤作业人员应穿戴耐高温、防喷溅防护用品，液态金属、高温材料运输设备要设置耐高温、防喷溅设施，不得在有易燃易爆物质的区域停留，离开厂区时应发出警报信号。

（8）铸件、托板、铁箱等要整齐地码放，防止倾倒伤人。铸件尽可能地不直接着地，而放在托板上。工具分类装入工具箱中。

（9）为了避免散乱，便于清扫，利于装运，需将铸件、冷铁、废砂、垃圾等装入专用箱内或盒中。

二、砂型铸造

用型砂紧实成型的铸造方法称为砂型铸造。砂型铸造不受合金种类、铸件形状和尺寸的限制，是应用最为广泛的一种铸造方法。砂型铸造具有操作灵活、设备简单、生产准备时间短等优点，适用于各种批量的生产。目前我国砂型铸造件占铸件总产量的 80% 以上。但砂型铸造件尺寸精度低，质量不稳定，容易形成废品，不适合用于铸件精度要求较高的场合。

砂型铸造的工艺过程如图 2-1-3 所示。铸造时，根据零件的铸造要求，按照制造模样、制备造型材料、造型、制芯、金属熔化浇注、合箱、冷却、落砂、清理等工艺过程即可得到铸件。

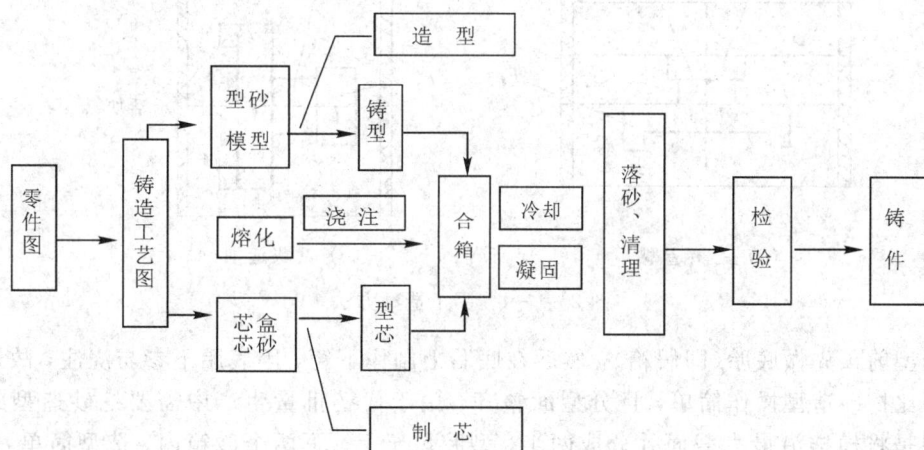

图 2-1-3　砂型铸造的工艺过程

1. 制造模样与芯盒

用来形成铸型型腔的工艺装备称为模样。制造砂型时，使用模样可以获得与零件外部轮廓相似的型腔。模样按其使用特点可分为消耗模样和可复用模样两大类。消耗模样只用一次，制成铸型后，按模样材料的性质，用熔解、熔化或汽化的方式将其破坏，从铸型中脱除。砂型铸造中采用的是可复用模样。

用来制造型芯的工艺装备称为芯盒。芯盒的内腔与型芯的形状和尺寸相同。通常在铸型中，型芯形成铸件内部的孔穴，但有时也形成铸件的局部外形。

2. 制备型(芯)砂

型(芯)砂是用来制造铸型的材料。在砂型铸造中，型(芯)砂的基本原材料是铸造砂和型砂黏结剂。常用的铸造砂有原砂、硅质砂、销英砂、络铁矿砂、刚玉砂等。

3. 造型

利用制备的型砂及模样等制造铸型的过程称为造型。造型方法有手工造型和机器造型两种。

1）手工造型

手工造型是全部用手工或手动工具完成的造型工序。手工造型操作灵活、适应性广，工艺装备简单、成本低，但其铸件质量不稳定，生产率低，劳动强度大，操作技艺要求高，所以手工造型主要用于单件或小批生产，特别是大型和形状复杂的铸件。

手工造型方法如图 2 - 1 - 4 所示。

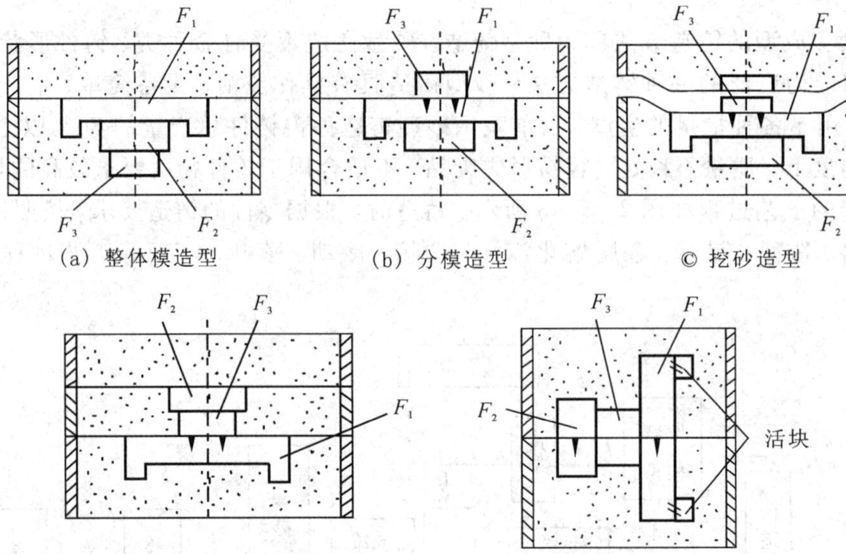

(a) 整体模造型　　　　(b) 分模造型　　　　© 挖砂造型

(d) 三箱造型　　　　(e) 活块造型

图 2 - 1 - 4　手工造型方法

在造型前预先做底胎(即假箱)，然后在底胎上制作下箱，因底胎不参与浇注，故称假箱。假箱造型比挖砂造型操作简单，且分型面整齐，用于代替批量生产中需要挖砂造型的铸件。分模造型是将模样沿最大截面处分成两半，型腔位于上、下两个砂箱内，造型简单，生产率低，常用于最大截面在中部的铸件。制模时，将铸件上妨碍起模的小凸台、肋条等部分做成活动的(即活块)。起模时，先起出主体模样，然后再从侧面取出活块。其造型费时，对工人技术水平要求高，主要用于带有突出部分、难以起模的铸件的单件或小批生产。采用刮板代替实体模样造型，可降低模样成本，节约木材，缩短生产周期。但其生产率低，对工人技术水平要求高，可用于有等截面或回转体的大、中型铸件的单件或小批生产，如带轮、铸管、弯头等。

2）机器造型

机器造型生产效率高，铸型质量稳定（紧实度高而均匀、型腔轮廓清晰），设备和工艺装备费用高，生产准备时间较长。适用于中、小型铸件的成批、大批量生产。

4. 造芯

制造型芯的过程称为造芯。造芯有手工造芯和机器造芯。砂芯的制造方法是根据砂芯尺寸、形状、生产批量及其生产条件进行选择的。单件或小批生产时，采用手工造芯。批量生产时，采用机器造芯。机器造芯生产率高，紧实度均匀，砂芯质量好。

常用的手工造芯方法是芯盒造芯，如图 2-1-5 所示。

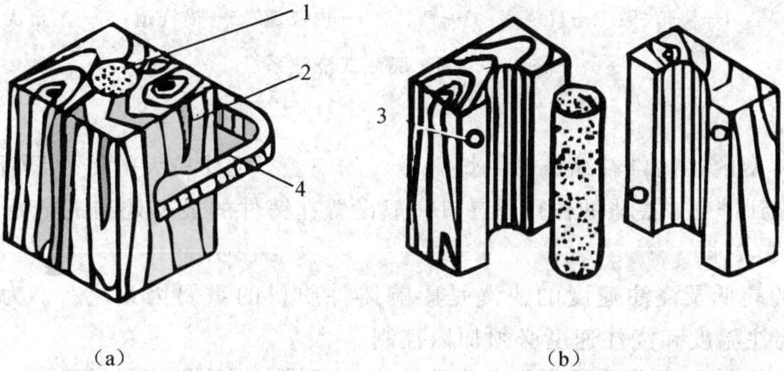

（a）　　　　　　　　　　　　（b）

1—型芯；2—芯盒；3—定位销；4—夹钳

图 2-1-5　芯盒造芯示意图

5. 合箱

合箱又称合型，是将铸型的各个组元，加上型、下型、型芯、浇口盆等组合成完整铸型的操作过程。合型前，应对砂型和型芯的质量进行检查，若有损坏，需要进行修理，为检查型腔顶面与型芯顶面之间的距离，需要进行试合型（称为验型）。合型时，要保证铸型型腔几何形状和尺寸的准确及型芯的稳固。合型后，上、下型应夹紧或在铸型上放置压铁，以防浇注时上型被熔融金属顶起，造成抬箱、射箱（熔融金属流出箱外）或跑火（着火气体逸出箱外）等事故。

6. 熔炼

熔炼是使金属由固态转变为熔融状态的过程。冲天炉是最常用的熔炼设备。浇包是容纳、输送和浇注熔融金属用的容器，用钢板制成外壳，内衬为耐火材料。

7. 浇注

把熔融金属注入铸型的过程称为浇注，液体金属通过浇注系统进入型腔。

1）浇注系统

铸型中引导液体金属进入型腔的通道称为浇注系统，是为填充型腔和冒口而开设于铸型中的一系列通道，通常由浇口杯、直浇道、横浇道和内浇道组成（见图 2-1-6）。浇注系统的作用是保证熔融金属平稳、均匀、连续地充满型腔，阻止熔渣、气体和砂粒随熔融金属进入型腔，控制铸件的凝固顺序，供给铸件冷凝收缩时所需补充的液体金属（补缩）。

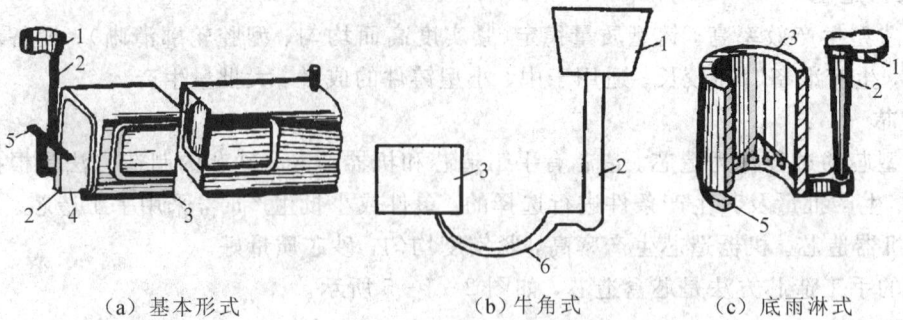

（a）基本形式　　　　　　（b）牛角式　　　　（c）底雨淋式

1—浇口杯；2—直浇道；3—铸件；4—内浇道；5—横浇道；6—牛角浇口

图 2-1-6　底注式浇注系统

2）冒口

冒口是在铸型内存储供补缩铸件用熔融金属的空腔。尺寸较大的铸件设置冒口除起到补缩作用外，还起到排气、集渣的作用。冒口一般设置在铸件的最高处和最厚处。

3）浇注工艺要求

浇注温度的高低及浇注速度的快慢是影响铸件质量的重要因素之一。为了获得优质铸件，浇注时对浇注温度和浇注速度必须加以控制。

液体金属浇入铸型时所测量到的温度称为浇注温度。浇注温度是铸造过程中必须控制的质量指标之一。通常，灰铸铁的浇注温度为 $1200℃\sim1380℃$。

单位时间内浇入铸型中的液体金属的质量称为浇注速度，用 kg/s 表示。浇注速度应根据铸件的具体情况而定，可通过操纵浇包和布置浇注系统进行控制。浇注前，应把熔融金属表面的熔渣除尽，以免浇入铸型而影响质量。浇注时，须使浇口杯保持充满状态，不允许浇注中断，并注意防止飞溅和满溢砂型。

8. 落砂和清理

1）落砂

用手工或机械使铸件和型砂、砂箱分开的操作称为落砂。落砂分为手工落砂和机械落砂两种。手工落砂用于单件或小批生产，机械落砂一般由落砂机进行，用于大批量生产。

铸型浇注后，铸件在砂型内应有足够的冷却时间。冷却时间可根据铸件的成分、形状、大小和壁厚来定。过早进行落砂，会因铸件冷却速度快而使其内应力增加，甚至变形、开裂。

2）清理

清理是落砂后从铸件上清除表面粘砂、型砂、多余金属（包括浇冒口、飞翅）和氧化皮等过程的总称。清除浇冒口时要避免损伤铸件。铸件表面的粘砂、细小飞翅、氧化皮等可采用滚筒清理、抛丸清理、打磨清理等。

9. 检验

经落砂、清理后的铸件应进行质量检验。主要进行外观质量检查，重要的铸件则须进行内部质量检查。

三、特种铸造

1. 熔模铸造

熔模铸造又称失蜡铸造，包括压型、压制蜡模、焊蜡模组、结壳、脱模、浇铸金属液及后处理等工序，如图2-1-7所示。失蜡铸造是用蜡制作所要铸成零件的蜡模，然后蜡模上涂以泥浆，这就是泥模。泥模晾干后，放入热水中将内部蜡模熔化。将熔化完蜡模的泥模取出再焙烧成陶模。一般制泥模时就留下了浇注口，再从浇注口灌入金属熔液，冷却后，所需的零件就制成了。

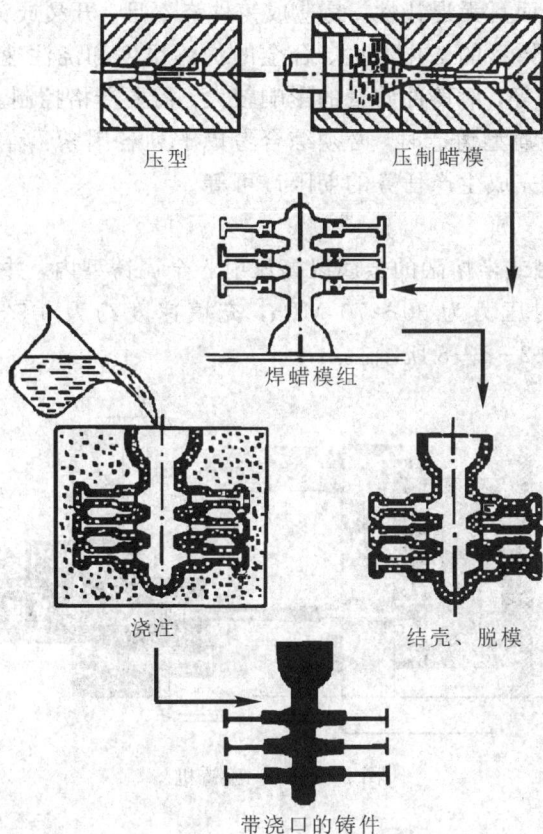

压型　　　　压制蜡模

焊蜡模组

浇注　　　　结壳、脱模

带浇口的铸件

图2-1-7　熔模铸造流程

熔模铸造是一种少切削或无切削的铸造工艺，在以前也被称为失蜡法铸造。由于采用熔模铸造工艺生产出来的铸件在尺寸精度、表面质量方面均比其他铸造方法铸造出来的铸件要高，此外，熔模铸造法可完成一些复杂度高、不易加工的铸件生产，因此深受企业的喜爱。

2. 金属型铸造

金属型铸造又称硬模铸造，它是将液体金属浇入金属铸型，以获得铸件的一种铸造方法。铸型是用金属制成，可以反复使用多次（几百次到几千次）。金属型铸造目前所能生产的铸件，在重量和形状方面还有一定的限制，如对黑色金属只能是形状简单的铸件；铸件的重量不可太大；壁厚也有限制，较小的铸件壁厚无法铸出。

金属型铸造与砂型铸造比较,在技术与经济上有许多优点,具体如下:

(1) 金属型生产的铸件,其机械性能比砂型铸件高。同样的合金,其抗拉强度平均可提高约 25%,屈服强度平均提高约 20%,其抗蚀性能和硬度亦显著提高;

(2) 金属型铸件的精度和表面光洁度比砂型铸件高,而且质量和尺寸稳定;

(3) 金属型铸件的工艺合格率高,液体金属耗量减少,一般可节约 15%~30%;

(4) 金属型不用砂或者少用砂,一般可节约造型材料 80%~100%。

此外,金属型铸造的生产效率高;使铸件产生缺陷的原因减少;工序简单,易实现机械化和自动化。金属型铸造虽有很多优点,但也有不足之处,具体如下:

(1) 金属型制造成本高;

(2) 金属型不透气,而且无退让性,易造成铸件浇不足、开裂或铸铁件白口等缺陷;

(3) 金属型铸造时,铸型的工作温度、合金的浇注温度和浇注速度,铸件在铸型中停留的时间,以及所用的涂料等,对铸件质量的影响较大,需要严格控制。

因此,在决定采用金属型铸造时,必须综合考虑下列各因素:铸件形状和重量大小必须合适;要有足够的批量;完成生产任务的期限许可等。

3. 压力铸造

压力铸造是指将熔融或半熔融的金属以高压射入金属铸型内,并在压力下结晶的铸造方法,简称压铸。常用压射压力为 30~70 MPa,充填速度约为 0.5~50 m/s,充填时间为 0.01~0.2 s。压铸机如图 2-1-8 所示。

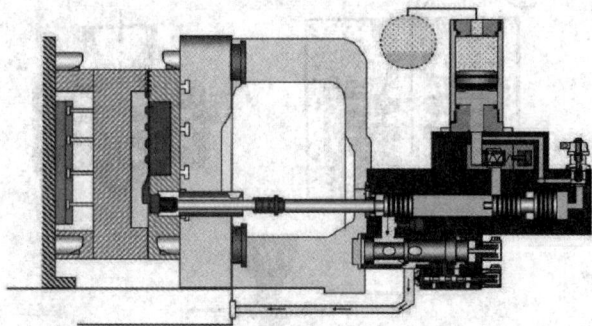

图 2-1-8 压铸机

压力铸造的优点如下:

(1) 生产率高,易于实现机械化和自动化,可以生产形状复杂的薄壁铸件。压铸锌合金最小壁厚仅为 0.3 mm,压铸铝合金最小壁厚约为 0.5 mm,最小铸出孔径为 0.7 mm。

(2) 铸件尺寸精度高,表面粗糙度低。压铸件尺寸公差等级可达 IT6~IT3,表面粗糙度一般为 Ra3.2~Ra0.8。

(3) 压铸件中可嵌铸零件,既节省贵重材料和机加工工时,也替代了部件的装配过程,可以省去装配工序,简化制造工艺。

压力铸造的缺点如下:

(1) 压铸时液体金属充填速度高,型腔内气体难以完全排除,铸件易出现气孔和裂纹及氧化夹杂物等缺陷,压铸件通常不能进行热处理。

（2）压铸模的结构复杂、制造周期长、成本较高，不适合小批量铸件生产。

（3）压铸机造价高、投资大，受到压铸机锁模力及装模尺寸的限制，不适宜生产大型压铸件。

（4）合金种类受限制，目前只有锌、镁、锡、铝、铜等有色合金可以压铸。

4. 离心铸造

将熔融金属浇入绕水平轴、立轴或倾斜轴旋转的铸型内，在离心力作用下凝固成型，这种铸造方法称为离心铸造。

离心铸造在离心铸造机上进行，铸型可以用金属型，也可以用砂型。

四、铸造新技术和新工艺

1. 消失模铸造

消失模铸造是利用泡沫塑料等材料，根据零件结构和尺寸制成实型模具，经浸涂耐火黏结涂料，烘干后进行干砂造型、振动紧实，然后浇入液体金属使模样受热汽化消失，从而得到与模样形状完全一致的铸件的铸造方法。

消失模铸造省去起模、制芯、合型等工序，大大简化了造型工艺，并减少了因起模、制芯、合型而产生的铸造缺陷及废品。采用干砂造型，使砂处理系统大大简化，改善了劳动条件。不分型，铸件无飞翅，使清理打磨工作量减少50％以上。但消失模铸造所使用的泡沫塑料等模具设计生产周期长、成本高，因而只有产品批量生产后才可获得经济效益。生产尺寸大的铸件时，由于模样易变形，须采取适当的防变形措施。

2. 陶瓷型铸造

用陶瓷浆料制成铸型生产铸件的铸造方法称为陶瓷型铸造。为节省价高的陶瓷材料，先用砂套模样、普通水玻璃砂制成型腔稍大于铸件的砂套，然后用铸件模样、陶瓷浆料，经灌浆、结胶、焙烧等工艺制成陶瓷铸型。

陶瓷铸型的材料与熔模铸造的模壳相似，故铸件的精度和表面质量与熔模铸造相当，但陶瓷型铸造与熔模铸造相比，工艺简单、投资少、生产周期短，铸件大小基本不受限制。陶瓷型铸造原材料价格高，有灌浆工序，因而不适合制造大批生产、形状复杂的铸件，且生产工艺过程难以实现自动化和机械化。通常，陶瓷型铸造适合制造小批生产、较大尺寸的精密铸件，较多用于各种模具的生产。

3. 计算机技术在铸造中的应用

随着计算机应用技术的发展，计算机在铸造中的应用已越来越广泛，主要体现在三个方面：计算机辅助设计、计算机辅助工程和计算机辅助制造。

1）铸造生产中的计算机辅助设计（CAD）

首先，通过铸造数据库软件提取设计所需的原始数据，然后进行铸件设计和铸造工艺设计，并在计算机屏幕上显示铸件实体的三维造型。这种方法可代替原来根据图样制作模样及工艺装备的试制过程，从而缩短了设计和试制时间。

2）铸造生产中的计算机辅助工程（CAE）

铸造过程计算机数值模拟技术是典型的CAE技术，它通过数值模拟，在计算机屏幕上直观地显示铸造过程中金属的充型、铸件的冷却凝固过程，模拟结晶过程、晶粒的大小和形状、铸造缺陷的形成过程等。通过数值模拟可预测铸件热裂倾向的最大部位、产生缩孔和缩松的倾向，从而决定铸件的修改及判断冒口和冷铁设置的合理性等。通过上述 CAE 软件生成的实体造型数据文件，可直接与数值模拟软件进行数据交换，数值模拟软件可对 CAE 文件进行加工，并生成计算网络。

3）铸造生产中的计算机辅助制造（CAM）

（1）计算机在模样加工中的应用。一是用数控机床加工出形状复杂的模样和金属铸型，二是利用快速成型技术，根据 CAD 生成的三维实体造型数据，通过快速成型机将其层层的材料堆积成实体模型，大大缩短了产品开发和加工周期，试制周期可缩短 70% 以上。

（2）计算机在砂处理中的应用。利用计算机控制砂处理工步，混砂机先加入砂和辅料，干混后再加水湿混，计算机不断地对混合料中的水分、温度及紧实度进行控制，有的还可根据造型工步的要求及时自动地改变配比和其他性能参数。

（3）计算机在熔炼中的应用。炉前计算机主要是进行自动化记录和控制调整。计算机能对熔化金属温度、熔化速度、风量等主要变量进行检测，并能根据金属液成分、温度等工艺参数的变化综合调整熔化速度、送风强度、金属液温度等，使冲天炉稳定在最佳工作状态。

2.2 锻　　压

📖 **学习目标**

1. 了解锻压的特点、分类、应用及安全文明操作规程。
2. 了解自由锻的特点、基本工序及应用。
3. 了解模锻、胎模锻的特点及其工艺过程。
4. 了解板料冲压的特点、基本工序及应用。
5. 了解锻压的新技术和新工艺。

📔 **课堂讨论**

图 2-2-1 中所展示的零件都是利用锻压加工完成的，你知道这些零件的用途吗？这些零件有什么共同特点？

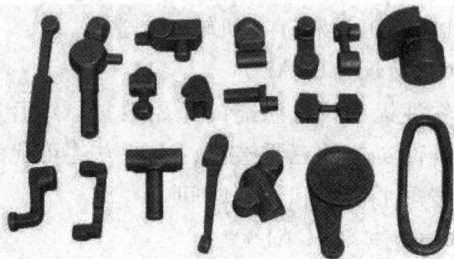

图 2-2-1 锻压工件

一、认识锻压

1. 锻压的定义

锻压就是对金属坯料施加外力，使其产生塑性变形，改变尺寸、形状及改善性能，用以制造机械零件、工件或毛坯的成形方法。锻压是锻造与冲压的总称，主要用于加工金属制件，如图 2-2-2 所示。在锻造加工中，坯料整体发生明显的塑性变形，有较大量的塑性流动；在冲压加工中，坯料主要通过改变各部位的空间位置而成形。

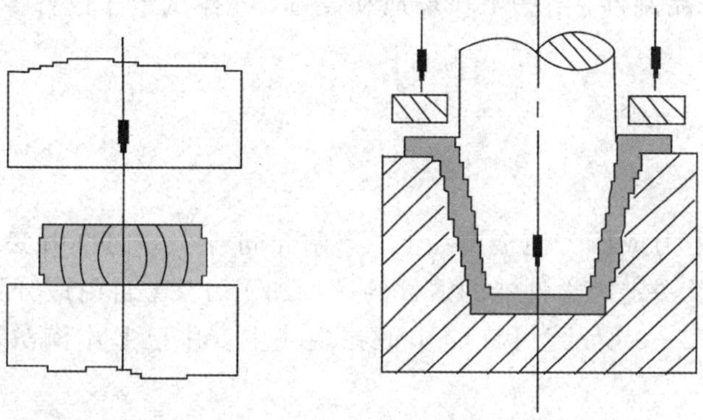

(a) 锻造　　　　　　　(b) 冲压

图 2-2-2　锻压

2. 锻压的特点

1）锻压的优点

（1）能改善金属内部组织，提高金属的力学性能，大大增强原始金属本身的承载能力。

（2）节省金属材料。与直接切削金属材料的成型方法相比，锻压可节省金属材料的消耗，并节省加工工时。

（3）生产率较高。例如，零件制造采用冲压加工方法比采用其他加工方法的生产率要高出几倍甚至几十倍。

2）锻压的缺点

（1）不能获得形状复杂的制件。

（2）加工设备比较昂贵，生产成本比铸造高。

3. 锻压的分类

锻压的分类方法有两种，按成形方式分类和按变形温度分类。

1）按成形方式分类

按锻压时制件的成形方式不同，锻压可以分为自由锻、模锻和冲压等。

2）按变形温度分类

按锻压时零件的变形温度不同，可分为冷锻压、热锻压和等温锻压等。

4. 锻压设备操作安全文明规程

（1）操作前确认设备床身、工作台面、导轨以及其润滑部位油量充足。其他主要滑动面上不得有障碍物、杂质。

（2）操作前检查各操作机构的手柄、阀、杆等是否放在规定的非工作位置上。

（3）操作前检查安全防护装置是否齐全完好，各主要零部件及紧固件有无异常松动现象。

（4）操作前检查管道阀门及装置是否完好无泄漏。

（5）操作前须进行空运转试车，确认正常方可开始工作。

（6）操作设备时必须坚守工作岗位，不做与工作无关的事，离开时要停机并切断电源。

（7）规范操作设备，不得超范围、超负荷使用设备。

（8）操作结束时，须将各操作机构的手柄、阀、杆等放在规定的非工作位置上。

（9）整理工具、产品制件，清扫工作场地和设备，并擦拭干净设备各部位，各滑动面应加油保护。

二、自由锻

自由锻是利用冲击力或压力使金属在上、下砧面间各个方向自由变形，不受任何限制而获得所需形状和尺寸及一定力学性能的锻件的一种加工方法。自由锻分为手工自由锻和机器自由锻两种，如图 2-2-3 所示。手工自由锻在现代生产中已基本淘汰，所谓自由锻通常是指机器自由锻。

　　(a) 手工自由锻　　　　　　　　　　(b) 机器自由锻

图 2-2-3　自由锻

自由锻常用的机械设备有空气锤、蒸汽-空气锤和水压机等，如图 2-2-4 所示。

　　空气锤　　　　　　　蒸汽-空气锤　　　　　　水压机

图 2-2-4　自由锻设备适用于小型、中型和大型锻件的生产

1. 自由锻的特点及应用

（1）自由锻的设备和工具有很大的通用性，且工具简单，通常只能制造形状简单的锻件。

（2）自由锻可以锻制质量从 1 kg 到 300 t 左右的锻件。大型锻件只能采用自由锻，因此自由锻在一般机械制造中具有重要意义。

（3）自由锻依靠操作者的技术控制形状和尺寸，锻件精度低，表面质量差，金属消耗多。基于自由锻的上述特点，其主要用于品种多、产量不大的单件或小批生产，也可用于模锻前的制坯。

2. 坯料的加热

金属材料在一定温度范围内，其塑性随着温度的上升而提高，变形抗力则下降，用较小的变形力就能使原料稳定地改变形状而不出现破裂，所以锻造前通常要对工件进行加热。

锻件加热可采用一般燃料的火焰加热，也可采用电加热。允许加热达到的最高温度称为始锻温度，停止锻造的温度称为终锻温度。由于化学成分不同，每种金属材料的始锻温度和终锻温度都是不同的。

3. 自由锻的基本工序

自由锻时，锻件的形状是通过基本变形工序逐步锻成的。自由锻的基本工序有镦粗、拔长、冲孔、弯曲、扭转、切断等。

1）镦粗

镦粗是对原材料沿轴向锻打，使其高度降低、横截面面积增大的操作过程。这种工序用于锻造齿轮坯和其他圆盘类锻件。

镦粗分为整体镦粗和局部镦粗两种，如图 2 - 2 - 5 所示。

镦粗时应注意以下几点：

（1）镦粗部分的长度与直径之比应小于 2.5，否则容易镦弯。

（2）坯料端面要平整且与轴线垂直，锻打用力要正，否则容易锻歪。

（3）镦粗力要足够大，否则会形成细腰或夹层，如图 2 - 2 - 6 所示。

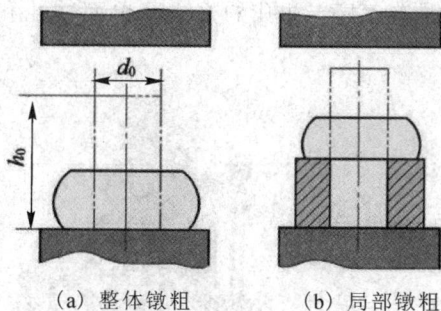

（a）整体镦粗　　　（b）局部镦粗

图 2 - 2 - 5　镦粗

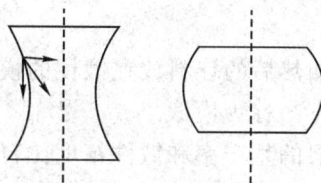

图 2 - 2 - 6　细腰和夹层

2）拔长

拔长是使坯料长度增加、模截面面积减小的锻造工序，通常用来生产轴类毛坯，如车床主轴、连杆等。拔长时，每次送进量 L 应为砧宽的 0.307 倍。若 L 太大，则金属横向流动多，纵向流动少，拔长效率反而下降，若 L 太小，又易产生夹层。

拔长过程中应经常做90°翻转,如图2-2-7所示。对于较重的锻件,常采用锻打完一面翻转90°再锻打另一面的方法,如图2-2-7(a)所示。其操作过程为:先锻打一面,按顺序1～5逐段拔长,然后将锻件翻转90°锻打另一面,使锻件按顺序6～10逐段拔长。对于较小的锻件,则采用来回翻转90°的锻打方法,如图2-2-7(b)所示。锻打时按图中数字顺序来回翻转并逐段锻打,最终完成锻件拔长。

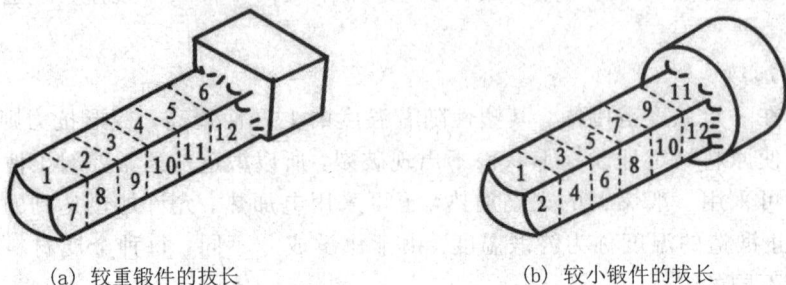

(a) 较重锻件的拔长   (b) 较小锻件的拔长

图2-2-7 拔长时坯料的翻转

圆形截面坯料拔长时,应先锻成方形截面,在拔长到边长直径接近锻件时,锻成八角形截面,最后倒棱滚打成圆形截面,如图2-2-8所示。这样拔长的效率高,且能避免引起中心裂纹。

图2-2-8 圆形坯料拔长时的过渡截面形状

3) 冲孔

冲孔是用冲子在坯料上冲出通孔或不通孔的锻造工序。冲孔的方法有单面冲孔和双面冲孔两种。

三、模锻

将加热后的坯料放在锻模的模膛内变形,从而获得锻件的锻造方法称为模锻。

模锻的生产率和锻件精度比自由锻高,但需要专用模具(见图2-2-9),且模具制造成本高,只适用于大量生产。

模锻的锻模结构有单模膛锻模和多模膛锻模。模锻用燕尾槽与斜楔的配合使锻模固定,以防其脱出和左右移动;用键与键槽的配合使锻模定位准确,以防其前后移动。

图2-2-9 液压模锻

四、胎模锻

胎模锻是自由锻与模锻相结合的加工方法，即在自由锻设备上使用可移动的模具生产锻件。胎模锻与模锻相比，具有模具结构简单、易于制造、上模不需要专用锻造设备等优点。但是，胎模锻的锻件质量却没有模锻高，且工人劳动强度较大，胎模寿命短，生产率较低。胎模锻一般适用于小型锻件的中小批生产，在没有模锻设备的中小型企业应用普遍。

如图 2-2-10 所示为手锤锤头胎模结构。胎模锻时，下模块置于气锤的下砧上，但不固定。坯料放在模膛内，合上上模块，用锤头锻打上模块，待上、下模块合拢后便形成锻件。

图 2-2-10 手锤锤头胎模结构

五、板料冲压

板料冲压是利用冲模使板料分离或产生变形的加工方法。因多数情况下板料无须加热，故又称为冷冲压，简称冷冲或冲压。

常用的板材为低碳钢、不锈钢、铝、钢及其合金等，它们的塑性好，变形抗力小，适用于冷冲压加工。

板料冲压易于实现机械化和自动化，生产效率高。冲压件尺寸精确，互换性好，表面光洁，大都无须进行机械加工，因而被广泛用于汽车、电器、仪表和航空等制造业中。

1. 冲压设备

冲床有多种类型，常见的有开式冲床和闭式冲床，如图 2-2-11 所示。

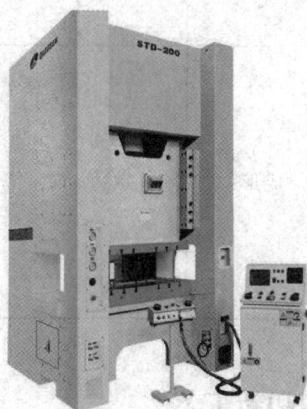

（a）开式冲床 （b）闭式冲床

图 2-2-11 冲压设备

2. 冲压工序

冲压的基本工序主要有分离工序和成形工序，见表 2-2-1。

表 2-2-1　分离工序和成形工序

工序分类	基本工序	工序名称	工序简图	工序特点
分离工序	冲裁	落料	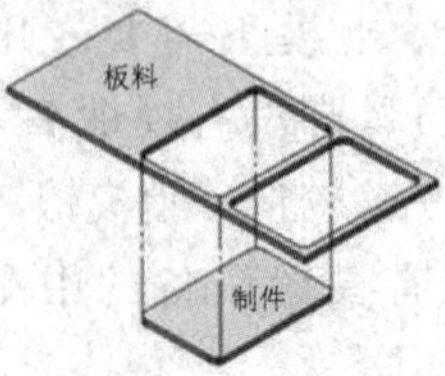	沿封闭轮廓分离出制件
		冲孔	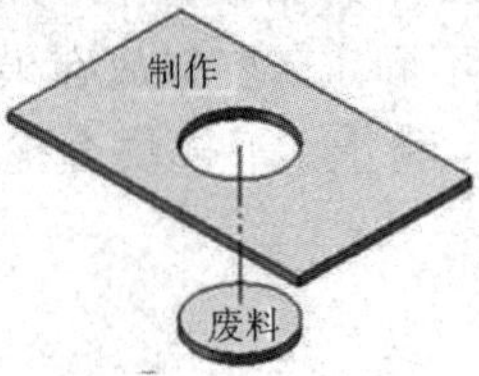	沿封闭轮廓分离出废料
成形工序	弯曲	压弯	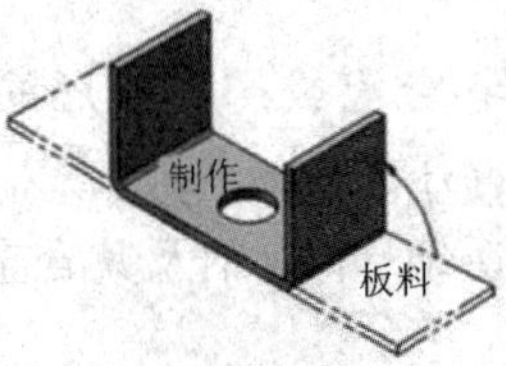	将板料沿直线弯曲形成制件
	拉深	拉伸		将板料冲压成开口空心制件
成形工序	成形	翻边	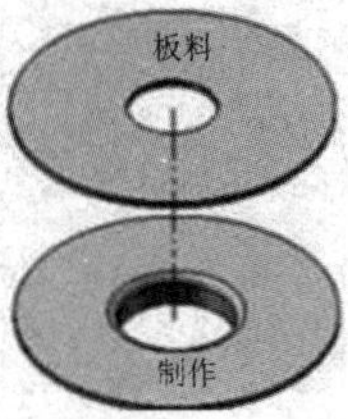	使板料边缘弯曲成竖立的曲边弯曲线形状，或将孔附近的材料变形成有高度的圆筒形

六、锻压新技术和新工艺

1. 粉末锻造

粉末锻造是粉末冶金成形方法与锻造相结合的一种金属加工方法。它是将粉末预压成形后，在充满保护气体(氢气)的炉子中烧结制坯，将坯料加热至锻造温度后模锻而成，如图2-2-12所示。采用粉末锻造方法锻出的零件有汽车差速器行星齿轮、柴油机连杆、链轮及衬套等。

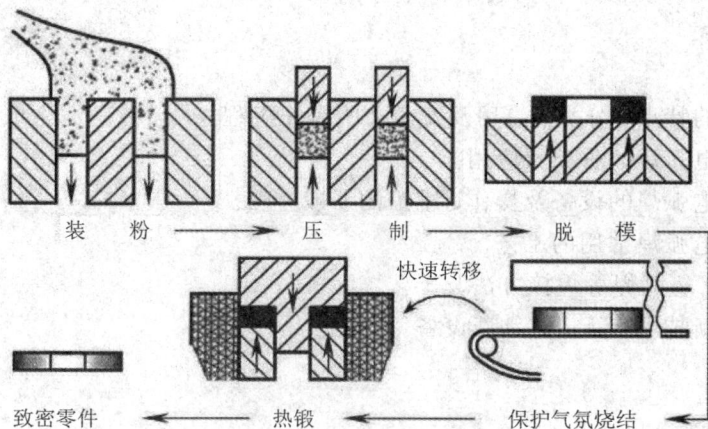

图 2-2-12 粉末锻造

与模锻相比，粉末锻造具有以下优点：

(1) 材料利用率高，可达 90% 以上；

(2) 力学性能好，材质均匀，强度高，塑性和冲击韧性都较好；

(3) 锻件精度高，表面光洁，可实现少或无切削加工；

(4) 生产率高，每小时产量可达 500～1000 件；

(5) 锻造压力小，如锻造汽车差速器行星齿轮，钢坯锻造需用总压力为 2500～3000 kN 的压力机，而粉末锻造只需总压力为 800 kN 的压力机；

(6) 可以加工热塑性差的材料，如难以变形的高温铸造合金，可用粉末锻造方法锻出形状复杂的零件。

2. 数控冲压

冲压技术不断发展，与材料技术、计算机技术、数控技术相结合，形成不仅适用于大批生产，而且可以小批生产、应用更为广泛的数控冲压技术。图 2-2-13 所示为常见的数控冲压设备。

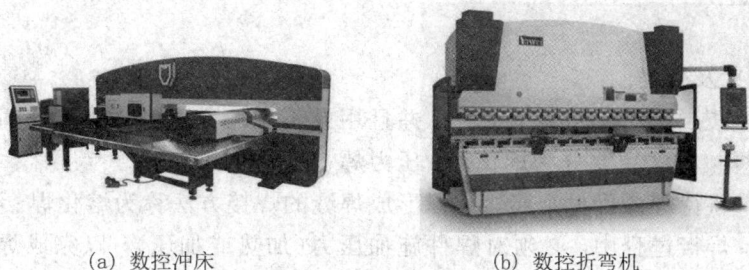

(a) 数控冲床　　　　(b) 数控折弯机

图 2-2-13 常见的数控冲压设备

2.3　焊　　接

学习目标

1. 了解焊接的特点、分类、应用及安全文明操作规程。
2. 了解焊条电弧焊的种类及应用。
3. 了解焊条电弧焊的设备及操作、维护的一般方法。
4. 了解焊条电弧焊常用的工艺。
5. 了解气焊、氩弧焊等焊接方法及工艺。
6. 了解焊接新技术、新工艺和新设备。

课堂讨论

在工业生产中，经常需要将两个或两个以上的零件按一定形式和位置连接起来，常见的有键连接、销连接、螺纹连接、焊接、铆接等。观察图 2-3-1 所示的连接方法，从可拆卸性、连接可靠性等方面对其进行评价，指出它们各自所属的类型和应用特点。对于不同类型的连接，你还能举出一些相应的例子吗？

图 2-3-1　硬质合金车刀、门框体

一、焊接基础知识

1. 焊接的定义及分类

焊接是通过加热或加压，或两者并用，并且用或不用填充材料，使工件间达到原子间结合的一种方法。焊接方法主要分为熔化焊、压力焊、钎焊。

（1）熔化焊。将待焊处母材金属熔化以形成焊缝的焊接方法称为熔化焊。

（2）压力焊。焊接过程中，必须对焊件施加压力（加热或加压），以完成焊接的方法称为压力焊。

（3）钎焊。钎焊是硬钎焊和软钎焊的总称。采用比母材金属熔点低的金属材料作钎料，将焊件和钎料加热到高于钎料熔点、低于母材熔化温度，利用液态钎料润湿母材，填充接头间隙并与母材相互扩散实现连接焊件的方法。

焊接方法的分类如图 2-3-2 所示。

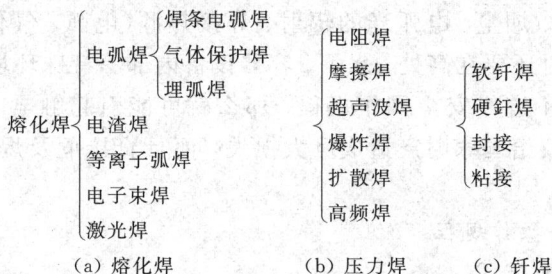

$$
熔化焊\begin{cases}电弧焊\begin{cases}焊条电弧焊\\气体保护焊\\埋弧焊\end{cases}\\电渣焊\\等离子弧焊\\电子束焊\\激光焊\end{cases}
\qquad
\begin{cases}电阻焊\\摩擦焊\\超声波焊\\爆炸焊\\扩散焊\\高频焊\end{cases}
\qquad
\begin{cases}软钎焊\\硬钎焊\\封接\\粘接\end{cases}
$$

（a）熔化焊　　　　　（b）压力焊　　　（c）钎焊

图 2-3-2　焊接方法的分类

2. 焊接的特点

焊接是目前应用极为广泛的一种永久性连接方法。在许多工业部门的金属结构制造中，焊接几乎取代了铆接。不少过去一直用整铸、整锻方法生产的大型毛坯改成焊接结构，大大简化了生产工艺，降低了成本。焊接之所以能如此迅速发展，是因为它本身具有以下优点：

（1）节省金属材料，减轻结构重量，且经济效益好。焊接结构比铆接结构重量可减轻15%～20%，比铸件轻30%～40%，比锻件轻30%。

（2）简化加工与装配工序，生产周期短，生产效率高。

（3）焊接具有一些其他工艺方法难以达到的优点，如可以根据受力情况和工作环境在不同的结构部位选用不同强度和不同耐磨、耐腐蚀、耐高温等性能的材料。

焊接也有一些局限性，如用焊接方法加工的结构易产生较大的焊接变形和焊接残余应力，从而影响结构的承载能力、加工精度和尺寸稳定性，同时在焊缝与焊件交界处还会产生应力集中，对结构的疲劳断裂有较大的影响。此外焊缝中存在一定的缺陷，焊接中会产生有毒有害物质等。

3. 焊接的应用

焊接广泛应用于船舶、车辆、桥梁、航空航天、压力容器等领域，如图 2-3-3 所示。现在世界上已有 50 余种焊接工艺方法应用于生产中。随着科学技术的不断发展，特别是近年来计算机技术的应用与推广，焊接技术特别是焊接自动化技术达到了一个崭新的阶段。

图 2-3-3　焊接的应用

4. 焊接安全文明操作规程

焊工在进行焊接作业时要与电、可燃及易爆气体、易燃液体、压力容器等接触,在焊接过程中还会产生有害气体、烟尘、电弧光的辐射、焊接热源(电弧、气体火焰)的高温、高频磁场、噪声和射线等,有时还要在高处、水下、容器设备内部等特殊环境下作业。如果焊工不熟悉有关劳动保护知识,不遵守安全操作规程,那么就可能引起触电、灼伤、火灾、爆炸、中毒、窒息等事故,这不仅给国家财产造成巨大损失,而且直接危及焊工及其他工作人员的人身安全。

1) 预防触电的安全操作规程

(1) 焊机外壳接地或接零。

(2) 遇到焊工触电时,切不可赤手去拉触电者,应先迅速将电源切断,如果切断电源后触电者呈昏迷状态,应立即实施人工呼吸,直至送到医院为止。

(3) 在光线暗的场地、容器内操作或夜间工作时,使用的工作照明灯的安全电压应不大于 36 V,在高空或特别潮湿的场所作业时,安全电压应不超过 12 V。

(4) 穿戴好劳动保护用品,工作服、手套、绝缘鞋应保持干燥。

(5) 在潮湿的场地工作时,应用干燥的木板或橡胶板等绝缘物做垫板。

(6) 焊工在操作电源闸刀或接触带电物体时,必须单手进行。因为双手操作电源闸刀或接触带电物体时,如发生触电,会通过人体心脏形成回路,造成触电者迅速死亡。

2) 预防火灾和爆炸的安全操作规程

(1) 焊接前要认真检查工作场地周围是否有易燃易爆物品(如棉纱、油漆、汽油、煤油、木材等),如有易燃易爆物品,应将这些物品移至距焊接工作场地 10 m 以外的地方。

(2) 在进行焊接作业时,应注意防止金属火花飞溅而引起火灾。

(3) 严禁设备在带压状态下焊接,带压设备一定要先解除压力(卸压),且必须在焊接前打开所有孔盖。常压而密闭的设备也不允许进行焊接作业。

(4) 凡被化学物质或油脂污染的设备都应清洗后再焊接。如果是易燃易爆或有毒的污染物,更应彻底清洗,经有关部门检查并填写动火证后才能焊接。

(5) 在进入容器内工作时,焊炬应随焊工同时进出,严禁将焊炬放在容器内而焊工擅自离去,以防混合气体燃烧和爆炸。

(6) 焊条头及焊后的焊件不能随便乱扔,应妥善保管,严禁放在易燃易爆物品的附近,以免发生火灾。

(7) 离开施焊现场时,应关闭气源、电源,将火种熄灭。

3) 预防有害气体和烟尘中毒的安全操作规程

(1) 焊接场地应具备良好的通风条件。

(2) 合理组织劳动布局,避免多名焊工拥挤在一起操作。

(3) 尽量扩大自动焊、半自动焊的使用范围,以代替手工焊接。

(4) 做好个人防护工作,如使用静电防尘口罩等以减少烟尘对人体的侵害。

4) 预防弧光辐射的安全操作规程

(1) 焊工必须使用有电焊防护玻璃的面罩。

(2) 面罩应轻便、形状合适、耐热、不导电、不导热、不漏光。

(3) 焊工工作时,应穿白色帆布工作服,防止强光灼伤皮肤。

（4）操作引弧时，焊工应该注意周围人群，以免强烈的弧光伤害他人眼睛。

（5）在厂房内和人多的区域进行焊接时，应尽可能地使用防护屏，避免周围人群遭受弧光伤害。

（6）进行重力焊或装配定位焊时，要特别注意弧光的伤害，焊工或装配工应佩戴防光眼镜。

二、焊条电弧焊

焊条电弧焊通常用英文简称 SMAW 表示。焊条电弧焊是用手工操纵焊条进行焊接的电弧焊方法。

1. 焊条电弧焊的原理

焊条电弧焊的焊接回路如图 2-3-4(a) 所示，由弧焊电焊机、电缆、电焊钳、电焊条、工件和电弧组成。焊接电弧是核心，电焊机是为其提供电能的装置，焊接电缆用于连接电焊机与电焊钳和工件。

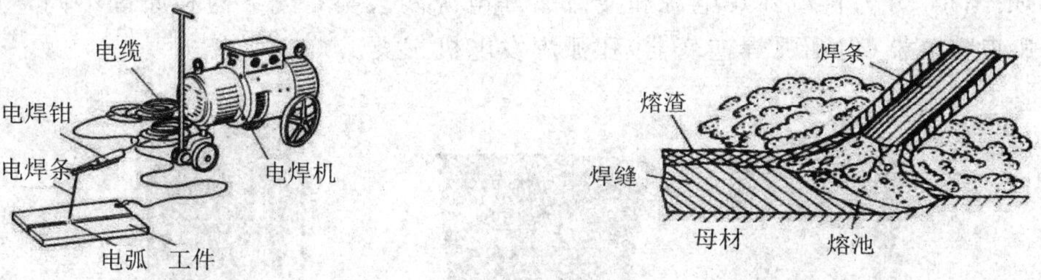

(a) 焊条电弧焊的回路　　　　(b) 焊条电弧焊的原理

图 2-3-4　焊条电弧焊

焊条电弧焊的原理如图 2-3-4(b) 所示。焊接时，将电焊条与工件接触短路后立即提起电焊条，引燃电弧。电弧的高温将电焊条与工件局部熔化，熔化了的焊芯以熔滴的形式过渡到局部熔化的工件表面，融合在一起后形成熔池。焊条药皮在熔化过程中产生一定量的气体和液态熔渣，起到保护液态金属的作用。同时，药皮熔化产生的气体、熔渣与熔化了的焊芯、工件发生一系列冶金反应，保证了所形成的焊缝的性能。随着电弧沿焊接方向不断移动，熔池内的液态金属逐步冷却结晶形成焊缝。

2. 电焊条

在一定长度的金属丝外表层均匀地涂敷一定厚度的具有特殊作用涂料的手工电弧焊焊接材料，简称为"焊条"。

焊条由焊芯和药皮组成。焊芯是一根具有一定长度及直径的钢丝，焊条药皮则是压涂在焊芯表面上的涂料层，如图 2-3-5 所示。焊条端部有段没有药皮的夹持端，用焊钳夹住后可以导电，焊条末端的药皮磨成倒角，便于焊接时引弧。焊条长度一般为 250～450 mm，焊条直径是以焊芯直径来表示的，常用的有 φ2 mm、φ2.5 mm、φ3.2 mm、φ4 mm、φ5 mm、φ6 mm 等几种规格。

1—焊芯；2—药皮；3—夹持端；4—引弧端

图 2-3-5　焊条

药皮组成物的成分相当复杂，由各种矿物类、铁合金和金属类、有机物类及化工产品等原料组成。一种焊条药皮的配方，一般由八九种以上的原料组成。这些原料在焊接中分别起到稳弧、造渣、造气、脱氧、稀释、黏结等作用。

3. 焊条电弧焊的设备

弧焊电源是焊条电弧焊的供电装置，即通常所说的电焊机，如图 2-3-6 所示。按输出的电流性质不同，分为直流弧焊电源和交流弧焊电源两大类；按结构和原理不同，分为弧焊变压器、弧焊整流器（包括弧焊逆变器）和弧焊发电机三类。

图 2-3-6　常用弧焊电源

4. 焊条电弧焊的工艺

焊条电弧焊的工艺包括焊前准备、电源种类与极性、焊接工艺参数等。

1）焊前准备

（1）接头与坡口形式。焊接前，一般应根据焊接结构的形式、焊件厚度及对焊接质量的要求确定焊接接头的形式。

焊接接头的形式主要有对接接头、角接接头、T 形接头和搭接接头，如图 2-3-7 所示。焊接厚板时，往往需要把焊件的待焊部位加工成一定几何形状的沟槽，称为坡口，如图 2-3-8 所示，然后再进行焊接。开坡口的主要目的是为了保证接头根部焊透，便于清除熔渣，以获得较好的成形。

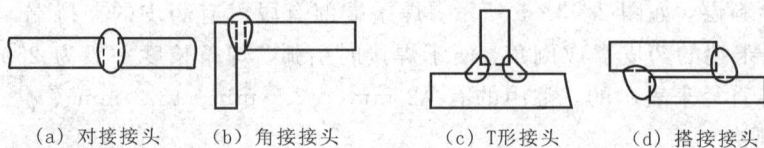

(a) 对接接头　　　(b) 角接接头　　　(c) T 形接头　　　(d) 搭接接头

图 2-3-7　焊接接头的形式

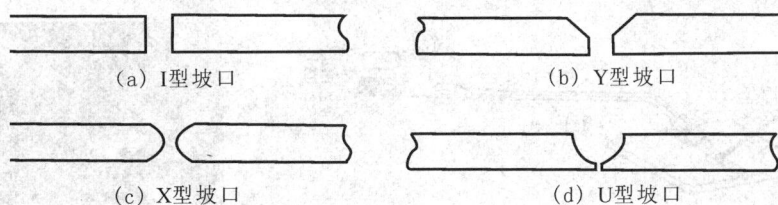

(a) I型坡口　　　(b) Y型坡口

(c) X型坡口　　　(d) U型坡口

图 2-3-8　常见坡口形式

（2）焊前要对待焊部位的油污、水锈斑等进行清理，以免造成焊接困难及产生焊接缺陷，清理的范围一般为坡口两侧各 10~20 mm 处。

（3）焊条烘干放于保温筒内随取随用。一般酸性焊条的烘干温度为 75℃~150℃，保温 1~2 h；碱性焊条的烘干温度为 350℃~400℃，保温 1~2 h。焊条累计烘干次数一般不宜超过三次。

2）电源种类与极性

（1）电源种类。采用交流电源焊接时，电弧稳定性差；采用直流电源焊接时，电弧稳定性好，飞溅少，但电弧偏吹较严重。低氢钠型药皮焊条稳弧性差，通常必须采用直流电源。用小电流焊接薄板时，也常用直流电源，其引弧比较容易，电弧比较稳定。

（2）电源极性。电源极性是指在进行直流电弧焊时焊件的极性。焊件与电源输出端正、负极的接法，分为正接和反接两种。正接就是焊件接电源正极、焊条接电源负极的接线法，也称正极性；反接就是焊件接电源负极、焊条接电源正极的接线法，也称反极性，如图 2-3-9 所示。

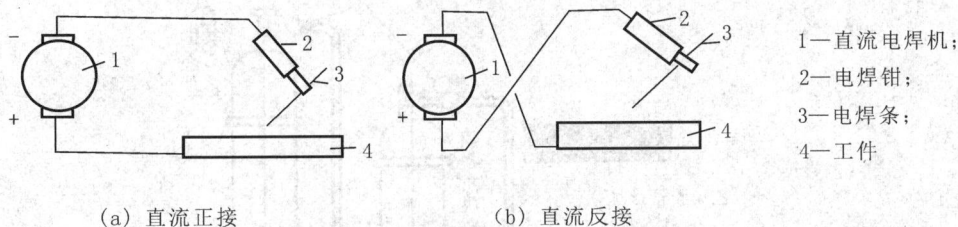

1—直流电焊机；
2—电焊钳；
3—电焊条；
4—工件

（a）直流正接　　　（b）直流反接

图 2-3-9　直流焊接的正接与反接

三、其他焊接方法

1. 气焊

气焊是利用气体火焰作为热源的一种熔焊方法。常用氧气和乙炔混合燃烧的火焰进行焊接，又称为氧乙炔焊。

1）气焊的原理、特点及应用

气焊是将可燃气体和助燃气体通过焊炬按一定比例混合，获得所要求的火焰作为热源，熔化被焊金属和填充金属，使其形成牢固的焊接接头的焊接方法。气焊时，先将焊件的焊接处加热到熔化状态形成熔池，并不断地熔化焊丝向熔池中填充，气体火焰覆盖在熔化金属的表面起保护作用，随着焊接的进行，熔化金属冷却形成焊缝。气焊的原理如图 2-3-10 所示。

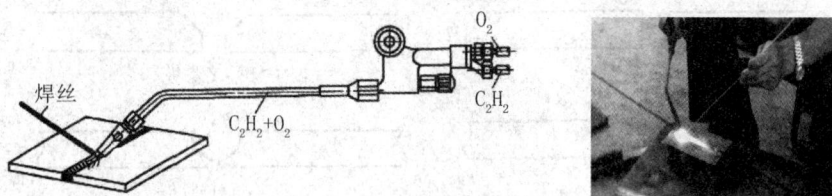

图 2-3-10　气焊的原理

气焊具有设备简单、操作方便、成本低、适应性强等优点，但火焰温度低，加热分散，热影响区宽，焊件变形大且过热严重，因此，气焊接头质量不如焊条电弧焊容易保证。目前，在工业生产中气焊主要用于焊接薄板、小直径薄壁管、铸铁、有色金属、低熔点金属及硬质合金等。

2）气焊材料

（1）焊丝。气焊用的焊丝起填充金属的作用，与熔化的母材一起形成焊缝。常用的气焊焊丝有碳素结构钢焊丝、合金结构钢焊丝、不锈钢焊丝、铜及铜合金焊丝、铝及铝合金焊丝和铸铁焊丝等。

（2）气焊熔剂。气焊熔剂是气焊时的助焊剂，其作用是与熔池内的金属氧化物或非金属夹杂物相互作用生成熔渣，覆盖在熔池表面，使熔池与空气隔离，因而能有效防止熔池金属的继续氧化，改善焊缝质量。因此，焊接有色金属（如铜及铜合金、铝及铝合金）、铸铁、耐热钢及不锈钢等材料时，通常采用气焊熔剂。

（3）气焊设备主要有氧气瓶、乙炔瓶、氧气胶管、减压器、焊炬等，如图 2-3-11 所示。

图 2-3-11　气焊设备的组成

（4）气焊工艺参数。气焊工艺参数包括焊丝的型号、牌号及直径，气焊熔剂，焊炬的倾斜角度，焊接方向，焊接速度和接头形式等，它们是保证焊接质量的主要技术依据。

2. 氩弧焊

氩弧焊是使用氩气作为保护气体的气体保护电弧焊方法。

1）氩弧焊的原理、特点及应用

氩弧焊时，氩气流从焊枪喷嘴中连续喷出，在电弧区形成严密的保护气层，将电极和金属熔池与空气隔离。同时，利用电极（钨极或焊丝）与焊件之间产生的电弧热量来熔化附加的填充焊丝或自动给送的焊丝及母材金属，形成熔池，液态熔池金属凝固后形成焊缝。

氩弧焊的焊缝质量高，焊接变形和应力小，焊接范围广，几乎所有的金属材料都可以焊接，特别适合焊接化学性质活泼的金属和合金。

2）氩弧焊的分类

氩弧焊根据所用的电极材料不同，分为钨极（不熔化极）氩弧焊和熔化极氩弧焊；根据操作方式不同，分为手工氩弧焊、半自动氩弧焊和自动氩弧焊；根据采用的电源种类不同，分为直流氩弧焊、交流氩弧焊和脉冲氩弧焊等。在实际生产中，钨极氩弧焊应用最为广泛。

3）钨极氩弧焊

钨极氩弧焊是使用纯钨或活化钨（钍钨、铈钨等）作为电极的氩气保护焊，简称 TIG 焊。手工钨极氩弧焊如图 2-3-12 所示，焊工一手握焊枪，一手持焊丝，随焊枪的摆动和前进，逐渐将焊丝填入熔池之中。有时也不添加填充焊丝，仅将接口边缘熔化后形成焊缝。

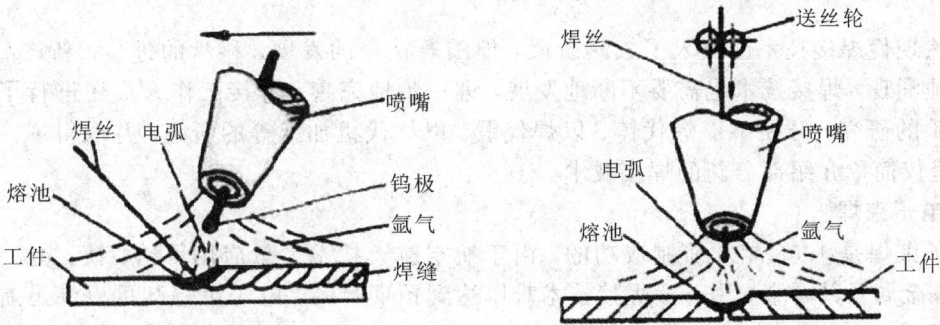

图 2-3-12 钨极氩弧焊

由于所用的焊接电流受到钨极熔化与烧损的限制，所以电弧功率较小，只适合焊接厚度小于 6 mm 的焊件。

钨极氩弧焊的焊接材料主要是钨极、氩气和焊丝。钨极氩弧焊要求钨极具有电流容量大、损耗小、引弧和稳弧性能好等特性。常用的钨极有钍钨极和铈钨极两种。

氩弧焊对氩气的纯度要求很高，如果氩气中含有一些氧、氮或少量其他气体，将会降低氩气保护性能，对焊接质量造成不良影响。按我国现行标准规定，其纯度应达到 99.99%。

焊丝根据被焊接金属化学成分、力学性能及被焊材料厚度选用。

手工钨极氩弧焊设备包括焊机、焊枪、供气系统、冷却系统、控制系统等，如图 2-3-13 所示。自动钨极氩弧焊设备除上述几部分外，还包括送丝装置及焊接小车行走机构。

钨极氩弧焊的工艺主要包括焊前清理和焊接工艺参数，具体如下：

（1）焊前清理。焊前必须对被焊材料的坡口、坡口附近 20 mm 范围内及焊丝进行清理，去除金属表面的氧化膜和油污等杂质，以确保焊缝质量。常用的焊前清理方法有化学清理、机械清理和化学-机械清理。

（2）焊接工艺参数。钨极氩弧焊的焊接工艺参数主要有电源种类与极性、焊接电流、氩气流量和喷嘴直径等。

1—焊件；2—填充金属；3—焊枪；4—冷却系统；5—供气系统；6—焊接电源

图 2-3-13　手工钨极氩弧焊设备

四、焊接新技术和新工艺

虽然现代焊接技术已进入了成熟阶段，但随着社会的发展，科学的进步，新产品、新材料不断地涌现，焊接技术也需要不断地发展，进一步地完善。焊接工作人员还进行了太阳能焊接实验的研究，开展了以焊代铸、以焊代锻、以焊代机加工等的研究，并取得了一定的成果。这里仅简单介绍部分新的焊接技术。

1. 电子束焊

电子束焊是 1956 年才研制成功的，由于航空航天技术大量应用了锆、钛、钽、铌、钼、铍、镍等金属及其合金，用一般焊接技术难以达到预期目的，电子束焊却可以满足航空航天技术的要求。

电子束焊具有焊接质量好，不使用填充材料，热源能量密度大，焊透能力强，热影响区小等优点，但还有焊接设备复杂，成本高，焊前装配要求严格等缺点。目前，电子束焊主要应用于汽车工业、航空航天业、汽轮机制造业、核能工业、仪表工业、电工行业等领域。

2. 超声波焊

超声波焊是利用超声波频率(超过 16 kHz)的机械振动能量，连接同种或异种金属、半导体、塑料及金属陶瓷等的特殊焊接方法。其示意图如图 2-3-14 所示。

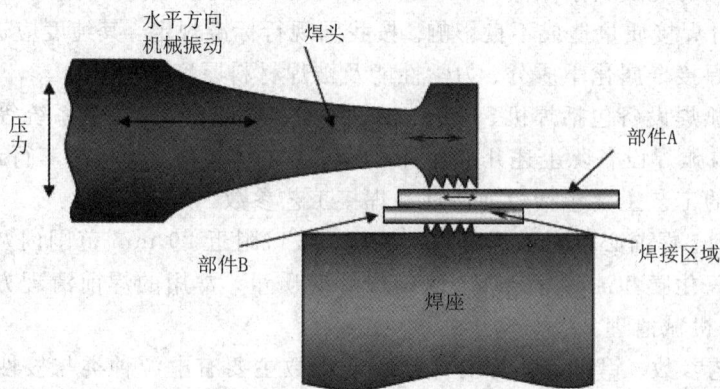

图 2-3-14　超声波焊

超声波焊接时，既不向工件输送电流，也不向工件引入高温热源，只是在静压力下将弹性振动能量转变为工件间的摩擦做功、形变能及随后不限的温升。接头间的冶金结合是在母材不发生熔化的情况下实现的，因而是一种固态焊接。

超声波焊适用于多种组合材料的焊接，很少有其他焊接方法具有如此广泛的可焊材料组合范围。由于超声波焊是一种固相焊接方法，因而不会对半导体等材料引起高温污染及损伤，且对工件表面的清洁度要求不高，允许少量的氧化膜及油污等存在，甚至可以焊接带漆及聚合物薄膜的金属。金属超声波焊的一个主要缺点是焊接需用功率随工件厚度及硬度的提高呈指数剧增，因而只限用于焊接丝、箔、片等薄件。

3. 激光焊

激光焊以高能量密度的激光作为热源，对金属进行熔化形成焊接接头。与一般焊接方法相比，激光焊具有焊接速度快、残余应力和变形小等特点，可进行远距离或一些难以接近部位的焊接，可以焊接一般焊接方法难以焊接的材料，甚至可用于非金属材料的焊接。激光焊广泛应用于电子工业、仪表工业和金银首饰行业等领域。与电子束焊相比，激光焊的不足之处在于焊接厚度小，焊接一些高反射率的金属比较困难；另一个问题就是设备投资比其他焊接方法大。

巩 固 练 习

1. 铸造有哪些特点？
2. 当铸件精度要求较高时，应采用哪些铸造方法？
3. 砂型铸造工艺的步骤是什么？
4. 铸造的新技术和新工艺有哪些？
5. 锻压有哪些特点？
6. 举例说明锻压加工对我们日常生活的作用。
7. 查阅资料，说明锻压加工在哪些行业得到了应用。
8. 应用所掌握的知识，比较锻压与铸造之间的差异。
9. 什么是焊接？简述焊接的分类。
10. 焊条电弧焊的原理是什么？特点是什么？
11. 焊条电弧焊的工艺参数有哪些？选用原则是什么？
12. 简述气焊的原理。
13. 简述钨极氩弧焊的原理。
14. 查阅资料，了解焊接技术的发展。

第三章 冷加工基础

3.1 金属切削加工基础

学习目标

1. 理解切削加工的基本概念。
2. 了解切削加工与切削要素。
3. 了解切削刀具的几何形状、材料及其选择。

课堂讨论

观察如图3-1-1所示，我们在削铅笔时，小刀与铅笔通过相对运动，削出铅笔芯。我们在金属加工制造中就运用了这个原理，同学们讨论还有哪些我们常见的加工方法呢？

图3-1-1 切削铅笔

一、认识切削加工

金属切削加工是通过机床提供的切削运动和动力，使刀具和工件产生相对运动，从而切除工件上多余的材料，以获得合格零件的加工过程。金属切削加工是在常温状态下进行的，它包括机械加工和钳工加工两种，其主要形式有车削、钻削、刨削、铣削、磨削、齿轮加工以及钳工等。习惯上常说的切削加工往往是指机械加工。机械加工的种类如图3-1-2所示。

切削加工的主要特点是：工件精度高、生产率高及适应性好，凡是要求具有一定几何尺寸精度和表面粗糙度的零件，通常都采用切削加工方法来制造。

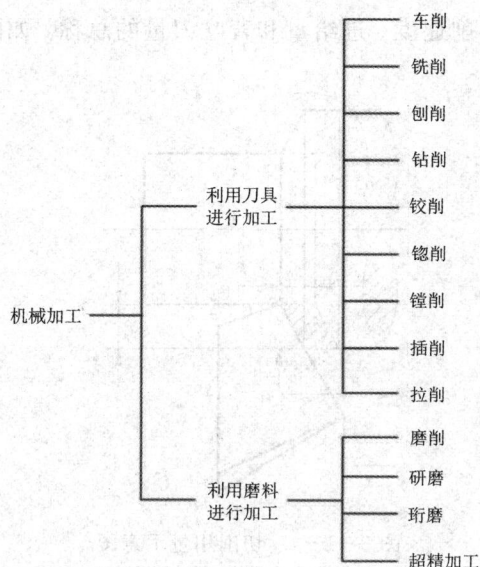

图 3-1-2 机械加工的种类

1. 切削运动

切削过程中,切削刀具与工件间的相对运动,就是切削运动。它是直接形成工件表面轮廓的运动,如图 3-1-3 所示。

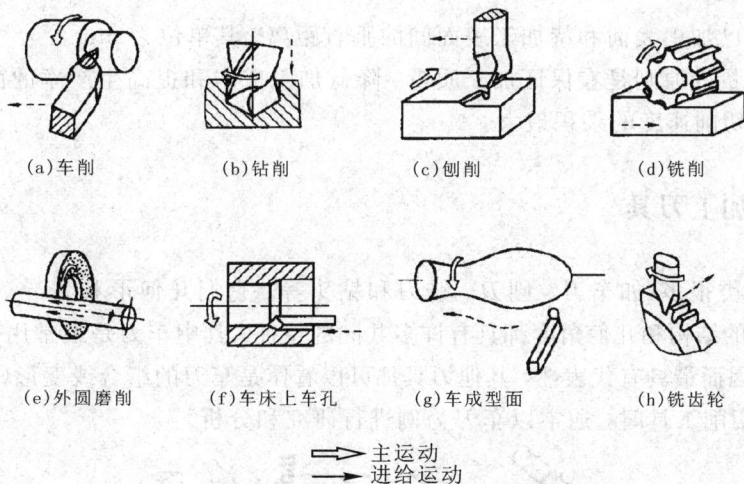

(a)车削   (b)钻削   (c)刨削   (d)铣削

(e)外圆磨削   (f)车床上车孔   (g)车成型面   (h)铣齿轮

⇒ 主运动
→ 进给运动

图 3-1-3 切削运动示意图

在切削加工过程中,刀具和工件之间的相对运动称为切削运动。按其所起的作用,切削运动分为两类:

主运动——切下切屑所必需的基本运动称为主运动。在切削运动中,主运动的速度最高,消耗的功率也最大。

进给运动——使被切削的金属层不断投入切削的运动称为进给运动。

2. 切削用量

在切削加工过程中的切削速度、进给量和背吃刀量的总称。如图 3 - 1 - 4 所示。

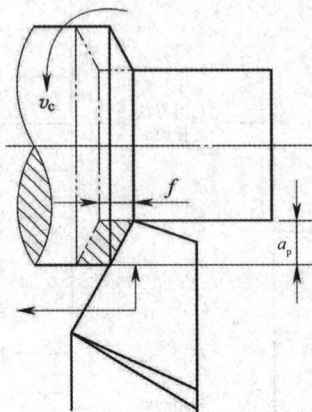

图 3 - 1 - 4　切削用量示意图

1）切削速度 v_c

切前速度是指切削刃上选定点相对于工件的主运动的瞬时速度。单位是 m/min 或 m/s。

2）进给量 f

刀具在进给运动方向上相对工件的位移量称为进给量,可用刀具或工件每转或每行程的位移量来表述和度量。单位是 mm/r 或 mm/min。

3）背吃刀量 a_p

一般指工件已加工表面和待加工表面间的垂直距离。其单位为 mm。

选择切削用量的原则是在保证加工质量、降低加工成本和提高生产率的前提下,使背吃刀量、进给量和切削速度的乘积最大。

二、金属切削加工刀具

切削刀具种类很多,如车刀、刨刀、铣刀和钻头等。它们几何形状各异,复杂程度不等,但它们切削部分的结构和几何角度都具有许多共同的特征,其中车刀是最常用、最简单和最基本的切削工具,因而最具有代表性,其他刀具都可以看作是车刀的组合或变形(见图 3 - 1 - 5)。因此,研究金属切削工具时,通常以车刀为例进行研究和分析。

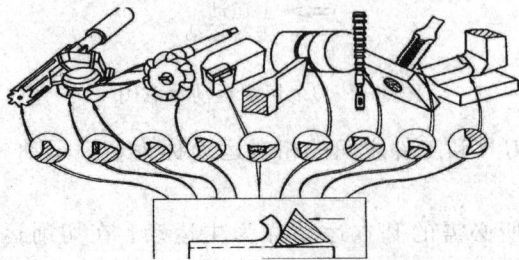

图 3 - 1 - 5　各种刀具切削部分的形状

1. 车刀的组成

车刀由切削部分、刀柄两部分组成。切削部分承担切削加工任务，刀柄用以装夹在机床刀架上。切削部分是由一些面、切削刃组成。我们常用的外圆车刀是由一个刀尖、两条切削刃、三个刀面组成的，如图3-1-6所示。

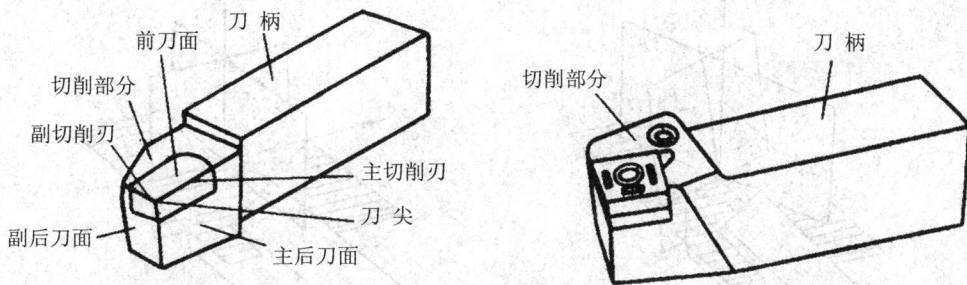

图3-1-6 车刀的组成

2. 刀具几何角度参考系

为了便于确定车刀上的几何角度，常选择某一参考系作为基准，通过测量刀面或切削刃相对于参考系坐标平面的角度值来反映它们的空间方位。

刀具标注角度参考系有正交平面参考系、法平面参考系和假定工作平面参考系三种。

（1）正交平面参考系。如图3-1-7所示，正交平面参考系由以下三个平面组成：基面p_r是过切削刃上某选定点平行或垂直于刀具在制造、刃磨及测量时适合于安装或定位的一个平面或轴线，一般来说其方位要垂直于假定的主运动方向。车刀的基面都平行于它的底面。

切削平面p_s是过车刀主切削刃上的某一选定点，并与工件的过渡表面相切的平面。正交平面p_o是通过切削刃选定点并同时垂直于基面和切削平面的平面。

正交平面参考系是刀具标注角度最常用的参考系。

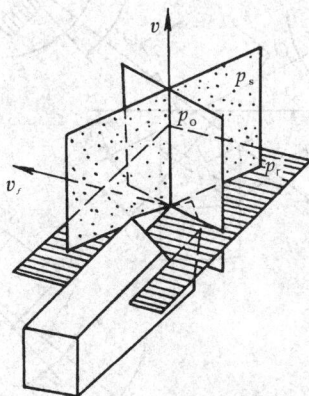

图3-1-7 正交平面参考系

（2）法平面参考系。如图3-1-8所示，法平面参考系由p_r、p_s和法平面p_n组成。其中法平面p_n是过切削刃某选定点垂直于切削刃的平面。

（3）假定工作平面参考系。如图3-1-9所示，假定工作平面参考系由p_r、p_f和p_p组成。

假定工作平面 p_f 是过切削刃某选定点平行于假定进给运动并垂直于基面的平面。背平面 p_p 是过切削刃某选定点既垂直于假定进给运动又垂直于基面的平面。

刀具设计时标注、刃磨、测量角度最常用的是正交平面参考系。

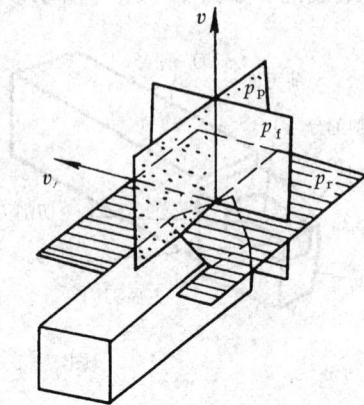

图 3 - 1 - 8　法平面参考系　　　　　　图 3 - 1 - 9　假定工作平面参考系

3. 刀具标注角度定义(见图 3 - 1 - 10)

1) 在基面内测量的角度

① 主偏角 κ_r：主切削刃与进给运动方向之间的夹角。

② 副偏角 κ_r'：副切削刃与进给运动反方向之间的夹角。

③ 刀尖角 ε_r：主切削平面与副切削平面间的夹角。刀尖角的大小会影响刀具切削部分的强度和传热性能。

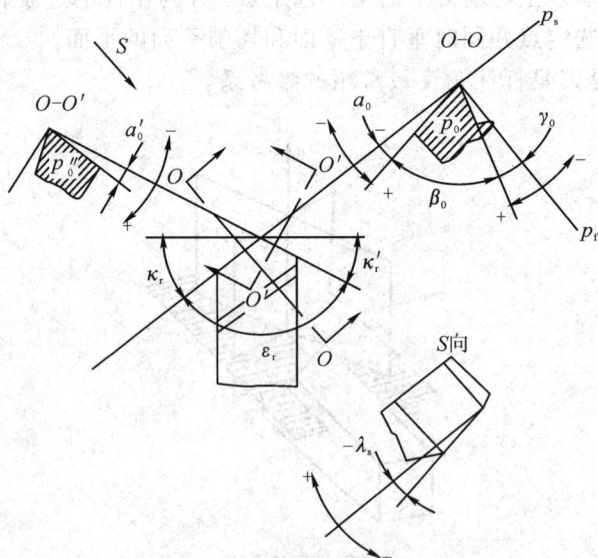

图 3 - 1 - 10　车刀的几何角度

2) 在主切削刃正交平面内($O—O$)测量的角度

① 前角 γ_0：前刀面与基面间的夹角。当前刀面与基面平行时,前角为零。基面在前刀面

以内，前角为负。基面在前刀面以外，前角为正。

② 后角 α_0：后刀面与切削平面间的夹角。

③ 楔角 β_0：前刀面与后刀面间的夹角。

楔角的大小将影响切削部分截面的大小，决定着切削部分的强度，它与前角 γ_0 和后角 α_0 的关系如下：

$$\beta_0 = 90° - (\gamma_0 + \alpha_0)$$

3）在切削平面内（S 向）测量的角度

刃倾角 λ_s：主切削刃与基面间的夹角。刀尖处于最高点时，刃倾角为正；刀尖处于最低点时，刃倾角为负；切削刃平行于底面时，刃倾角为零。

$\lambda_s = 0$ 的切削称为直角切削，此时主切削刃与切削速度方向垂直，切屑沿切削刃法向流出。$\lambda_s \neq 0$ 的切削称为斜角切削，此时主切削刃与切削速度方向不垂直，切屑的流向与切削刃法向倾斜了一个角度，如图 3-1-11 所示。

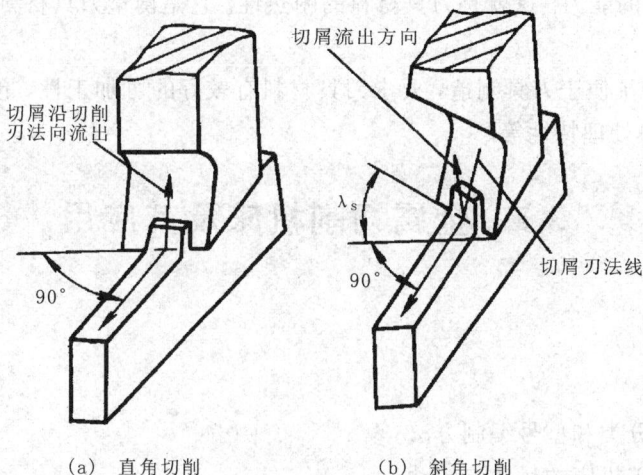

(a) 直角切削　　　(b) 斜角切削

图 3-1-11　直角切削与斜角切削

4）在副切削刃正交平面内（$O'-O'$）测量的角度

副后角 α_0'：副后刀面与副切削刃切削平面间的夹角。

上述的几何角度中，最常用的是前角（γ_0）、后角（α_0）、主偏角（κ_r）、刃倾角（λ_s）、副偏角（κ_r'）和副后角（α_0'），通常称为基本角度。在刀具切削部分的几何角度中，上述基本角度能完整地表达出车刀切削部分的几何形状，反映出刀具的切削特点。刀尖角（ε_r）、楔角（β_0）为派生角度。

4. 刀具工作角度

切削过程中，由于刀具的安装位置、刀具与工件间相对运动情况的变化，实际起作用的角度与标注角度有所不同，我们称这些角度为工作角度。现在仅就刀具安装位置对角度的影响叙述如下。

刀柄中心线与进给方向不垂直时对主、副偏角的影响：

当车刀刀柄与进给方向不垂直时，主偏角和副偏角将发生变化。切削刃安装高于或低于工件中心时，按辅助平面定义，通过切削刃作出的切削平面、基面将发生变化，所以使刀具角度也随着发生变化。

三、刀具材料应当具备的性能

在切削加工时，刀具切削部分与切屑、工件相互接触的表面上承受了很大的压力和强烈的摩擦，刀具在高温下进行切削的同时，还承受着切削力、冲击和振动，因此要求刀具切削部分的材料应具备以下基本条件：

（1）高硬度。刀具材料必须具有高于工件材料的硬度，常温硬度应在 HRC60 以上。

（2）耐磨性。耐磨性表示刀具抵抗磨损的能力，通常刀具材料硬度越高，耐磨性越好。材料中硬质点（碳化物、氮化物等）的硬度越高，数量越多，颗粒越小，分布越均匀，则耐磨性越好。

（3）强度和韧性。为了承受切削力、冲击和振动，刀具材料应具有足够的强度和韧性。一般用抗弯强度（σ_b）、冲击韧性（α_k）值表示。

（4）耐热性。刀具材料应在高温下保持较高的硬度、耐磨性及强度和韧性，并有良好的抗粘结、抗扩散、抗氧化的能力。这就是刀具材料的耐热性。它是衡量刀具材料综合切削性能的主要指标。

（5）工艺性。为了便于刀具制造，要求刀具材料有较好的可加工性，包括锻、轧、焊接、切削加工、磨削性和热处理特性等。

3.2　金属切削机床及其应用

📖 学习目标

1. 了解机床的分类和型号编制方法。
2. 了解切削加工机床的运动与传动。
3. 了解常见的金属切削机床的类型及其应用范围。

🖋 课堂讨论

观察图 3-2-1 所示，这是一台普通车床，主要用来加工一些回转体零件。同学们讨论一下加工零件的机床还有哪些呢，分别用来加工什么类型的零件呢？

图 3-2-1　普通车床

一、认识切削机床

金属切削机床(简称机床)是制造机器的机器,也称工具机或工作母机,是机械加工的主要设备。机床的基本功能是为被切削的工件和使用的刀具提供必要的运动、动力和相对位置。

1. 机床的分类和型号编制方法

在现代机械制造业中,由于不同的用途和目的,使用的机床品种和规格繁多,机床的名称往往又很长。为了便于区别、管理和使用,必须对机床进行分类和编制型号。1994 年颁布的国家标准 GB/T 15375—1994《金属切削机床型号编制方法》,对此进行了专门的规定。

1)机床的分类

机床主要是按加工性质和所使用的刀具进行分类,目前我国将机床分为 11 大类:车床、钻床、镗床、磨床、齿轮加工机床、螺纹加工机床、铣床、刨插床、拉床、锯床和其他机床。在每一类机床中,又按工艺范围、布局形式和结构等分为若干组,每一组又分为若干个系(系列)。

除上述基本分类方法外,还有其他分类方法。按照万能性程度,机床可分为以下三种:

(1)通用机床。这类机床可以加工多种零件的不同工序,加工范围广,但结构复杂。例如普通车床、万能升降台铣床、万能外圆磨床等,均属于通用机床。

(2)专门化机床。它的加工范围较窄,专门用于加工某一类或几类零件的某一道或某几道特定工序。例如凸轮轴车床、丝杠车床、齿轮加工机床等,均属于专门化机床。

(3)专用机床。加工范围窄,用于加工某一种零件的某一道特定工序。具有专用、高效、自动化程度高和易于保证加工精度的特点,适用于大批大量生产。例如加工车床床身导轨的专用龙门磨床、各种类型的组合机床等,均属于此类机床。

2)金属切削机床型号编制方法

机床型号亦即机床的代号,用以表明机床的类型、通用特性和结构特性、主要技术参数等。GB/T 15375—1994《金属切削机床型号编制方法》规定,我国的机床型号由汉语拼音字母和阿拉伯数字按一定规律组合而成。

(1)机床类别代号。类别代号用该类机床名称汉语拼音的第一个字母(大写)表示。例如,"车床"用"C"来表示。当需要时,每类又可分为若干分类。分类代号用阿拉伯数字表示,放在类别代号之前,但第一分类不予表示。例如,磨床类分为 M、2M、3M 三个分类。机床的类别代号如表 3-2-1 所示。

表 3-2-1 通用机床的类别代号

类别	车床	钻床	镗床	磨	床		齿轮加工机床	螺纹加工机床	铣床	刨插床	拉床	锯床	其他机床
代号	C	Z	T	M	2M	3M	Y	S	X	B	L	G	Q

(2)机床的通用特性和结构特性代号。通用特性代号是对具有某种通用特性的机床的表示,是在类别代号后加上相应的特性代号。通用特性代号可多个同时使用。例如,"XK"表示数控铣床、"MBG"表示半自动高精度磨床;如某类型机床仅有某种通用特性而无普通型时,则通用特性不必表示。机床的通用特性代号如表 3-2-2 所示。

表 3 - 2 - 2　机床的通用特性代号

通用特性	高精度	精密	自动	半自动	数控	加工中心 （自动换刀）	仿形	轻型	加重型	简式或 经济型	柔性加 工单元	数显	高速
代号	G	M	Z	B	K	H	F	Q	C	J	R	X	S

　　　　结构特性代号是为了更好地区分不同结构的机床而加的代号。对于主参数相同而结构、性能不同的机床，在型号中加结构特性代号予以区分。结构特性代号用大写的汉语拼音表示。与通用特性代号不同，结构特性代号在型号中没有统一的含义，只在同类机床中起区分机床结构、性能不同的作用。当机床有通用特性代号时，结构特性代号应排在通用特性代号之后。为避免混淆，通用特性代号已用的字母及"M"、"K"都不能作为结构特性代号。例如，CA6140 型卧式车床型号中的结构特性代号"A"，可以理解为这种车床在结构上区别于 C6140 型机床。

　　　　(3) 机床的组别、系别代号。组别、系别代号用两位阿拉伯数字表示，前一位表示组别，后一位表示系别。每类机床按其结构性能及使用范围划分为 10 个组，用 0～9 表示。每一组又分为若干个系。系的划分原则是：主参数相同，并按一定公比排列，工件和刀具本身的运动和相对的运动特点基本相同，且主要结构及布局形式相同的机床划分为一个系。不同类别组别的机床划分如表 3 - 2 - 3 所示(系的划分可参阅有关文献)。

表 3 - 2 - 3　通用机床的类别、组别划分表

类别 ＼ 组别		0	1	2	3	4	5	6	7	8	9
车床 C		仪表车床	单轴自动、半自动车床	多轴自动、半自动车床	回轮、转塔车床	曲轴及凸轮轴车床	立式车床	落地及卧式车床	仿形及多刀车床	轮、轴、辊、锭及铲齿车床	其他车床
钻床 Z			坐标镗钻床	深孔钻床	摇臂钻床	台式钻床	立式钻床	卧式钻床	钻铣床	中心孔钻床	
镗床 T				深孔镗床		坐标镗床	立式镗床	卧式铣镗床	精镗床	汽车、拖拉机修理用镗床	
磨床	M	仪表磨床	外圆磨床	内圆磨床	砂轮机	坐标磨床	导轨磨床	刀具刃磨床	平面及端面磨床	曲轴、凸轮轴、花键轴及轧辊磨床	工具磨床
	2M		超精机	内圆珩磨机	外圆及其他珩磨机	抛光机	沙带抛光及磨削机床	刀具刃磨及研磨机床	可转位刀片磨削机床	研磨机	其他磨床
	3M		球轴承套圈沟磨床	滚子轴承套圈滚道磨床	轴承套圈超精机		叶片磨削机床	滚子加工机床	钢球加工机床	气门、活塞及活塞环磨削机床	汽车、拖拉机修磨机床

续表

类别＼组别	0	1	2	3	4	5	6	7	8	9
齿轮加工机床 Y	仪表齿轮加工机床		锥齿轮加工机床	滚齿及铣齿机	剃齿及珩齿机	插齿机	花键轴铣床	齿轮磨齿机	其他齿轮加工机床	齿轮倒角及检查机
螺纹加工机床 S				套丝机	攻丝机		螺纹铣床	螺纹磨床	螺纹车床	
铣床 X	仪表铣床	悬臂及滑枕铣床	龙门铣床	平面铣床	仿形铣床	立式升降台铣床	卧式升降台铣床	床身铣床	工具铣床	其他铣床
刨插床 B		悬臂刨床	龙门刨床			插床	牛头刨床		边缘及模具刨床	其他刨床
拉床 L			侧拉床	卧式外拉床	连续拉床	立式内拉床	卧式内拉床	立式外拉床	键槽及螺纹拉床	其他拉床
锯床 G			砂轮片锯床		卧式带锯床	立式带锯床	圆锯床	弓锯床	锉锯床	
其他机床 Q	其他仪表机床	管子加工机床	木螺钉加工机		刻线机	切断机				

（4）机床主参数、设计顺序号及第二主参数。机床主参数是表示机床规格大小的一种参数。在机床型号中，用阿拉伯数字给出主参数的折算值，折算系数一般是 1/10 或 1/100，也有少数是 1。几种常用机床的主参数及折算系数见表 3-2-4。

表 3-2-4　主要机床的主参数和折算系数

机　　床	主参数名称	折算系数
卧式车床	床身上最大回转直径	1/10
立式车床	最大车削直径	1/100
摇臂钻床	最大钻孔直径	1/1
卧式镗床	镗轴直径	1/10
坐标镗床	工作台面宽度	1/10
外圆磨床	最大磨削直径	1/10
内圆磨床	最大磨削孔径	1/10
矩台平面磨床	工作台面宽度	1/10
齿轮加工机床	最大工件直径	1/10
龙门铣床	工作台面宽度	1/100
升降台铣床	工作台面宽度	1/10
龙门刨床	最大刨削宽度	1/100
插床及牛头刨床	最大插削及刨削长度	1/10
拉床	额定拉力	1/1

（5）机床的重大改进顺序号。当机床的性能和结构有重大改进，并按新产品重新设计、试制和鉴定时，在原机床型号尾部加重大改进顺序号，即汉语拼音字母 A、B、C……

（6）其他特性代号。其他特性代号主要用以反映各类机床的特性，如对于数控机床，可以用来反映不同的数控系统；对于一般机床可以用来反映同一型号机床的变型等。其他特性代号用汉语拼音字母或阿拉伯字母或二者的组合表示。

（7）企业代号。生产单位为机床厂时，企业代号由机床厂所在城市名称的大写汉语拼音字母及该厂在该城市建立的先后顺序号或机床厂名称的大写汉语拼音字母表示。生产单位为机床研究所时，企业代号由该所名称的大写汉语拼音字母表示，例如，北京第一机床厂设计制造的第 15 种专用机床为专用铣床，其型号为 B1—015。

2. 机床的运动

1）工件表面的形成

虽然零件的种类繁多，形状也各不相同，但分析起来，都是由外圆柱表面、内圆柱表面、平面、锥面、球面及成形表面等一些典型特征表面所构成。如图 3-2-2 所示是机器零件上常见的各种特征表面。

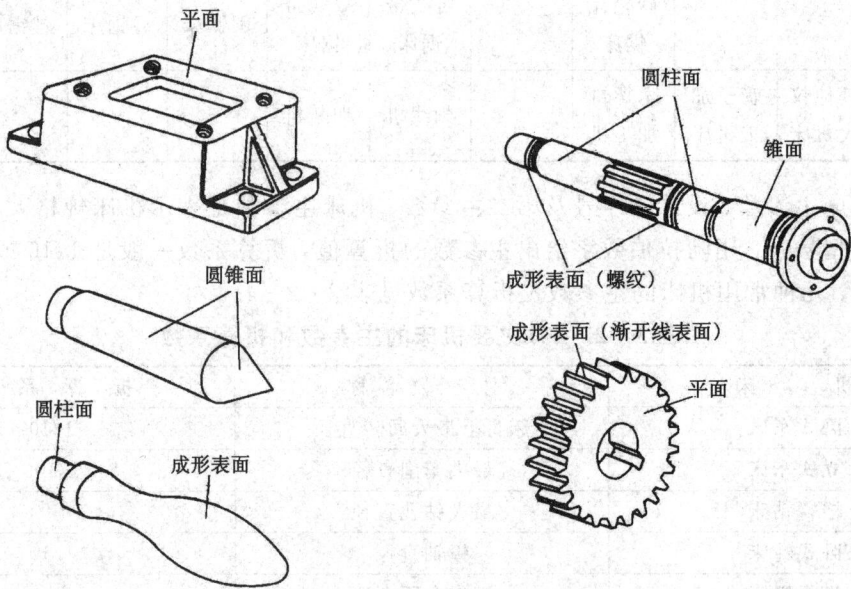

图 3-2-2　机器零件上常见的各种表面

任何特征表面都可以看作是一条线（母线）沿着另一条线（导线）运动的轨迹。如平面可以看作是一条直线沿另一条与之垂直的直线运动得到的；而圆柱表面则是一条直线沿一个与之垂直的圆运动而形成的等。

母线和导线统称为发生线。发生线是由刀具的切削刃与工件间的相对运动得到的。有了两条发生线及所需的相对运动，就可以得到任意的零件表面。这里刀具和工件间的相对运动都是由机床来提供的。

2）机床的运动

机床在加工过程中，为了获得所需的工件表面形状，必须完成一定的运动，这种运动称为表面成形运动。此外，还有各种辅助运动。

（1）表面成形运动：是机床上最基本的运动，它形成所需的发生线，进而形成被加工表面。对于不同类型的机床和不同的被加工表面，成形运动的形式和数目也是不同的。图3-2-3给出了常见的几种工件表面的加工方法及加工时的成形运动。

图3-2-3(a)是车刀车削外圆柱面。工件的旋转运动 v 产生圆导线，刀具纵向直线移动 f 产生直线母线，两者相互配合加工出圆柱表面。运动 v 和 f 是两个相互独立的表面成形运动。一般把相互独立的直线运动和旋转运动称为简单成形运动。图3-2-3(b)是用螺纹车刀车削螺纹表面。三角形车刀与螺纹轴向剖面一致，利用成形法形成三角形的母线，而车刀的直线运动 f_{12} 与工件的旋转运动 v_{11} 有规律地相对运动，形成了螺旋线导线。三角形母线沿螺旋线运动，即形成了螺纹面。形成螺旋线导线的两个简单运动 v_{11}、f_{12}，因有螺纹导程的限定而相互不独立，组成一个成形运动——复合成形运动（v_{11}、f_{12} 的下标表示一个运动的两个部分）。图3-2-3(c)是用齿轮滚刀加工齿轮。它需要一个复合成形运动 $B_{11}B_{12}$（展成运动）以形成渐开线母线，又需要一个简单直线运动 A_2，以得到整个渐开线齿面。

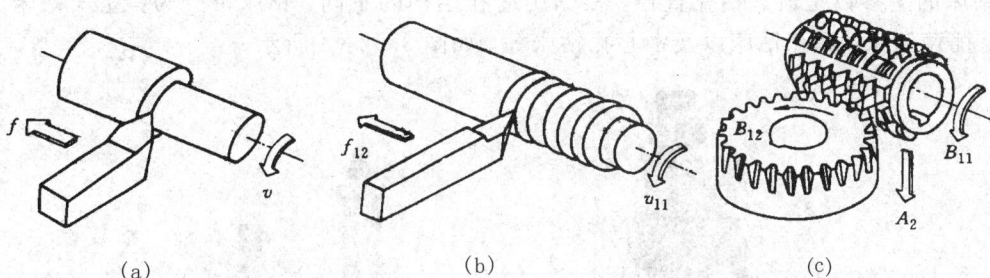

图3-2-3 常见表面的加工方法及成形运动

根据在切削过程中所起的作用不同，表面成形运动可以分为主运动和进给运动。

（2）辅助运动：机床上除表面成形运动外的所有运动都是辅助运动，其功用是实现机床加工过程中所必需的各种辅助动作。辅助运动的种类很多，如在进给运动前后的快速引进和快速退回运动；使刀具和工件具有正确相对位置的调位运动；切入运动；分度运动和工件的夹紧、松开等操纵控制运动等。

3. 机床的传动

1）机床的传动链

为了实现加工过程中所需的各种运动，机床必须具备三个基本部分：执行件、动力源和传动装置。执行件是执行机床运动的部件，如主轴、刀架、工作台等。动力源是为执行件提供动力的装置，如三相异步交流电动机、直流电动机、直流和交流伺服电动机及交流变频调速电动机等。传动装置是传递动力和运动的装置。机床的传动装置有机械、液压、电气及气动等多种形式。

2）机床传动原理图

为了便于研究机床的传动联系，常用一些简明的符号把传动原理和传动路线表示出来，这就是传动原理图。传动机构通常分为两类：一类为固定传动比的机构，简称"定比机构"，如定比齿轮副、丝杠螺母副、蜗杆蜗轮副等；另一类为可变换传动比机构，简称"换置机构"，如变速箱、挂轮架和数控机床中的数控系统等。

3）机床传动系统图

机床的传动系统图画在一个能反映机床外形和各主要部件相互位置的投影面上，并尽可能绘制在机床外形轮廓线内。各传动元件是按照运动传递的先后顺序，以展开图的形式画出来的。

二、常见的金属切削机床

1. 钻床

钻床是孔加工的主要机床，钻床上主要用钻头进行钻孔。在车床上钻孔时，工件旋转，刀具作进给运动。而在钻床上钻孔时，工件不动，刀具作旋转主运动，同时沿轴向移动作进给运动。故钻床适用于加工外形较复杂，没有对称回转轴线的工件上的孔，尤其是多孔加工。如加工箱体、机架等零件上的孔。在钻床上除钻孔外还可完成扩孔、铰孔、锪平面以及攻螺纹等工作。

钻床的主参数是最大钻孔直径。根据用途和结构的不同，钻床可分为：立式钻床、台式钻床、摇臂钻床、深孔钻床以及中心孔钻床等，如图3-2-4所示。

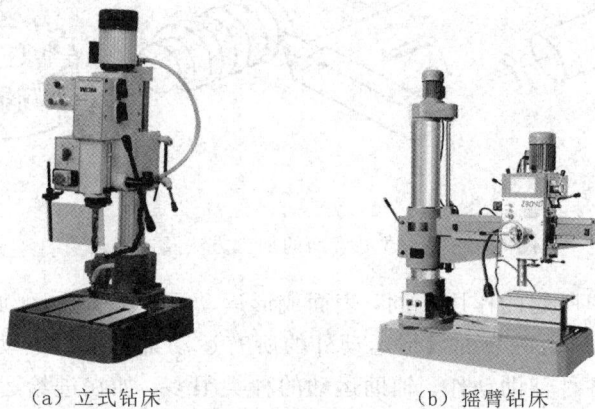

（a）立式钻床　　　　　　　　　（b）摇臂钻床

图3-2-4　钻床

2. 车床

车床类机床的运动特征是：主运动为主轴的回转运动，进给运动通常由刀具来完成。车床加工所使用的刀具主要是车刀，还可用钻头、扩孔钻、铰刀等孔加工刀具。

车床的种类很多，按用途和结构的不同有卧式车床、立式车床、转塔车床、自动和半自动车床以及各种专门化车床等，如图3-2-5所示。其中卧式车床是应用最广泛的一种。

3. 铣床

铣床是用铣刀进行铣削加工的机床。通常铣削的主运动是铣刀的旋转，工件或铣刀的移动为进给运动，这有利于采用高速切削。铣床生产效率比刨床高。铣床适应的工艺范围较广，可加工各种平面、台阶、沟槽、螺旋面等。

(a) 卧式车床 　　　　　　　　(b) 立式车床

图 3-2-5　常用车床

铣床的主要类型有升降台式铣床、床身式铣床、龙门铣床、工具铣床、仿形铣床以及近年来发展起来的数控铣床等，如图 3-2-6 所示。

(a) 卧式升降台铣床 　　　　　　(b) 床身式铣床

图 3-2-6　铣床

4. 磨床

磨床是用磨料磨具(如砂轮、砂带、油石、研磨料)为工具进行切削加工的机床。它们是由于精加工和硬表面加工的需要而发展起来的，目前也有少数应用于粗加工的高效磨床。

为了适应磨削各种加工表面、工件形状及生产批量的要求，磨床的种类很多，其中主要类型有：外圆磨床、内圆磨床、平面磨床、工具磨床、刀具刃磨磨床、各种专门化磨床(如曲轴磨床、凸轮轴磨床、花键轴磨床、活塞环磨床、齿轮磨床、螺纹磨床等)、研磨床、其他磨床(如珩磨机、抛光机、超精加工机床、砂轮机等)，如图 3-2-7 所示。

(a) 外圆磨床　　　　　　　　(b) 平面磨床

图 3-2-7　磨床

5. 镗床

镗床是主要用镗刀对工件已有的预制孔进行镗削的机床。通常镗刀旋转为主运动，镗刀或工件的移动为进给运动。镗床主要用于加工高精度孔或一次定位完成多个孔的精加工，此外还可以从事与孔精加工有关的其他加工面的加工。使用不同的刀具和附件还可进行钻削、铣削的加工，精度和表面质量要高于钻床。镗床是大型箱体零件加工的主要设备，如图3-2-8所示。

(a) 卧式镗床　　　　　　　　　　　　(b) 落地镗床

图 3-2-8　镗床

6. 刨床

刨床是用刨刀对工件的平面、沟槽或成形表面进行刨削的直线运动机床。使用刨床加工刀具较简单，但生产率较低（加工长而窄的平面除外），因而主要用于单件、小批量生产及机修车间，在大批量生产中往往被铣床代替。

刨床的种类和型号较多，按其结构特征，大体可以分为牛头刨床、龙门刨床、插床（立式刨床），如图3-2-9所示。

(a) 牛头刨床 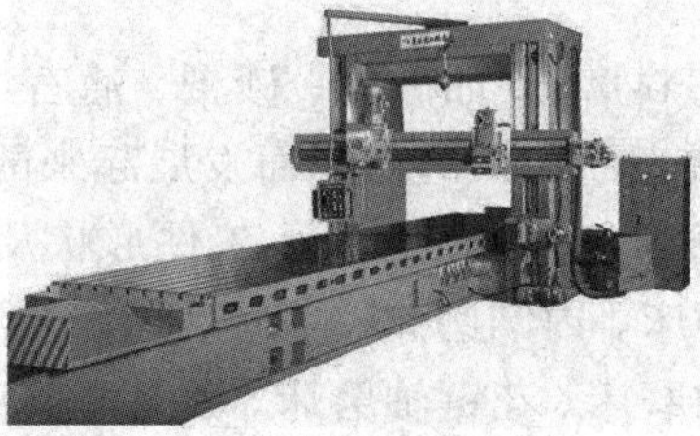　　　　　　　　　　　　(b) 龙门刨床

图 3-2-9　刨床

7. 数控机床

数控机床是数字控制机床（Computer Numerical Control Machine Tools）的简称，是一种装有程序控制系统的自动化机床。该控制系统能够逻辑地处理具有控制编码或其他符号指令规定的程序，并将其译码，用代码化的数字表示，通过信息载体输入数控装置。经运算处理由数控装置发出各种控制信号，控制机床的动作，按图纸要求的形状和尺寸，自动地将零件加工出来。数控机床较好地解决了复杂、精密、小批量、多品种的零件加工问题，是一种柔性的、高效能的自动化机床，代表了现代机床控制技术的发展方向，是一种典型的机电一体化产品，如图3-2-10所示。

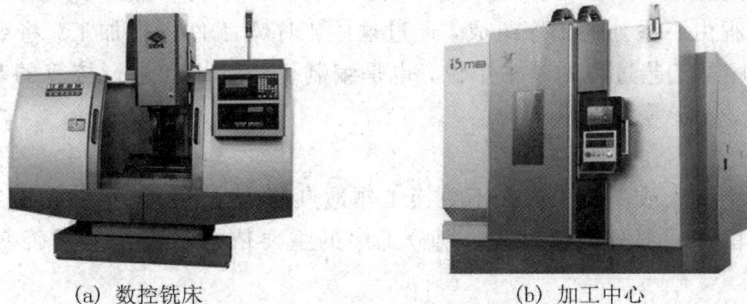

(a) 数控铣床　　　　　　　　　　(b) 加工中心

图 3-2-10　数控机床

3.3　零件生产过程的基础知识

学习目标

1. 理解机械加工工艺过程的基本概念与组成。
2. 了解生产类型的种类。
3. 了解工艺路线的拟定方法。

课堂讨论

观察如图 3-3-1 所示，这个轴类零件在加工时应该先加工哪部分呢？键槽加工放在轴加工前面还是后面呢？大家一起讨论一下吧。

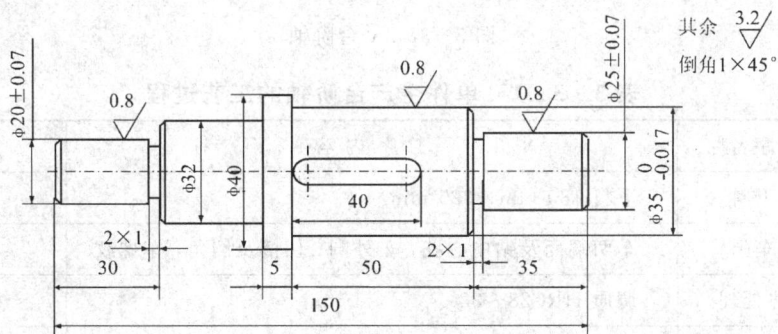

图 3-3-1　轴类零件

一、认识切削加工

1. 机械加工工艺过程及组成

用金属切削的方法逐步改善毛坯的形状、尺寸和表面质量，使之成为合格零件所进行的劳动过程,称为机械加工工艺过程。在机械制造业中,机械加工过程是最主要的工艺过程。

机械加工过程由一系列的工序组成,通过这些工序对工件进行加工,将毛坯逐步加工为合格的零件。工序是工艺过程的基本单位,也是编制生产计划和进行核算的基本依据。工序又可细分为装夹、工步等。

1)工序

工序是由一个工人或一组工人在不更换工作地点的情况下对同一个或几个工件同时进行加工并连续完成的那一部分工艺过程。划分工序的主要依据是工作地是否变动和工作是否连续。

图 3-3-2 所示为台阶轴零件,按单件生产制订的主要工艺过程如表 3-3-1 所示。

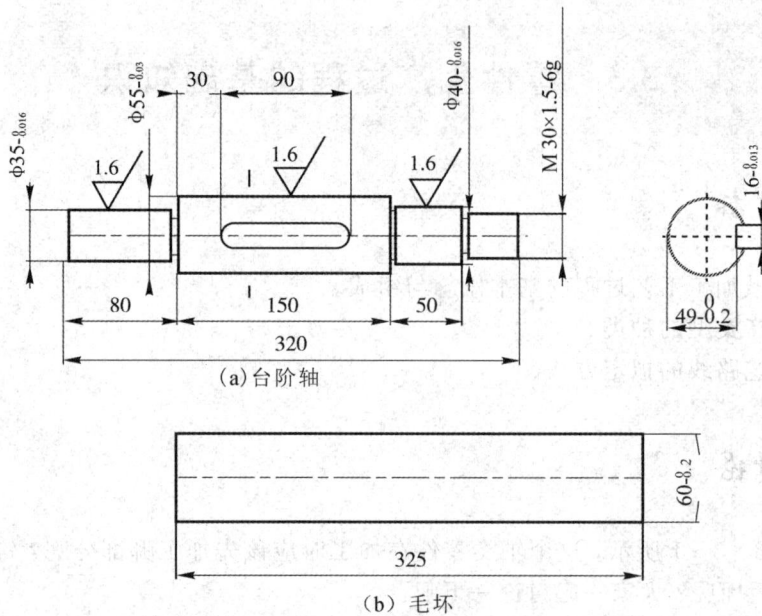

(a)台阶轴

(b)毛坯

图 3-3-2 台阶轴

表 3-3-1 单件生产台阶轴的工艺过程

工序号	工序名称	工序内容	工作地
1	下料	下料 ϕ80 mm×325 mm	锯床
2	车削	车两端面及钻中心孔,车外圆,切槽及倒角,车螺纹	卧式车床
3	热处理	调质 HRC28~32	热处理车间
4	磨削	磨各外圆至图示尺寸要求	外圆磨床
5	铣削	铣键槽,去毛刺	立式铣床
6	检验	按图示要求进行检验	检验台

按成批生产零件制订的工艺过程如表 3-3-2 所示。单件生产时,所有车削与磨削内容分别集中在一台车床与一台磨床上进行。成批生产时,车削的内容被分配到三台车床上进行,三个外圆的磨削也分别由三台磨床完成。由于后者工作地点发生了变动,因此,车削与

磨削各有三个工序。

表 3-3-2 成批生产台阶轴的工艺过程

工序号	工序名称	工 序 内 容	工作地
1	下料	下料 $\phi80\ \text{mm} \times 325\ \text{mm}$	锯床
2	车削	车两端面至总长，钻中心孔	中心孔机床
3	车削	车右端三个外圆（两外圆留磨量），切槽及倒角	仿形车床
4	车削	车左端一个外圆（留磨量），切槽及倒角	卧式车床
5	热处理	调质 HRC28～32	热处理车间
6	钳工	研磨中心孔	钻床
7	磨削	磨外圆 $\phi55_{-0.030}^{0}\ \text{mm}$	外圆磨床
8	磨削	磨外圆 $\phi44_{-0.016}^{0}\ \text{mm}$	外圆磨床
9	磨削	磨外圆 $\phi35_{-0.016}^{0}\ \text{mm}$	外圆磨床
10	铣削	铣键槽	键槽铣床
11	铣削	铣螺纹	螺纹铣床
12	钳工	去毛刺	钳工台
13	检验	按图示尺寸检验	检验台

2）工步

工步是在加工表面和加工工具不变的情况下所连续完成的那一部分工作。一个工序可以只有一个工步，亦可以包括若干个工步。如表 3-3-1 中的工序 2，需要车削 2 个端面，2 个中心孔，4 个外圆表面，3 个沟槽连倒角，2 个倒角及车螺纹，共分 14 个工步。

在批量生产中，为了提高生产率，常采用多刀多刃或复合刀具同时加工工件的几个表面，这样的工步称为复合工步。复合工步亦视为一个工步。

3）安装

工件加工前使其在机床上或夹具中获得一个正确而固定的位置的过程称为装夹。装夹包括工件定位和夹紧两部分内容。工件经一次装夹后所完成的那一部分工序称为安装。在一个工序中可以包括一个或数个安装。

4）工位

为了完成一定的工序部分（即工序内容），一次装夹工件后，工件（或装配单元）与夹具或设备之间的可动部分，一起相对刀具或设备的固定部分所占据的每一个位置，称为工位。

2. 生产类型及其特征

1）生产类型

生产类型是指企业生产专业化程度的分类。一般分为单件生产、成批生产和大量生产三种类型。

（1）单件生产。产品的种类繁多，数量极少，少至一件或几件，多则几十件，工作地的加工对象经常改变，很少重复，这种生产类型称为单件生产。如新产品试制、专用设备制造、重型机械制造等都属于单件生产类型。

（2）成批生产。产品的种类比较少，但同一产品的产量比较大，一年中产品周期地成批投入生产，工作地的加工对象周期性地更换，这种生产类型称为成批生产。一次投入或产出的同一产品的数量称为产品批量。根据批量的大小，成批生产又可分为小批量生产、中批量生产和大批量生产。小批量生产的特点与单件生产相似，中批量生产的特点介于单件、小批量与大量生产之间。如机床制造属于中批生产，飞机、航空发动机制造大多属于小批量生产。

（3）大量生产。产品的产量很大，大多数工作地经常重复地进行某一零件的某一工序的加工，这种生产类型称为大量生产。如汽车、轴承等的制造通常属于大量生产。

2）生产类型的工艺特征

生产类型的工艺特征如表 3-3-3 所示。

表 3-3-3　各种生产类型的工艺特征

类型 措施	单件、小批量生产	中批生产	大批、大量生产
毛坯制造	锻件用自由锻，铸件用木模手工造型，毛坯精度低，加工余量大	部分锻件用模锻，部分铸件用金属模造型，毛坯精度中等，加工余量中等	锻件广泛采用模锻，铸件广泛采用金属模及机器造型、压力铸造等高效方法。毛坯精度高，加工余量小
机床设备	采用通用机床	采用部分通用机床和部分高效生产率机床或专用机床	广泛采用高生产率的专用机床、自动机床、组合机床
刀、夹、量具	采用通用的刀、夹、量具	采用部分通用刀、夹、量具和部分专用刀、夹、量具	广泛采用高生产率的专用刀、夹、量具
对工人的技术要求	需要技术熟练水平较高的工人	需要具有一定熟练程度的技术工人	需要技术熟练的操作工，对操作工人技术要求较低
车间平面布置	按照机床的种类及大小，采用机群式排列布置	按加工零件类别，分工段排列布置	按流水线或生产自动线形式排列布置
工艺技术文件	有简单的工艺过程卡片	有工艺规程	有详细的工艺过程
零件的互换性	没有互换性，一般配对制造，采用修配方法	大部分有互换性，少量采用钳工修配	全部要求互换性，对精度要求高的配合件采用分组选配
生产率	低	较高	高
经济性	成产成本高	生产成本较低	生产成本低

二、工件的基准

在零件的设计和制造过程中，要确定一些点、线或面的位置，必须以一些指定的点、线或面作为依据，这些作为依据的点、线或面，称为基准。按照作用的不同，常把基准分为设计基准和工艺基准两类。

设计基准即设计零件的基准，如图 3-3-3(a)中，齿轮内孔、外圆和齿轮分度圆均以轴线为基准；而两端面是互为基准。图 3-3-3(b)中，表面 2 和 3 及孔 4 轴线的设计基准是表面 1。孔 5 轴线的设计基准是孔 4 轴线。

工艺基准即在制造零件时所使用的基准。如图 3-3-3(a)所示，在加工时轴线并不实际存在，所以内孔实际是加工外圆和左端面的定位基准。

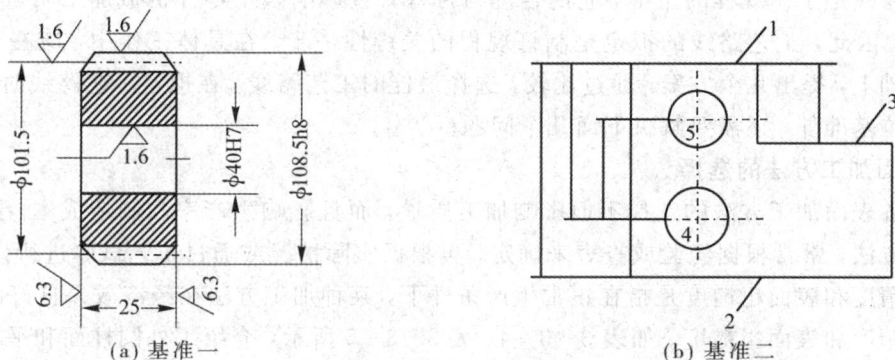

(a) 基准一   (b) 基准二

图 3-3-3 零件图

工艺基准分为工序基准、定位基准、测量基准、装配基准。

(1) 工序基准：在工艺文件上用以标定加工表面位置的基准。

(2) 定位基准：在机械加工中，用来使工件在机床或夹具中占有正确位置的点、线或面。它是工艺基准中最主要的基准。定位基准选择是否合理，对保证工件加工后的尺寸精度和形位精度、安排加工顺序、提高生产率以及降低生产成本起着决定性的作用，它是制订工艺过程的主要任务之一。定位基准可分为粗基准和精基准两种。

粗基准即毛坯表面的定位基准。粗基准的选择原则如下：

① 选取不加工的表面作粗基准：这样可使加工表面具有较正确的相对位置，并有可能在一次安装中把大部分加工表面加工出来。

② 选取要求加工余量均匀的表面作为粗基准：这样可以保证作为粗基准的表面加工时余量均匀。

③ 对于所有表面都要加工的表面，选取余量和公差最小的表面作粗基准，以避免余量不足而造成废品。

④ 选取光洁、平整、面积大的表面作粗基准。

⑤ 粗基准不应重复使用。一般情况下，粗基准只允许使用一次。

对于形位公差精度要求较高的零件，应采用已加工过的表面作为定位基准。这种定位基准面叫做精基准。精基准的选择原则如下：

① 基准重合原则：选用定位基准与设计基准重合的原则。

② 基准统一原则：位置精度要求较高的各加工表面，尽可能在多数工序中用同一基准。

③ 互为基准原则：在需要加工的各表面中，加工时互相以对方为定位基准。

④ 自为基准原则：以加工表面自身作为定位基准。

无论是粗基准还是精基准的选择，都必须首先使工件定位稳定，安全可靠，然后再考虑夹具设计容易、结构简单、成本低廉等技术经济原则。

（3）测量基准：用以测量已加工表面尺寸及位置的基准。

（4）装配基准：用来确定零件或部件在机器中的位置的基准。

三、工艺路线的拟定

工艺路线是工艺规程的主干，它的合理与否将直接影响整个零件机械加工质量、生产率和经济性。因此，工艺路线的拟定是制订规程的关键性一步。在具体工作中，应在充分分析研究的基础上，提出几个方案，通过比较，选择最佳的工艺路线。在拟定工艺路线时，除正确地确定定位基准外，还需要解决下面几个问题。

1. 表面加工方法的选择

零件各表面加工方法的选择不但影响加工质量，而且影响生产率和制造成本。选择零件表面加工方法，常常根据经验或查表来确定，再根据实际情况或通过工艺试验进行修改。

表面精度和表面粗糙度是指在正常生产条件下，某种加工方法在经济效果良好时所能达到的加工精度和表面粗糙度。如表 3-3-4、表 3-3-5 所示，介绍了外圆柱面和平面的加工方案。

表 3-3-4　外圆柱面加工方案

序号	加 工 方 法	表面精度（公差等级）	表面粗糙度 Ra 值/μm	适用范围
1	粗车	IT13～IT11	50～12.5	适用于淬火钢以外的各种金属
2	粗车—半精车	IT10～IT8	6.3～3.2	
3	粗车—半精车—精车	IT8～IT7	1.6～0.8	
4	粗车—半精车—精车（或抛光）—滚压	IT8～IT7	0.2～0.025	
5	粗车—半精车—磨削	IT8～IT7	0.8～0.4	主要用于淬火钢，也可以用于未淬火钢
6	粗刨（或粗铣）—精刨（或精铣）	IT7～IT6	0.4～0.1	
7	粗车—半精车—粗磨—精磨—超精加工（或轮式超精磨）	IT5	0.1～0.012（或 $Rz0.1$）	
8	粗车—半精车—精车—精细车（金刚车）	IT7～IT6	0.4～0.025	主要用于要求较高的有色金属加工
9	粗车—半精车—粗磨—精磨—超精磨（或镜面磨）	IT5 以上	0.025～0.006（或 $Rz0.05$）	极高精度的外圆加工
10	粗车—半精车—粗磨—精磨—研磨	IT5 以上	0.1～0.006（或 $Rz0.05$）	

表 3 - 3 - 5 平面加工方案

序号	加工方法	表面精度 (公差等级)	表面粗糙度 Ra 值/μm	适用范围
1	粗车	IT13～IT11	50～12.5	端面
2	粗车—半精车	IT10～IT8	6.3～3.2	
3	粗车—半精车—精车	IT8～IT7	1.6～0.8	
4	粗车—半精车—磨削	IT8～IT6	0.8～0.2	
5	粗刨(或粗铣)	IT13～IT11	25～6.3	一般不淬硬平面(端铣表面粗糙度 Ra 值较小)
6	粗刨(或粗铣)—精刨(或精铣)	IT10～IT8	6.3～1.6	
7	粗刨(或粗铣)—精刨(或精铣)—刮研	IT7～IT6	0.8～0.1	精度要求较高的不淬硬平面,批量较大时宜采用宽刃精刨方案
8	以宽刃精刨代替上述刮研	IT7	0.8～0.2	
9	粗刨(或粗铣)—精刨(或精铣)—磨削	IT7	0.8～0.2	较大、要求较高的硬平面或不淬硬平面
10	粗刨(或粗铣)—精刨(或精铣)—粗磨—精磨	IT7～IT6	0.4～0.025	
11	粗铣—拉	IT9～IT7	0.8～0.2	大量生产、较小的平面(精度视拉刀精度而)
12	粗铣—精铣—磨削—研磨	IT5 以上	0.1～0.006 或 Rz0.05	高精度平面

2. 加工阶段的安排

当零件的加工质量要求较高时,往往不可能在一道工序内完成一个或几个表面的全部加工,必须把零件的整个工艺路线分成几个加工阶段:即粗加工阶段、半精加工阶段、精加工阶段。

(1)粗加工阶段。粗加工阶段的主要任务是切除工件各加工表面的大部分余量。在粗加工阶段,主要问题是如何提高生产率。在粗加工阶段可及早发现锻件、铸件等毛坯的裂纹、夹杂、气孔、夹砂及余量不足等缺陷,及时予以报废或修补,以避免造成不必要的浪费。

(2)半精加工阶段。此阶段要达到一定的准确度要求,完成次要表面的最终加工,并为主要表面的精加工做好准备。

(3)精加工阶段。此阶段完成各主要表面的最终加工,使零件的加工精度和加工表面质量达到图样的要求。在精加工阶段,主要问题是如何确保零件的质量,由于精加工切削力和切削热小,机床磨损相应较小,利于长期保持设备的精度。

3. 加工顺序的确定

1)机械加工顺序的安排

机械加工工序的顺序,应遵循下述原则:

（1）先进行粗加工，后进行精加工。

（2）先加工基准面，再以它为基准加工其他的表面。如果基准面不止一个，则按照逐步提高精度的原则，先确定基准面的转换顺序，然后考虑其他各表面的加工顺序。

（3）先安排主要表面的加工，后安排次要表面的加工。

2）检验工序的安排

检验对保证产品质量有着极为重要的作用。除了操作者或检验员在每道工序中进行自检、抽检外，一般还须安排独立的检验工序。检验工序属于机械加工工艺过程中的辅助工序，包括中间检验工序、特殊检验工序和最终检验工序。

（1）在下列情况下安排中间检验工序：① 工件从一个车间转另一个车间前后，其目的是便于分析产生质量问题的原因和分清零件事故的责任；② 重要零件的关键工序加工后，其目的是控制加工质量和避免工时浪费。

（2）特种检验主要指无损探伤，此外还有密封性检验、流量检验、称重检验等。

（3）最终检验工序安排在零件表面全部加工完毕后。

巩 固 练 习

1. 金属切削加工的概念是什么？

2. 切削运动的定义是什么？

3. 刀具有哪些几何角度，如何定义的？

4. 刀具的材料有哪些？各有什么特点？

5. 机床的分类有哪些？

6. 表面成形运动的定义是什么？

7. 机床传动结构有哪些？

8. 常见的金属加工设备有哪些？各有什么特点？

9. 机械加工工艺过程的定义是什么？

10. 机械加工工艺过程的组成有哪些？

11. 生产类型的分类有哪些？

12. 工艺路线的拟定应考虑哪些因素？

第四章　钳 工 实 训

4.1　钳工常用设备及操作规程

学习目标

1. 了解钳工的操作特点及应用范围。
2. 了解钳工常用的加工方法、工艺及机械设备。
3. 掌握钳工的新技术和新工艺。

课堂讨论

日常生活中，刀具使用久了会钝化，需要重新刃磨，大家看一看图4-1-1所示，想一想，磨刀过程中，需要哪些工具和夹具，还可以找出其他方法使刀具变得锋利吗？车床、铣床所使用的刀具（如图4-1-2所示），其刃磨方法是否和手工刃磨刀具的方法一样呢？

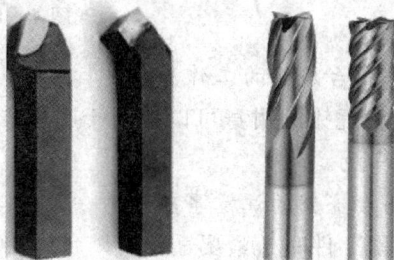

图4-1-1　磨菜刀　　　　　　　　　图4-1-2　车刀、铣刀

一、钳工常用设备

1. 钳台

1）钳台的用途

钳台也称钳工台或钳桌，如图4-1-3所示，用木材或钢材制成，其式样可以根据使用要求和工作条件来制作，主要作用是安装台虎钳。

2）钳台长、宽、高尺寸的确定

钳台台面一般是长方形，长、宽尺寸由工作需要决定，高度一般以 800～900 mm 为宜，以便台虎钳安装后，钳口的高度能与操作者的手肘保持平齐，使操作方便、省力。

图 4-1-3　双工位钳工台

2. 台虎钳

1）台虎钳的用途、规格及类型

（1）用途：台虎钳是专门用来夹持工件的。

（2）规格：台虎钳的规格一般以钳口张开的最大尺寸来表示。常用的规格有 100 mm、125 mm、150 mm 等。

（3）类型：台虎钳有固定式和回转式两种，如图 4-1-4 所示。

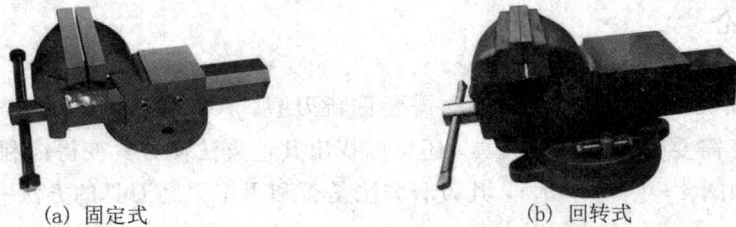

（a）固定式　　　　　　　　　　　（b）回转式

图 4-1-4　台虎钳

2）回转式台虎钳的工作原理

回转式台虎钳的钳身可以相对于底座作 360°的回转，能满足不同方位的加工需要，使用方便，应用广泛。

3）使用台虎钳的注意事项

（1）夹紧工件时松紧要适当，只允许用手旋转手柄拧紧，不允许使用助力工具加力，一是防止丝杆与螺母损坏及钳身受损，二是防止夹伤工件表面或毁坏工件。

（2）强力作业时，力的方向应朝向固定钳身，以免增加活动钳身和丝杆、螺母的负载，影响其使用寿命。

（3）不能在活动钳身的光滑平面上敲击作业，以防止破坏它与固定钳身的配合性。

（4）对丝杆、螺母等活动表面，应经常清洁、润滑，以防止生锈。

3. 砂轮机

砂轮机是一种机械加工磨具，如图 4-1-5 所示。机械加工过程中，刀具因磨损变钝或者刀刃崩坏，失去切削能力，就可以在砂轮机上对刀具进行刃磨、修复。

砂轮较脆，转速很高，使用时应严格遵守安全操作规程和以下注意事项：

（1）应根据要加工工件的材质和加工精度要求，选择砂轮的粗细。较软的金属材料，例如铜和铝，应使用较粗的砂轮；加工精度要求较高的工件，应使用较细的砂轮。

图 4-1-5　砂轮机

（2）根据要加工的形状，选择相适应的砂轮面。

（3）所用砂轮不得有裂痕、缺损等缺陷或伤残，安装一定要稳固。在使用过程中也应时刻注意，一旦发现裂痕、缺损等，立刻停止使用并更换新砂轮；如有活动时，应立刻停机紧固。

（4）磨削时，操作人员应戴防护眼镜，以防止飞溅的金属屑和磨粒对人体造成伤害。

（5）施加在被磨削工件上的压力应适当，过大将产生过热而使加工面退火，严重时将不能使用，同时造成砂轮使用寿命过快降低。

（6）对于宽度小于砂轮磨削面的工件，在磨削过程中，不要始终在砂轮的一个部位进行磨削，应在砂轮磨削面上以一定的周期进行左右平移，目的是使砂轮磨削面能保持相对平整，便于以后的加工。

（7）为了防止被磨削的工件加工面过热退火，可随时将磨削部位伸入水中进行冷却。

（8）定期测量电动机的绝缘电阻，应保证不低于 $5\,M\Omega$，应使用带漏电保护装置的断路器与电源连接。

4. 钻床

钻床指主要用钻头在工件上加工孔的机床。通常钻头旋转为主运动，钻头轴向移动为进给运动。钻床结构简单，加工精度相对较低，可钻通孔、盲孔。更换特殊刀具后可扩孔、锪孔、铰孔或进行攻丝等加工。钻床的工作特点是工件固定不动，刀具做旋转运动和进给运动。钻床如图 4-1-6 所示。

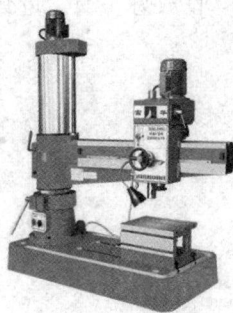

（a）台钻　　　　　　　　　（b）摇臂钻

图 4-1-6　钻床

钳工常用钻床的种类：

（1）立式钻床。立式钻床的工作台和主轴箱可以在立柱上垂直移动，一般用来钻直径13 mm以下的孔，台式钻床的规格是指所钻孔的最大直径，常用的有6 mm、12 mm等几种规格，用于加工中小型零件。

（2）台式钻床。台式钻床简称台钻，是一种小型立式钻床，最大钻孔直径为13 mm，安装在钳工台上使用，多为手动进给，常用来加工小型工件上的小孔等。

（3）摇臂式钻床。摇臂式钻床的主轴箱能在摇臂上移动，摇臂能回转和升降，工件固定不动，适用于加工大而重和多孔的工件，广泛应用于机械制造中。

（4）深孔钻床。深孔钻床是用深孔钻钻削深度比直径大得多的孔（如枪管、炮筒和机床主轴等零件的深孔）的专门化机床，为便于排除切屑及避免机床过于高大，一般为卧式布局，常备有冷却液。

二、钳工安全操作规程

钳工应遵守以下安全操作规程：

（1）工作前先检查工作场地及工具设备是否安全、正常，若有隐患之处及损坏现象，应及时消除和修理，处置妥当。

（2）使用錾子时，首先应将刃部磨锋利，尾部毛头磨掉，錾切时严禁錾口对人，并注意切屑飞溅方向，以免伤人；使用榔头时首先要检查把柄是否松脱，并擦净油污。握持榔头时不准戴手套。

（3）使用的锉刀必须带锉刀柄，操作中除锉圆面等特殊型面外，锉刀不得上下摆动，应重推，轻拉回，保持水平运动；锉刀不得沾油，存放时不得互相叠放。

（4）使用的扳手要符合螺帽的型号要求，站好位置，同时注意用力得当，以防扳手滑脱伤人，扳手严禁当榔头敲击使用。

（5）使用电钻前，应检查是否漏电（如有漏电现象应交电工处理），并将工件放稳夹紧，人要站稳，手要握紧，两手用力要均衡并掌握好方向，保持钻杆与被钻工件表面垂直。

（6）使用虎钳时，钳口应根据工件表面精度要求加放铜衬垫，不允许在钳口上猛力敲打工件；扳紧虎钳手柄时，用力应适当，不允许使用加力杆加力；虎钳使用完毕，须将虎钳打扫干净，并将钳口松开。

（7）工作完毕后，收放好工具、量具，擦净设备，清理工作台及工作场所。精密量具应妥善保管好。

4.2　划　　线

学习目标

1. 了解划线的特点及应用。
2. 了解划线的工艺和操作方法。
3. 明确划线的作用。

4.掌握划线的方法。

课堂讨论

日常生活中，如图4-2-1所示，传统木工中用到的榫卯连接，如何确定其准确位置？又是通过哪些工具来实现？金属加工过程中会使用哪些工具和方法来确定其准确位置呢？

划线是机械加工中的重要工序之一，广泛应用于单间小批量生产。根据零件图样要求，在毛坯或半成品工件上利用划线工具划出加工图形或加工界线的操作称为划线。

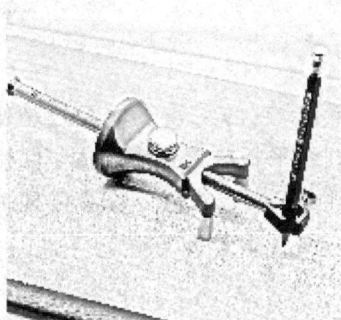

(a) 木工划线 　　　　　　　　　(b) 榫卯结构划线

图4-2-1　划线

一、划线的种类

根据工件几何形状的不同，划线可以分为平面划线和立体划线两种。其中平面划线是在工件的一个平面上划线，如图4-2-2(a)所示；立体划线指在工件的长、宽、高三个方向划线，如图4-2-2(b)所示。

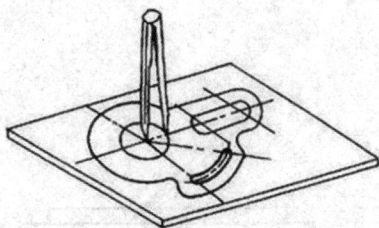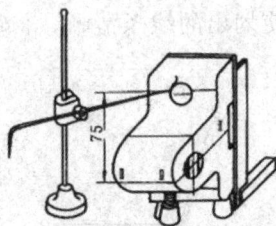

(a) 平面划线 　　　　　　　　　(b) 立体划线

图4-2-2　划线

二、划线的作用

划线的作用如下：

（1）确定工件的加工余量，并能及时地发现和处理不合格的毛坯或半成品工件；

（2）便于复杂工件在机床上装夹，可按照划出的线条进行找正定位；

（3）当毛坯误差不大时，可以通过借料的方法进行补救，以提高毛坯的利用率；

（4）在板料上按划线下料可以正确排料，合理利用材料。

划线要求线条清晰，尺寸准确。因划出的线条有一定的宽度，划线的误差为 $0.2\sim$ $0.5~\text{mm}$，所以在加工过程中要靠测量来控制尺寸精度，而不是以划出的线来确定工件的最终尺寸。

三、常用的划线工具

1. 划线平板

划线平板是划线的基准工具，如图 $4-2-3$ 所示。它的工作表面经过精刨和刮削加工，平直光滑，是划线的基准平面。使用过程中，要求划线平板放置位置稳固，保持水平，平面各个点位要均匀使用，避免因局部磨损而影响划线精度，要防止钝、锐器碰撞或用锤子敲击，保持表面清洁，长期不用应涂防锈油，并用模板护盖，保护表面。

图 $4-2-3$　划线平板

2. 划针

划针是用来在工件表面划线的工具，使用时，针尖要靠近导向工具的边缘，上部向外侧倾斜 $15°\sim20°$，如图 $4-2-4(a)$ 所示；向划线方向倾斜 $45°\sim75°$，如图 $4-2-4(b)$ 所示。划线要一次划成，使划出的线条清晰、准确。

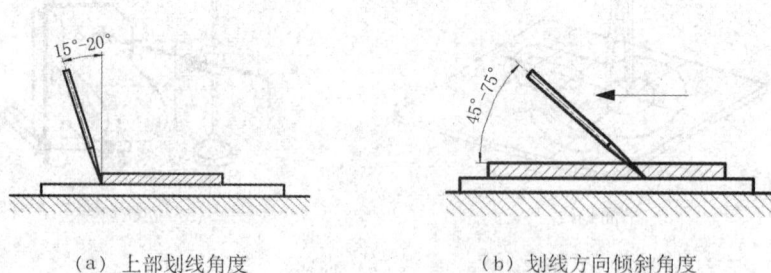

（a）上部划线角度　　　　　　　　（b）划线方向倾斜角度

图 $4-2-4$　划针的使用

3. 划针盘

划针盘是立体划线时常用的工具，划针盘结构和使用方法如图 $4-2-5$ 所示。划线时，将划针调节到所需高度，通过在平板上移动划针盘，便可在工件上划出与平板平行的线。

图 4-2-5 划针盘及使用

4.划规

划规是平面划线的主要工具,如图 4-2-6 所示。划规两脚的长度要磨得稍有不等,作为旋转中心的划规脚应加以较大的压力,防止中心滑动,另一脚以较轻的压力在工件表面划出圆或圆弧。划规主要用于划圆、量取尺寸和等分线段等。

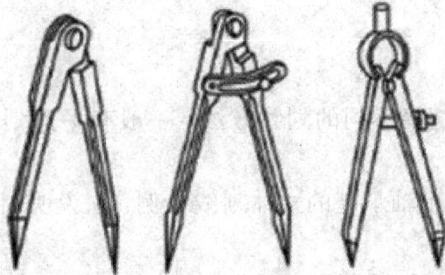

图 4-2-6 划规

5.高度游标卡尺

高度游标卡尺由高度尺和划线脚组成,如图 4-2-7 所示。高度游标卡尺属于精密工具,不允许用它划毛坯,以防止损坏硬质合金划线脚。

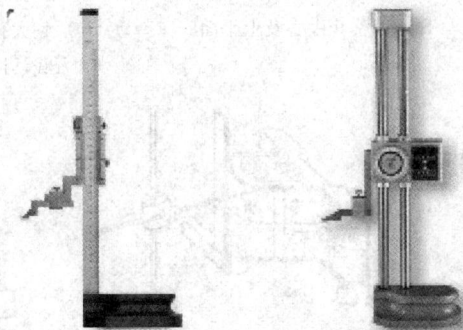

图 4-2-7 高度游标卡尺

6.样冲

工件上划线钻孔前的圆心位置应该用样冲打眼,以便划线模糊后仍能找到划线位置和便于钻孔前的钻头定位,样冲及使用方法如图 4-2-8 所示。

1—工件；2—平板；3—样冲眼；4—线条

图 4 - 2 - 8　样冲及其使用方法

四、划线的方法与步骤

对形状不同的零件，要选择不同的划线方法，一般有平面划线和立体划线两种。平面划线类似于平面几何作图。

下面以图 4 - 2 - 9(a)所示轴承座的立体划线为例，来说明划线的具体方法与步骤。

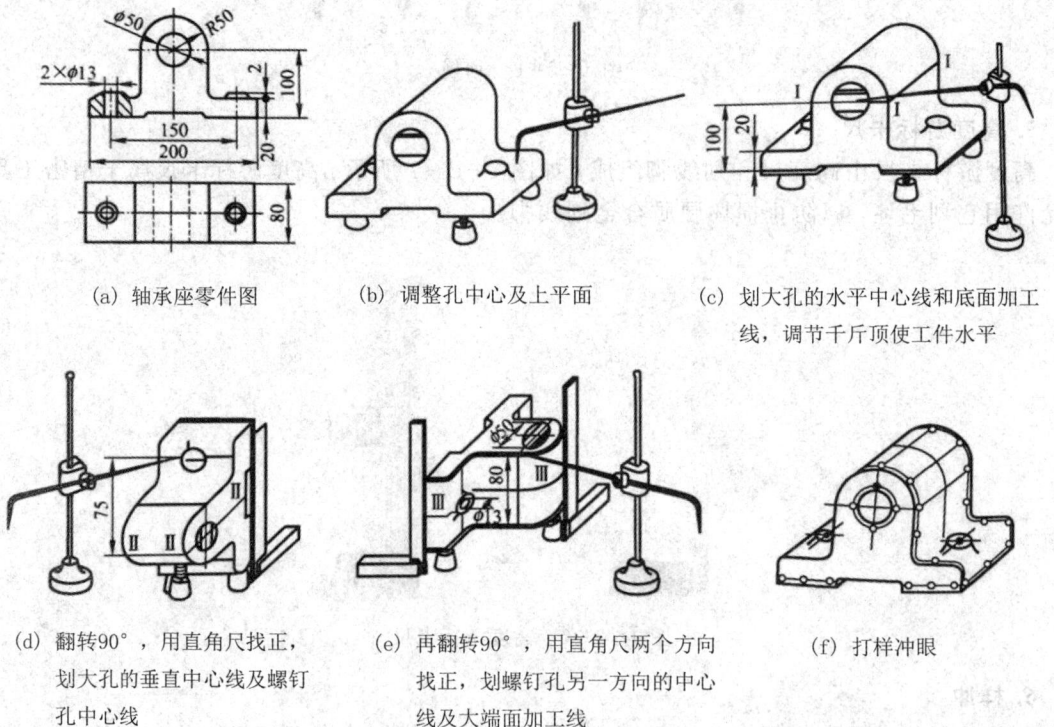

(a) 轴承座零件图

(b) 调整孔中心及上平面

(c) 划大孔的水平中心线和底面加工线，调节千斤顶使工件水平

(d) 翻转90°，用直角尺找正，划大孔的垂直中心线及螺钉孔中心线

(e) 再翻转90°，用直角尺两个方向找正，划螺钉孔另一方向的中心线及大端面加工线

(f) 打样冲眼

图 4 - 2 - 9　轴承座立体划线

（1）分析研究零件图样，检查毛坯是否合格，确定划线基准。零件图样中 φ50 mm 内孔是作为设计基准的重要孔，划线时应以此孔的中心线作为划线基准。

（2）清理毛坯上的氧化皮、焊渣以及毛刺等，在划线部位涂色。一般情况下，铸铁、锻件表面用石灰水涂色；半成品光坯涂硫酸铜溶液；铜、铝等有色金属光坯涂蓝油。

（3）支撑并找正工件。用三个千斤顶支承工件底面，根据孔中心及上平面，调节千斤顶，使工件水平，如图 4-2-9(b) 所示。

（4）划水平基准线（孔的水平中心线）及底面四周加工线，如图 4-2-9(c) 所示。

（5）将工件翻转 90°，用直角尺找正，划孔的垂直中心线及螺钉孔中心线，如图 4-2-9(d) 所示。

（6）将工件再翻转 90°，用直角尺在两个方向找正，划螺钉孔另一方向的中心线及端面加工线，如图 4-2-9(e) 所示。

（7）检查划线是否正确，打样冲眼，如图 4-2-9(f) 所示。

划线时，要注意同一平面上的线条应在一次支撑时划全，避免再次划线时调整支撑而产生误差。

4.3 锯　削

学习目标

1. 了解锯削的特点及应用。
2. 掌握锯条的安装方法。
3. 熟练掌握锯削的工艺和操作方法。

课堂讨论

锯削是用手锯或机械锯（锯床）对材料或工件进行切断或锯出沟槽的加工方法。如图 4-3-1 所示，讨论后请选择锯条的正确安装方式，在正确的后面打"√"。

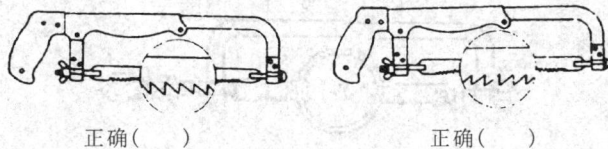

正确（　　）　　　　　　正确（　　）

图 4-3-1　锯条安装

一、认识锯削工具——手锯

手锯由锯弓和锯条组成。锯弓是用来夹持和拉紧锯条的工具，有固定式和可调式两种，其结构如图 4-3-2 所示。

图 4-3-2　固定式与可调式手锯

锯条用碳素工具钢(如 T10 或 T12)或合金工具钢制成,并经淬硬处理。常用的手工锯条长 300 mm,宽 12 mm,厚 0.8 mm。锯齿的规格及应用如表 4-3-1 所示。

表 4-3-1　锯齿粗细规格及应用

	每 25 mm 长度内的锯齿数	应　用
粗	14～18	锯削软钢、黄铜、铝、铸铁、紫铜、人造胶质材料
中	22～24	锯削中等硬度钢、厚壁的钢管、铜管
细	32	硬钢、板料、薄片金属、薄壁管子
细变中	32～20	一般工厂中用,易于起锯

二、锯削的操作

1. 锯条的安装

手锯是在往前推时起切削作用,因此锯条安装应使齿尖方向朝前,如图 4-3-3(a)所示。如果装反了,则锯齿前角为负值,如图 4-3-3(b)所示,就不能正常锯削了。

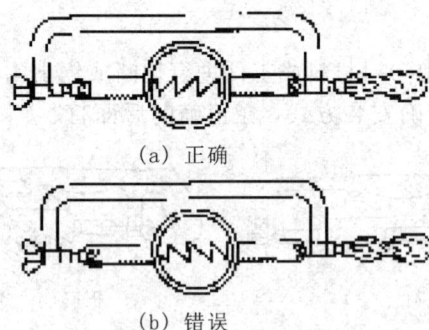

(a) 正确

(b) 错误

图 4-3-3　锯条的安装

在调节锯条松紧时,蝶形螺母不宜旋得太紧或太松,太紧时锯条受力太大,在锯割中用力稍有不当,就会折断;太松则锯割时锯条容易扭曲,也易折断,而且锯出的锯缝容易歪斜。其松紧程度可用手扳动锯条,感觉硬实并略带弹性即可。

锯条安装后,要保证锯条平面与锯弓中心平面平行,不得倾斜和扭曲,否则,锯割时锯缝极易歪斜。当锯缝深度超过锯弓高度时，应将锯弓相对于锯条转 90°，如图 4 - 3 - 4 所示。

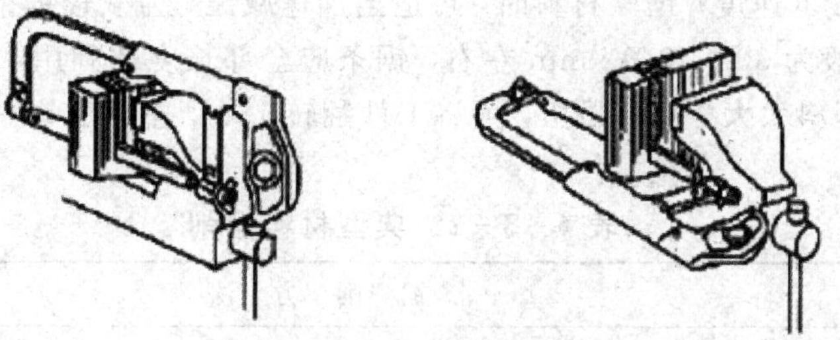

图 4 - 3 - 4 锯削深缝

2. 工件的装夹

工件的夹持应稳定、牢固，一般应夹在台虎钳的左边，以便操作；工件伸出钳口不应过长，应使锯缝离开钳口侧面约 20 mm 左右，防止工件在锯割时产生振动。为防止夹坏已加工表面，可在钳口与工件之间垫放铜皮或铝板。

3. 锯削操作姿势

锯削时右手捏稳锯柄，左手扶在锯弓前端，如图 4 - 3 - 5(a)所示。锯削时，推力和压力主要由右手控制。锯削姿势如图 4 - 3 - 5(b)所示。

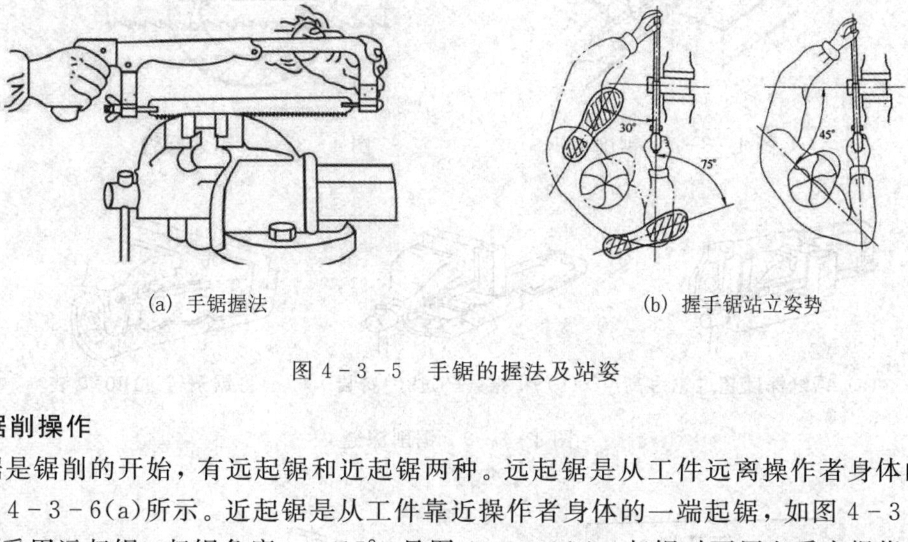

(a) 手锯握法　　　　　　　　　　　(b) 握手锯站立姿势

图 4 - 3 - 5 手锯的握法及站姿

4. 锯削操作

起锯是锯削的开始，有远起锯和近起锯两种。远起锯是从工件远离操作者身体的一端起锯，如图 4 - 3 - 6(a)所示。近起锯是从工件靠近操作者身体的一端起锯，如图 4 - 3 - 6(b)所示。一般采用远起锯，起锯角度 $\alpha_0 < 15°$，见图 4 - 3 - 6(c)。起锯时可用左手大拇指指甲挡住锯条，如图 4 - 3 - 6(d)所示。锯弓行程要短，压力要小，锯条要与工件表面垂直。

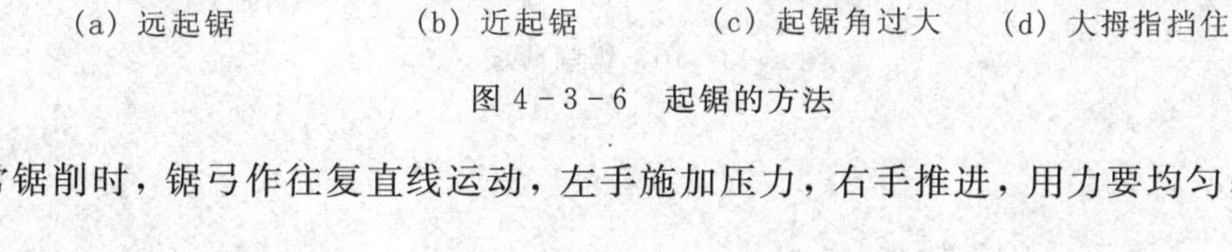

(a) 远起锯　　　(b) 近起锯　　　(c) 起锯角过大　　　(d) 大拇指挡住锯条

图 4 - 3 - 6 起锯的方法

正常锯削时，锯弓作往复直线运动，左手施加压力，右手推进，用力要均匀；返回时，锯条轻轻滑过加工面,速度不要太快。锯削开始和结束时,压力和速度均要减小。锯硬材料时,应采用较大压力、较低速度;锯软材料时,可适当加速减压,为减轻锯条磨损,必要时可加切削液。锯削速度一般为 30~40 次/min 左右,锯条应全部长度都利用,即往复长度不小于全长的 2/3。锯缝如歪斜太大,不可强扭,可将工件翻转 180°,重新起锯。典型材料的锯削方法见表 4 - 3 - 2。

表 4 - 3 - 2 典型材料锯削

锯削材料	锯 削 方 法
扁钢	从宽面起锯(如图 4 - 3 - 7 所示)
圆管	在管壁将锯透时,将圆管向推锯方向转移角度,从原锯缝处下锯(如图 4 - 3 - 8 所示)
深缝	将锯条转 90°安装,平放锯弓做推锯,当锯至极限位置时,把锯条旋转 180°,安装继续锯削(如图 4 - 3 - 9 所示)
薄板	可以将薄板夹在两块木板之间一起锯削(如图 4 - 3 - 10 所示)

图 4 - 3 - 7 锯削扁钢　　　图 4 - 3 - 8 锯削圆管

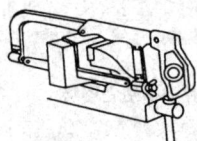

(a) 锯缝深度超过锯弓高度　(b) 将锯条转过90°安装　(c) 将锯条转过180°安装

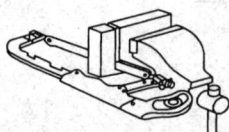

图 4 - 3 - 9 锯削深缝

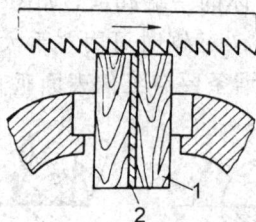

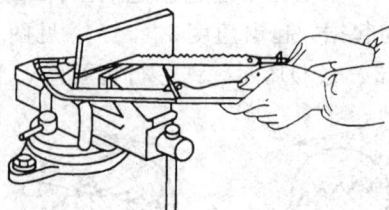

(a) 用木板夹持　　　　　(b) 横向斜推锯削

图 4 - 3 - 10 锯削薄板

4.4　锉　削

学习目标

1. 了解锉削的特点及应用。
2. 掌握锉刀的分类及应用场合。
3. 熟练掌握锉削的工艺和操作方法。

课堂讨论

图 4-4-1 中所示板材零件是利用钳工加工完成的，你知道这些零件元素的加工方法吗？

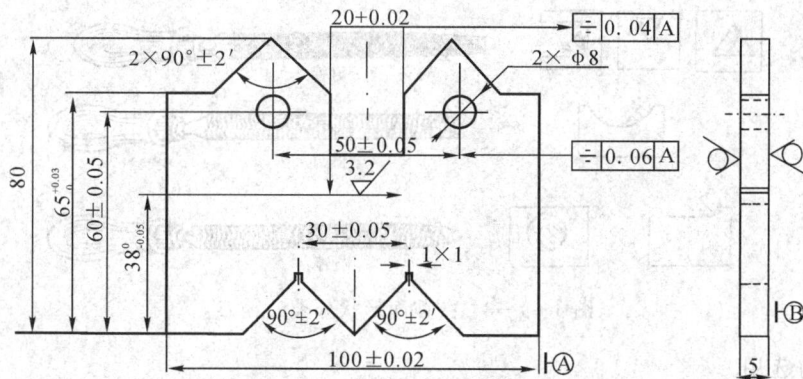

图 4-4-1　板材零件

锉削是用锉刀对被加工零件表面进行加工的操作。锉削加工操作简单，应用广泛。锉削可以加工平面、台阶面、角度面、曲面、沟槽及各种形状复杂的孔。其加工精度可达 IT8 ～ IT7，表面粗糙度值 Ra 可达 $1.6\sim0.8\ \mu_m$，是钳工加工中主要的操作方法之一。

一、锉削工具——锉刀

1. 锉刀的构造和种类

锉刀是锉削时使用的工具，常用碳素工具钢制成，如 T12A 钢或 T13A 钢，并经过淬火处理，硬度达 HRC62～67。

锉刀的结构如图 4-4-2 所示，它由锉刀面工作部分和锉刀柄两部分组成。锉削工作部分是由锉刀面上的锉齿完成的，锉刀的齿纹多制成双纹，以便锉削省力，不易堵塞锉面。

锉刀面工作部分　　　　　　　　　锉刀柄

图 4-4-2　锉刀

　　锉刀按其用途可分为普通锉刀、特种锉刀、整形锉刀(什锦锉)三种；锉刀按其截面形状可分为平锉、方锉、圆锉、半圆锉和三角锉等，如图 4-4-3 所示；按其工作部分的长度可分为 100 mm、150 mm、200 mm、250 mm、300 mm、350 mm 和 400 mm 等七种；锉刀按其齿纹的形式可分为单齿纹锉刀和双齿纹锉刀；按每 10mm 长度锉面上的齿数又可分为粗齿锉(4~12 齿)、中齿锉(13~24 齿)、细齿锉(30~40 齿)和油光锉(50~62 齿)。

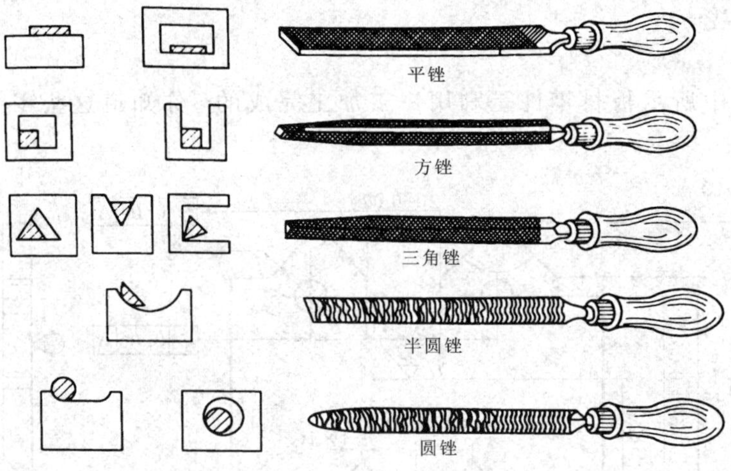

平锉

方锉

三角锉

半圆锉

圆锉

图 4-4-3　按截面形状分类的锉刀

2. 锉刀的选用

　　锉刀长度可根据工件加工表面的大小选用，锉刀的断面形状根据零件加工表面形状选用；锉刀齿纹粗细的选用要根据工件材料、加工余量、加工精度和表面粗糙度等情况综合考虑。一般粗加工和非铁金属的加工多选用粗齿锉刀；粗锉后的加工和钢、铸铁等材料多选用中齿锉刀；锉光表面或锉硬材料选用细齿锉刀；精加工时修光表面用油光锉。

二、锉削操作

1. 工件的装夹

　　工件必须牢固地装夹在台虎钳钳口的中部，并略高于钳口。夹持已加工表面时，应在钳口与工件之间垫以铜片或铝片。易变形和不便于直接装夹的工件，可以用其他辅助材料、工具等设法装夹。

2. 锉削方法

1) 锉刀握法

(1) 右手紧握锉柄，柄端抵在拇指根部的手掌上，大拇指放在锉柄上部，其余手指由下而上地握着锉柄。

（2）左手的基本握法是将拇指根部的肌肉压在锉刀上，拇指自然伸直，其余四指弯向手心，用中指、无名指捏住锉刀的前端。

（3）锉削时右手推动锉刀并决定推动方向，左手协同右手使锉刀保持平衡。板锉的握法如图4-4-4所示。锉削时，必须正确掌握锉刀的握法以及锉削过程中的施力变化。

图4-4-4 锉刀的握法

使用大的锉刀时，应用右手握住锉刀柄，左手压在锉刀另一端，并使锉刀保持水平；如使用中型锉刀时，因用力较小，可用左手的拇指和食指捏压住锉刀的前端，以引导锉刀水平移动。

2）锉削姿势

（1）锉削时的站立部位和姿势如图4-4-5所示，锉削姿势动作如图4-4-6所示。两手握住锉刀放在工件上面，左臂弯曲，左小臂与工件锉削面的左右方向保持基本平行，右小臂要与工件锉削面的前后方向保持基本平行。

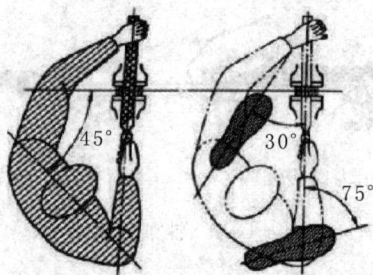

图4-4-5 锉削时站立部位

图4-4-6 锉削姿势

（2）锉削时，身体先于锉刀并与之一起向前，右脚伸直并稍向前倾，重心在左脚，左膝部呈弯曲状态。

（3）当锉刀锉至约 3/4 行程时，身体停止前进，两臂则继续将锉刀锉到头，同时，左脚自然伸直并随着锉削时的反作用力，将身体重心后移，使身体恢复原位，并顺势将锉刀收回。

（4）当锉刀收回将近结束时，身体又开始先于锉刀前倾，做第二次锉削的向前运动。

注意：锉削姿势的正确与否，对锉削质量、锉削力的运用和发挥以及操作者的疲劳程度都起着决定作用。锉削姿势的正确掌握，须从锉刀握法、站立部位、姿势动作、操作等几方面进行，动作要协调一致，经过反复练习才能达到一定的要求。

3）锉削力和锉削速度

锉刀直线运动才能锉出平直的平面，因此，锉削时右手的压力要随着锉刀推动而逐渐增加。左手的压力要随着锉刀推动而逐渐减小，如图 4-4-7 所示。回程时不要加压力，以减少锉齿的磨损。锉削速度一般应在 40 次/min 左右，推出时稍慢，回程时稍快，动作要自然、协调一致。

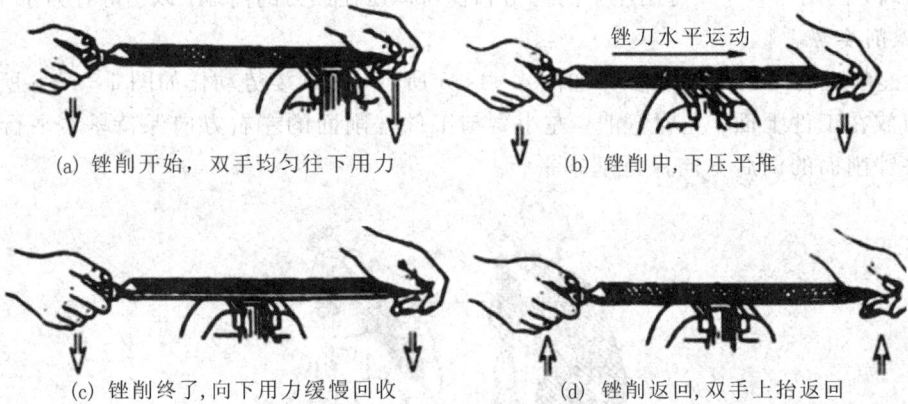

（a）锉削开始，双手均匀往下用力　　　　　　　（b）锉削中，下压平推

（c）锉削终了，向下用力缓慢回收　　　　　　　（d）锉削返回，双手上抬返回

图 4-4-7　锉削用力方法

4）锉削方式。

常用的锉削方式有顺锉法、交叉锉法、推锉法和滚锉法。前三种锉法用于平面锉削，后一种用于曲面锉削。

（1）平面锉削方法。交叉锉法适用于粗锉较大的平面，如图 4-4-8(a)所示，由于锉刀与工件接触面增大，所以不仅锉得快，而且可以根据工件上的划线来判断加工部分是否锉到尺寸；平面基本锉平后，可以用顺锉法进行锉削，如图 4-4-8(b)所示，以降低工件表面粗糙度值，并获得正直的锉纹，因此顺锉法一般用于最后的锉平或锉光；推锉法适用于锉削狭长平面，或使用细锉、油光锉进行工件表面最后的修光，如图 4-4-8(c)所示。

（2）曲面锉削方法。滚锉法适用于锉削工件内外圆弧面和内外倒圆角。锉削外圆弧面时，锉刀除向前运动外，还要沿工件被加工圆弧摆动，如图 4-4-9(a)所示。锉削内圆弧面时，锉刀除向前运动外，锉刀本身还要作一定的旋转运动和向左或向右移动，如图 4-4-9(b)所示。

(a) 交叉锉法　　　(b) 顺锉法　　　(c) 推锉法

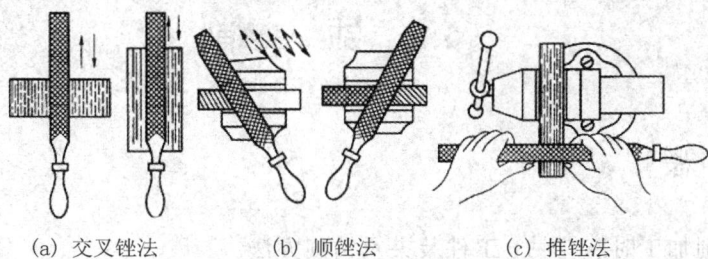

图 4-4-8　平面锉削方法

(a)　　　　　　　　　　(b)

图 4-4-9　曲面锉削方法

5) 锉削的检验方法

(1) 检查直线度用钢直尺和直角尺，以透光法来检查，如图 4-4-10(a)所示。

(2) 检查垂直度用直角尺，采用透光法检查。应先选择基准面，后检查其他各面，如图 4-4-10(b)所示。

(3) 检查平面度用刀口尺，做透光检查。用刀口尺沿加工面的横向、纵向和对角线逐一进行检测，用透光线的均匀程度来判断是否平直，或用塞尺直接测出平面度的范围。

(4) 检查尺寸用游标卡尺在全长上多测量几次。

(5) 检查表面粗糙度用目测方法，对照表面粗糙度表来进行检测。

向下移动

贴紧

(a) 直线度检查　　　　　　(b) 垂直度检查

图 4-4-10　检查直线度和垂直度

4.5 钻 削

学习目标

1. 掌握钻削加工时麻花钻、工件装夹及钻削方法。
2. 能准确标注麻花钻切削部分各刀面与刀刃。
3. 熟练掌握钻床钻削孔的加工工艺和操作方法。

课堂讨论

图 4-5-1 中所展示的孔零件都是由钳工来完成的，你知道这些零件孔是如何加工出来的吗？

图 4-5-1 孔系零件

一、钻床介绍

钳工进行的孔加工主要有钻孔、扩孔、铰孔和锪孔。钻孔也是攻螺纹前的准备工序。钳工孔加工操作一般在台式钻床、立式钻床和摇臂钻床上进行。若工件大而重，孔又很小（直径不小于 12 mm），也可以用手电钻钻孔。铰孔有时也用手工完成。

1. 台式钻床（简称台钻）

台式钻床是一种安放在钳工台上使用的小型机床，它的质量轻，转速高（≥400 r/min），适合加工小型零件上直径≤13 mm 的孔。台钻的外形和结构如图 4-5-2 所示。钻床主轴前端安装有钻夹头，用钻夹头夹持麻花钻。主轴旋转运动为主运动，主轴的轴向移动为进给运动，台钻的进给运动是手动。主轴的转速可通过改变 V 带塔轮上的位置来调节。

2. 立式钻床（简称立钻）

立式钻床适用于单件、小批量生产及中、小型工件的孔加工，最大钻孔直径为 50 mm。立钻的外形和结构如图 4-5-3 所示。立式钻床主轴的转速由主轴变速箱调节，刀具安装在主轴的锥孔内，由主轴带动刀具做旋转运动（主运动）；进给量由进给箱控制，进给运动可以用手动或机动使主轴套筒做轴向移动。

3. 摇臂钻床

摇臂钻床主要应用于大中型零件、复杂零件或多孔零件的加工。摇臂钻床的外形和结构如图 4-5-4 所示。这种钻床有一个能绕立柱旋转的摇臂，摇臂带着主轴箱可沿立柱上下移动，同时主轴箱能在摇臂的导轨上横向移动。工件固定安装在工作台或底座上，因此通过摇臂绕立柱的转动和主轴箱在摇臂上的移动，可以很方便地调整刀具位置，对准被加工工件孔的中心进行加工。

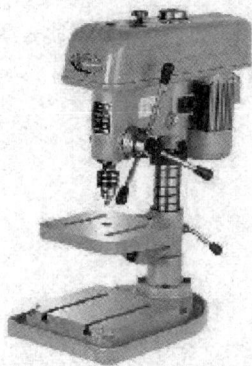

图 4-5-2　台式 6 钻床　　　　图 4-5-3　立式钻床　　　　图 4-5-4　摇臂钻床

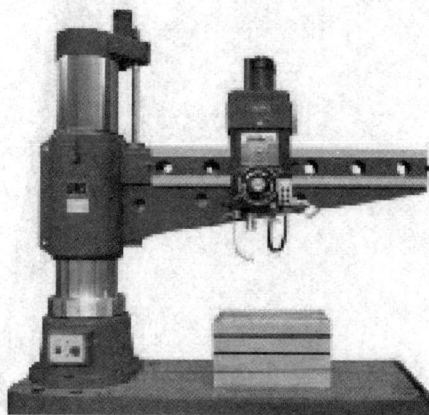

二、钻孔

钻孔是用钻头在实体材料上加工出孔的方法。在钻床底座上的工作平台上钻孔时，工件固定不动，装夹在主轴上的钻头既做旋转运动（主运动），同时又沿轴线方向向下移动（进给运动），如图 4-5-5 所示。钻孔时，由于钻头刚性较差，钻削过程中排屑困难，散热不好，导致加工精度低，尺寸公差等级一般为 IT14～IT11，表面粗糙度值 Ra 为 50～12.5 μm。

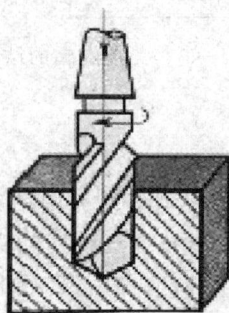

图 4-5-5　钻孔及钻削运动

1. 麻花钻的结构

麻花钻是钻孔的主要刀具，一般由高速钢或碳素工具钢制造，外形如图 4-5-6 所示。它是由柄部、颈部、工作部分(导向部分和切削部分)组成。柄部用来夹持并传递转矩，钻头直径小于 13 mm 时做成直柄，钻头直径大于 13 mm 时做成锥柄。颈部是柄部和工作部分的连接部分，在加工制造钻头过程中作为退刀槽用；在颈部标有钻头的直径、材料等标记；直柄钻头无颈部，其标记打在柄部。导向部分有两条对称的螺旋槽和两条刃带，螺旋槽的作用是形成切削刃和向外排屑；刃带的作用是减少钻头与孔壁的摩擦和导向。切削部分有两个对称的主切削刃和一个横刃，切削刃承担主要切削工作，夹角为 116°～118°，横刃的存在使钻削时轴向力增加。麻花钻的结构如图 4-5-7 所示。

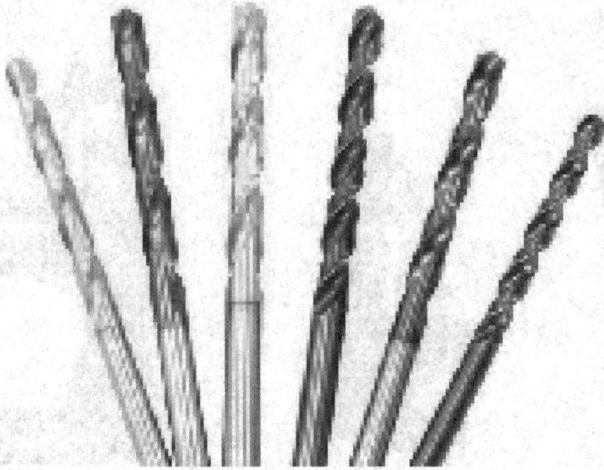

图 4-5-6　麻花钻

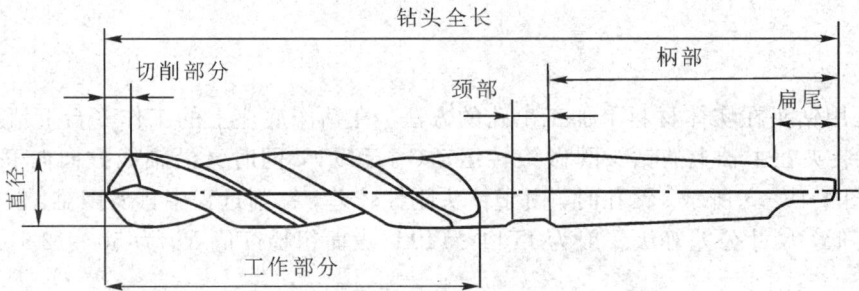

图 4-5-7　麻花钻的结构

2. 钻孔操作

1) 钻头的选择与安装

根据加工零件孔径大小选择合适的钻头，钻头用钻夹头或钻套进行安装，再固定在钻床主轴上使用。钻头的安装视其柄部的形状而定，直柄钻头用钻夹头装夹，再用紧固扳手拧紧。钻夹头如图 4-5-8(a)所示，这种方法简便，但夹紧力小，易产生跳动、滑钻；锥柄钻头可直接或通过莫氏变径钻套(过渡套筒)装入钻床主轴上的锥孔内。莫氏变径钻套如图 4-5-8(b)所示。此种方法配合牢固，同轴度高。

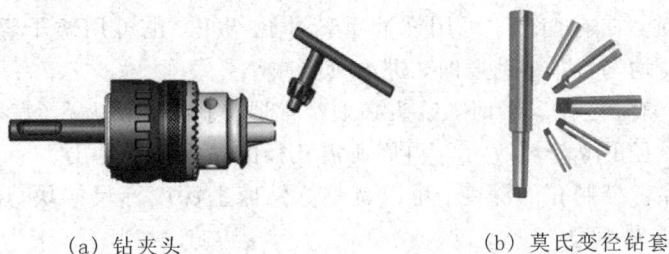

(a) 钻夹头　　　　　　　　　　　　(b) 莫氏变径钻套

图 4 - 5 - 8　麻花钻的装夹

2）工件的安装

为了保证工件的加工质量和操作安全，钻削时必须将工件牢固地装夹在夹具或钻床工作台上。根据工件的大小和结构特点，应采取不同的装夹方法。常用的有机用平口钳装夹法，如图 4 - 5 - 9 所示；压板螺栓装夹法，如图 4 - 5 - 10 所示。

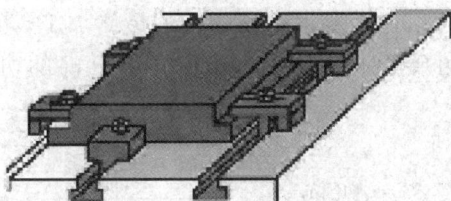

图 4 - 5 - 9　平口钳装夹图　　　　　　图 4 - 5 - 10　压板螺栓装夹

3）钻孔方法

钻孔前，工件要划线定心，在工件孔的位置划出加工圆和检查圆，并在加工圆中心处冲出样冲眼，按孔径大小选择合适的钻头。如钻头切削刃不对称或不锋利，应认真修磨。装夹钻头时，先将钻头轻轻夹住，钻床开低速旋转，检查是否放正。若有晃动，及时纠正。

对不同形状与大小的工件，可用不同的安装方法。相对较薄的工件可用手虎钳夹持打孔，如图 4 - 5 - 11(a)所示；在圆柱形工件上钻孔可放在 V 形铁上进行，如图 4 - 5 - 11(b)所示。

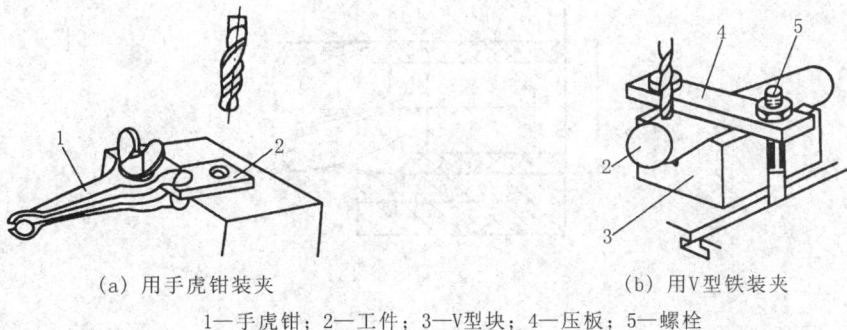

(a) 用手虎钳装夹　　　　　　　　　(b) 用V型铁装夹

1—手虎钳；2—工件；3—V型块；4—压板；5—螺栓

图 4 - 5 - 11　钻孔时工件的安装

准备就绪后，接通电源，开动机床，检查机床运转及润滑情况，合理选择切削用量，先对准样冲眼试钻一浅坑，如有偏位，可用样冲重新冲孔纠正，也可用錾子錾出几条槽来纠正。钻孔时，进给速度要均匀，即将钻通时，进给量要减小。

钻深孔(孔深与直径之比>5)时，钻头必须经常退出排屑。钻大孔(直径>30 mm)时，应分两次钻出，先钻孔径的 0.5～0.7 倍，再用所需孔径的钻头把孔钻出。

钻盲孔时，要注意控制孔的深度。可以调整好钻床上深度标尺挡块，也可以安置控制长度的量具或用记号笔做标记。

钻削钢件时，为降低表面粗糙度值，多使用机油作为切削液；为提高生产率，多使用乳化液。钻削铝件时，多使用乳化液或煤油；钻削铸铁件时，多使用煤油。

三、扩孔

扩孔是用扩孔钻在工件上把已经存在的孔径进一步扩大的切削加工方法。扩孔钻结构如图 4-5-12 所示，与麻花钻相比，扩孔钻有 3～4 个切削刃，无横刃，刚性和工作导向性好，所以，扩孔比钻孔质量高，扩孔的加工精度一般为 IT10～IT9，表面粗糙度值 Ra 为 6.3～3.2 μm。

扩孔可以作为要求不高的孔的最终加工，也可作为铰孔前的预加工，属孔的半精加工方法。扩孔的余量一般为 0.5～4 mm，扩孔时的切削用量选择可查阅机械切削相关手册。

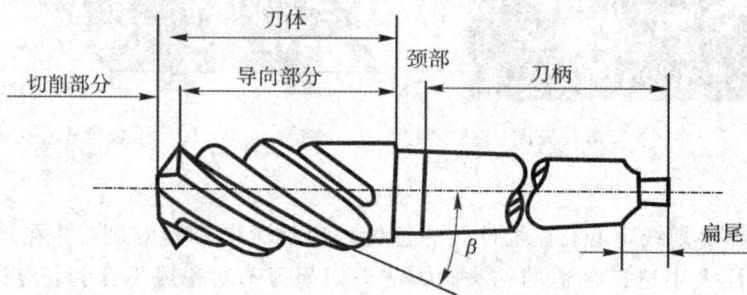

图 4-5-12 扩孔钻

在机床上扩孔时，刀具切削情况如图 4-5-13 所示。

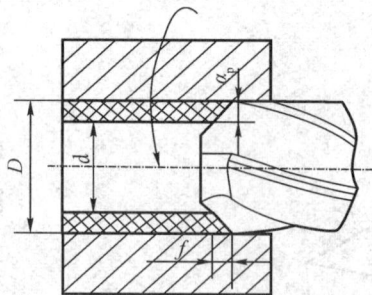

图 4-5-13 扩孔

四、铰孔

铰孔是用铰刀对孔进行少量切削的加工方法,属孔的精加工,铰孔加工精度可达 IT8~IT6,表面粗糙度值 Ra 可达 $1.6 \sim 0.4\mu m$。

铰刀分为机用铰刀和手用铰刀两种,如图 4-5-14 所示。机用铰刀切削部分较短,柄部多为锥柄,须安装在机床上进行铰孔。手用铰刀切削部分较长,导向性较好,手工铰孔时,须用手转动铰杠进给完成。铰孔余量一般为 0.05~0.25 mm,铰削用量的选择可查阅相关手册。

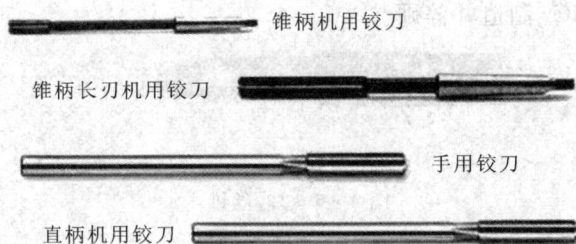

锥柄机用铰刀

锥柄长刃机用铰刀

手用铰刀

直柄机用铰刀

图 4-5-14　铰刀

4.6　螺纹加工

学习目标

1. 了解攻螺纹工具并掌握攻螺纹方法。
2. 了解套螺纹工具并掌握套螺纹方法。

课堂讨论

在日常生产生活中,机器或构件等部件因使用频率和周期长,经常会遇到单件或小批量的零件需要修配螺纹的情况,需要将其中某一个或两个以上的零件按一定螺纹形式连接起来,以保证使用效果,观察思考图 4-6-1 所示螺纹,想一想通过手工方式,如何完成内螺纹和外螺纹的加工,你还能举出一些相应的例子吗?

(a) 弯头　　　　　　　　　(b) 铜接头

图 4-6-1　螺纹类零件

常用的螺纹工件，其螺纹除采用机床加工外，还可以用钳工加工方法中的攻螺纹和套螺纹操作来获得。攻螺纹(也称攻丝)是用丝锥在工件上加工出内螺纹的操作；套螺纹(又称套丝、套扣)是用板牙在圆柱杆上加工外螺纹的操作。

一、攻螺纹

1. 攻螺纹工具——丝锥和铰杠

丝锥是专门用来加工小直径内螺纹的成形刀具，如图 4-6-2 所示。一般用碳素工具钢 T12A 或合金工具钢 9SiCr 制造并淬硬。

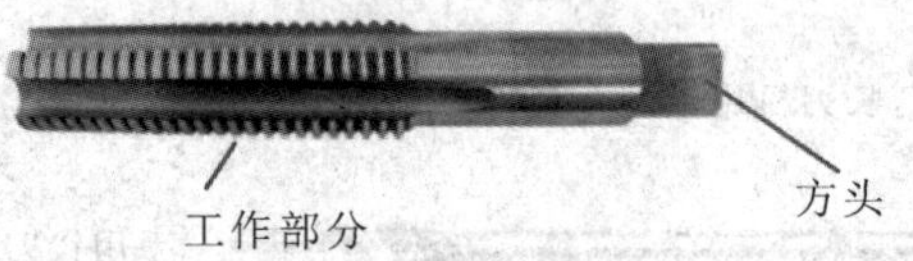

工作部分　　　　　　　　方头

图 4-6-2　丝锥

丝锥前端的切削部分有锋利的切削刃，起主要切削作用；切削部分是圆锥形，切削负荷被各齿分担；中间校正部分，具有完整的齿形，起修光螺纹和引导丝锥的作用；丝锥有 3～4 条窄槽，以形成切削刃和排除切屑；另一端的方头则是安装铰杠的部分，攻螺纹时用以传递转矩。

铰杠是扳转丝锥的工具，如图 4-6-3 所示。常用的是可调节式铰杠。转动右边的手柄，即可调节方孔的大小，以便夹持不同尺寸的丝锥。铰杠的规格应与丝锥的大小相适应，小丝锥用大铰杠容易折断丝锥。

图 4-6-3　铰杠

2. 螺纹底孔直径和深度的确定

钻螺纹底孔后要对孔口进行倒角。用丝锥在对金属进行切削时，伴随着严重的挤压作用，结果会导致丝锥被咬住，发生卡死崩刃，甚至折断。所以螺纹底孔直径 d_0 要略大于螺纹的小径，同时还要根据不同材料确定螺纹底孔直径和深度，对此可查相关手册或按下列经验公式计算：

对于脆性材料(如铸铁)：

$$d_0 = D - (1.05 \sim 1.10)P$$

对于塑性材料(如钢)：

$$d_0 = D - P$$

式中：d_0 为钻头直径(即螺纹底孔直径)，单位为 mm；D 为螺纹大径，单位为 mm；P 为螺距，单位为 mm。

攻不通孔螺纹时，因丝锥不能攻到底，所以钻孔的深度要大于螺纹长度，钻孔深度取螺纹长度加上 $0.7D$。

3. 攻螺纹的方法及注意事项

（1）在攻螺纹前，首先在底孔孔口倒角，其直径略大于螺纹大径。

（2）装夹工件时，应尽量使孔的中心线竖直，以便判断丝锥的正确位置。

（3）开始攻螺纹时，先使用头锥，尽量将丝锥放正，然后对丝锥施加一定的压力和扭力，转动铰杠，如图 4-6-4(a) 所示。

（4）当丝锥切入 1～2 圈时，要仔细观察和校正丝锥的轴心线是否与底孔中心线重合，也可以用直角尺来测量、检查，如图 4-6-4(b) 所示，要边加工边检查和校正。

（5）当旋入 3～4 圈时，丝锥的位置应该正确无误，只需转动铰杠丝锥自然会攻入工件，如图 4-6-4(c) 所示。绝不能对丝锥施加压力，否则螺纹会出现乱扣或烂牙。

（6）在加工过程中，丝锥每转 1/2 圈至 1 圈时，丝锥要倒转 1/4 圈到 1/2 圈，将切屑切断并挤出。特别是攻不通孔螺纹时，要及时退出丝锥排屑。

（7）当第一支丝锥攻完后更换第二支丝锥时，要用手旋入至不能再旋时，再用铰杠夹持继续加工，防止施加压力不均匀或丝锥晃动损坏螺纹。

（8）攻制塑性材料的螺纹时，要注入切削液，以减小切削阻力，降低螺纹孔的表面粗糙度值，延长丝锥寿命。

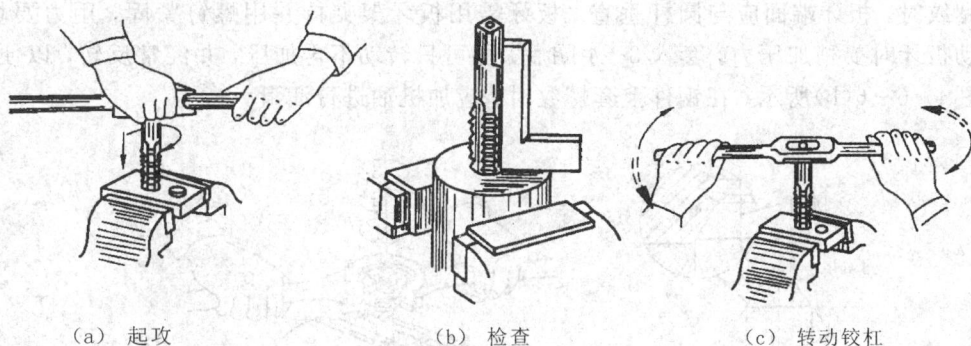

　　　(a) 起攻　　　　　　　　(b) 检查　　　　　　　(c) 转动铰杠

图 4-6-4　攻螺纹的方法

二、套螺纹

钳工加工外螺纹时手工套螺纹用得比较少，现已多被机械加工方法所代替。但在零件修配和单件、小批量生产中，加工直径不大、精度不高的外螺纹时还常遇到。

1. 套螺纹工具——板牙和板牙架

板牙是加工外螺纹的刀具，由合金工具钢 9SiCr 制造并淬硬，有可调节的和不可调节的两种，如图 4-6-5 所示。它像一个圆螺母，上面钻了几个排屑孔并形成刀刃。它的螺纹孔两端有 60°的锥度部分，起切削导入作用。定径部分起修光作用。板牙的外圆有一条深槽和四个锥坑，锥坑用于定位和紧固板牙。当板牙的定径部分磨损后，可用片状砂轮沿深槽将板牙割开，借助调紧螺钉可将板牙直径缩小。板牙是装在板牙架上使用的。

图 4-6-5　板牙

2. 套螺纹前圆杆直径的确定

套螺纹前圆杆应倒 60°的角,如图 4-6-6(a)所示,并检查圆杆直径。如果直径尺寸太大,板牙难以套入,直径太小,套出的螺纹牙齿不完整。对套螺纹前圆杆直径的确定可查阅相关手册或按下列经验公式计算:

$$圆杆直径\ d_0 = 螺纹外径\ D - 0.13P\ 螺距(mm)$$

3. 套螺纹的方法

套螺纹时,板牙端面应与圆杆垂直,板牙需用板牙架夹持并用螺钉紧固,用力要均匀。开始转动板牙时要稍加压力,套入 3~4 圈后,即可只转动不再加压,并经常反转,以便断切屑。如图 4-6-6(b)所示。在钢件上套螺纹时,应加机油进行润滑。

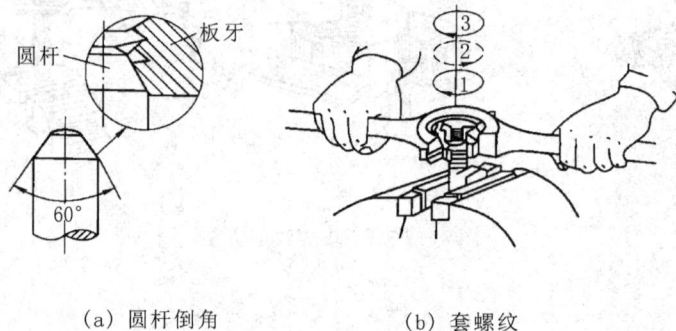

(a) 圆杆倒角　　　　　　　(b) 套螺纹

图 4-6-6　圆杆倒角和套螺纹

4.7　錾　　削

学习目标

1. 了解錾削的特点及应用。
2. 了解錾削的工艺和操作方法。
3. 熟练掌握錾削的方法。

课堂讨论

如图4-7-1所示，錾削需要哪些工具？錾削用的錾子都是一样的形状吗？錾削工件的时候，对錾子和錾削步骤有什么要求吗？

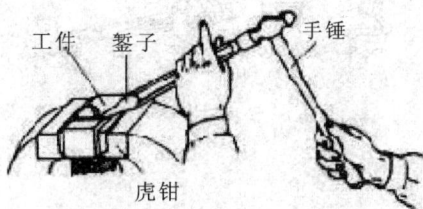

（a）錾削铁皮　　　　　　　　　　　　　　　（b）錾削零件

图4-7-1　錾削

錾削是用锤子打击錾子对金属等材料的工件进行切削加工的方法。主要用于不便机械加工的场合，如去除毛坯上的凸缘、毛刺、浇口、冒口，以及分割材料、錾削平面及沟槽等。

一、錾子的种类

（1）扁錾，见图4-7-2(a)。扁錾切削部分扁平，切削刃较长，刃口略带圆弧形。扁錾主要用来錾削平面、去毛刺、去凸缘和分割板材等。

（2）尖錾，见图4-7-2(b)。尖錾切削刃比较短，从切削刃到錾身逐渐变狭窄（故又称窄錾），以防止錾沟槽时两侧面被卡住。尖錾主要用来錾削沟槽及将板料分割成曲线形等。

（3）油槽錾，见图4-7-2(c)。油槽錾切削刃很短并呈圆弧形，切削部分制成弯曲形状。油槽錾主要用来錾削平面或曲面上的油槽。

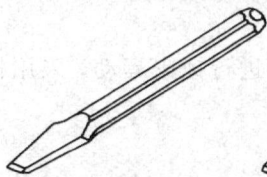

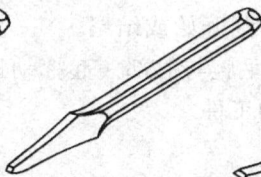

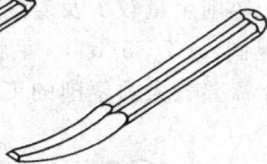

（a）扁錾　　　　　　　　（b）尖錾　　　　　　　　（c）油槽錾

图4-7-2　錾子的种类

二、錾削动作要领及相关知识

1. 锤子的握法

（1）紧握法：右手五指紧握锤柄，大拇指合在食指上，虎口对准锤头方向，木柄尾端露出

15~30 mm。在挥锤和锤击过程中，五指始终紧握，如图 4-7-3(a)所示。

（2）松握法：只用大拇指和食指始终握紧锤柄。在挥锤时，小指、无名指和中指则依次放松。在捶击时，又以相反的次序收拢握紧，如图 4-7-3(b)所示。

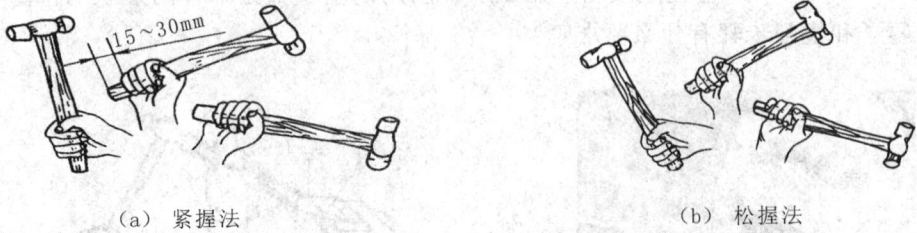

（a）紧握法　　　　　　　　　　　　　（b）松握法

图 4-7-3　锤子的握法

2. 錾子的握法

（1）正握法：手心向下，腕部伸直，用中指、无名指握住錾子，小指自然合拢，食指和大拇指自然伸直地松靠，錾子头伸出约 20 mm，见图 4-7-4(a)。

（2）反握法：手心向上，手指自然捏住錾子，手掌悬空，见图 4-7-4(b)。

（a）正握法　　　　　　　　　　　　　（b）反握法

图 4-7-4　錾子的握法

3. 挥锤方法

（1）腕挥（见图 4-7-5(a)）：仅挥动手腕进行锤击运动，采用紧握法握锤，腕挥约 50 次/min。用于錾削余量较少及錾削开始或结尾。

（2）肘挥（见图 4-7-5(b)）：手腕与肘部一起挥动进行锤击运动，采用松握法，肘挥约 40 次/min。用于需要较大力錾削的工件。

（a）腕挥　　　　　　　（b）肘挥　　　　　　　（c）臂挥

图 4-7-5　挥锤方法

（3）臂挥（见图4-7-5(c)）：手腕、肘和全臂一起挥动，其锤击力最大。用于需要大力錾削的工件。

4. 錾削站立的姿势

为了充分发挥较大的敲击力量，操作者必须保持正确的站立位置，如图4-7-6所示。左脚跨前半步，两腿自然站立，人体重心稍微偏向后方，视线要落在工件切削部分。

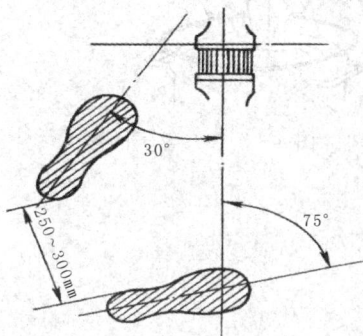

图4-7-6　錾削站立的姿势

5. 锤击要领

（1）挥锤：肘收臂提，举锤过肩；手腕后弓，三指微松；锤面朝天，稍停瞬间。

（2）锤击：目视錾刃，臂肘齐下；收紧三指，手腕加劲；锤錾一线，锤走弧形；左脚着力，右腿伸直。

（3）要求：稳——节奏平稳；准——锤击准确；狠——锤击有力。

6. 錾子的刃磨与热处理

1）刃磨方法

錾子楔角的刃磨方法如图4-7-7所示，双手握持錾子，在砂轮的轮缘上进行刃磨。刃磨时，必须使切削刃高于砂轮水平中心线，在砂轮全宽上左右移动，并要控制錾子的方向、位置，保证磨出所需的楔角值。刃磨时，加在錾子上的压力不宜过大，左右移动要平稳、均匀，并且刃口要经常蘸水冷却，以防退火。

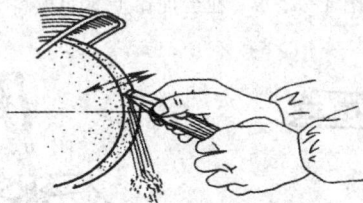

图4-7-7　錾子刃磨图

2）热处理方法

（1）淬火：当錾子的材料为T7或T8时，可把錾子切削部分约20 mm长的一端，均匀加热到750℃～780℃（呈樱红色）后迅速取出，并垂直地把錾子放入冷水中冷却（见图4-7-8），浸入深度5～6 mm，即完成淬火过程。

（2）回火：錾子的回火是利用本身的余热进行。当錾子露出水面的部分变成黑色时，即将其由水中取出，此时其颜色是白色，待其由白色变为黄色时，再将錾子全部浸入水中冷却的回火称为"黄火";而待其由黄色变为蓝色时,再把錾子全部放入水中冷却的回火称为"蓝火"。

图 4-7-8　錾子的淬火

三、錾削的方法

1. 錾切板料的方法

(1) 工件夹在台虎钳上錾切时,板料按划线与钳口平齐,用錾子沿着钳口并斜对着板料(约成 45°角)自右向左錾切,如图 4-7-9 所示。

錾切时,錾子刃口不可正对板料錾切,否则由于板料的弹动和变形,易造成切断处产生不平整或出现裂缝,如图 4-7-10 所示。

图 4-7-9　在台虎钳上錾切板料

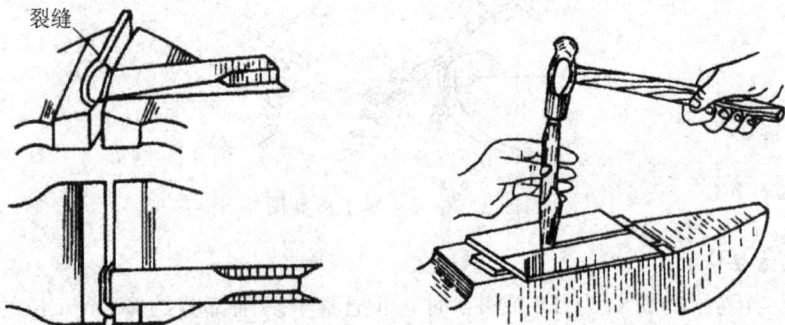

图 4-7-10　不正确的錾切薄料方法　　　　图 4-7-11　在铁砧上錾切板料

(2) 在铁砧上或平板上錾切尺寸较大的板料或錾切线有曲线而不能在台虎钳上錾切时,可在铁砧(或旧平板)上进行(见图 4-7-11)。此时,切断用錾子的切削刃应磨成适当的弧形,以使前后錾痕连接整齐,见图 4 - 7 - 12(a)、(b)。

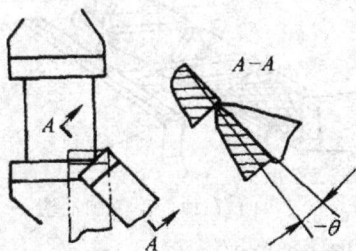

(a)用圆弧刃錾錾痕易整齐 (b)用平刃錾錾痕易错位 (c)先倾斜錾切 (d)后垂直錾切

图 4 - 7 - 12 錾切板料方法

当錾切直线段时,錾子切削刃的宽度可宽些(用扁錾);錾切曲线时,刃宽应根据其曲率半径大小而定,以使錾痕能与曲线基本一致。

錾切时,应由前向后錾,开始时錾子应放斜些,似剪切状,然后逐步放垂直,如图 4 - 7 - 12(c)、(d)所示,依次逐步錾切。

(3)用密集钻孔配合錾子錾切:当工件轮廓线较复杂的时候,为了减少工件变形,一般先按轮廓线钻出密集的排孔,然后再用扁錾、尖錾逐步錾切,如图 4 - 7 - 13 所示。

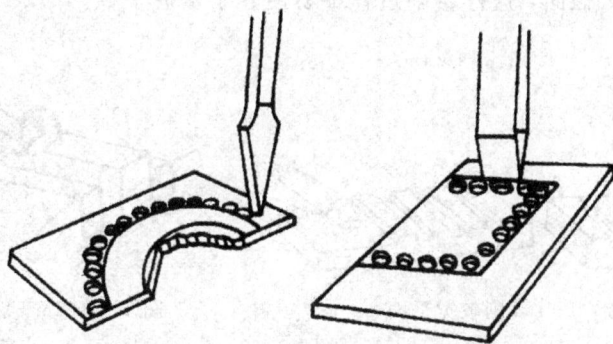

图 4 - 7 - 13 用密集钻孔配合錾切

2.錾削平面的方法

(1)起錾与终錾:在錾削平面时采用斜角起錾。先在工件的边缘尖角处(见图 4 - 7 - 14),轻轻敲打錾子,錾削出一斜面。同时慢慢地把錾子移向中间,然后按正常錾削角度进行。

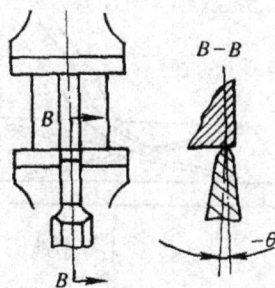

图 4 - 7 - 14 起錾方法　　图 4 - 7 - 15 正面起錾

在錾削槽时应采用正面起錾，錾子刃口要贴住工件端面，先錾削出一个斜面（见图4-7-15），然后按正常錾削角度进行。

终錾时，要防止工件边缘材料崩裂，当錾削接近尽头10～15 mm时，必须掉头錾去余下部分（见图4-7-16(a)）。尤其是錾铸铁、青铜等脆性材料更应如此，否则尽头处就会崩裂（见图4-7-16(b)）。

(a) 正确   (b) 错误

图4-7-16　錾到尽头时的錾削方法

(2) 錾削平面：用扁錾每次錾削厚度0.5～2 mm。在錾削较宽的平面时，一般先用尖錾以适当间隔开出工艺直槽（见图4-7-17），然后再用扁錾将槽间凸起部分錾平。

在錾削较窄的平面时，錾子切削刃与錾削前进方向倾斜一个角度（见图4-7-18），使切削刃与工件有较多的接触面，这样錾削过程中易使錾子掌握平稳。

图4-7-17　錾削较宽平面

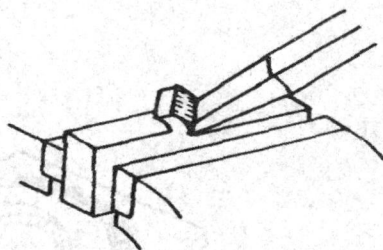

图4-7-18　錾削较窄平面

(3) 錾削油槽：油槽錾的切削部分应根据图样上油槽的断面形状、尺寸进行刃磨。同时在工件需錾削油槽部位划线。

起錾时，錾子要慢慢地加深尺寸要求，錾到尽头时刃口必须慢慢翘起，保证槽底圆滑过渡，在平面上錾削油槽如图4-7-19(a)所示。如果在曲面上錾油槽（见图4-7-19(b)），錾子倾斜情况应随着曲面而变动，使錾削时的后角保持不变，保证錾削顺利进行。

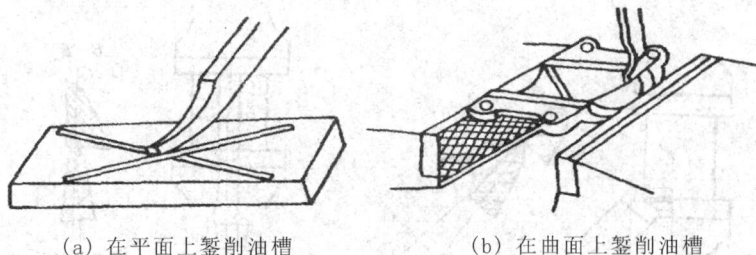

(a) 在平面上錾削油槽   (b) 在曲面上錾削油槽

图4-7-19　錾削油槽

四、錾削废品分析与安全文明生产

1. 錾削的废品分析

錾削的废品有以下情形：

（1）工件錾削表面过分粗糙，凸凹不平，使后道工序无法去除其錾削痕迹。

（2）工件的棱角有崩裂而造成缺损，甚至因用力不当而錾坏整个工件。

（3）起錾和錾削超过尺寸界线，造成尺寸过小而无法继续加工。

2. 安全文明生产

（1）工位前方须装防护网，防止发生伤人事故。

（2）錾子、锤子头部出现毛刺时，应及时磨去，以防伤手。

（3）起錾时，角度及力度应控制适当，避免打滑而伤手。

（4）錾屑不得用手擦或嘴吹，应用刷子清除。

（5）錾子、锤子放置时不得露出钳台，以免掉下伤脚。

（6）錾子不得与量具放置一处，以免损坏量具。

3. 维护与保养

（1）尽量保持錾子的清洁，沾上油污等污物时应及时擦拭，以免使用时滑出伤人。

（2）不可戴手套或用棉纱等物裹住錾子刃磨，以免引发事故。

4.8　综合训练

学习目标

1. 加强钳工基本操作技能的训练。
2. 掌握工件的制作工艺，特别是对称度要求的保证。
3. 掌握以间接测量法保证工件尺寸要求的方法。
4. 掌握保证工件配合间隙要求的工艺方法。

课堂讨论

简述"凹凸件配对"课题工件的加工工艺，讨论对称度要求如何保证，以及工件配合间隙如何保证，并完成课题"凹凸件配对"的制作，工件如图 4-8-1 所示。

"凹凸件配对"工件技术要求：

（1）凸件与凹件配对后，单边间隙＜0.04(5处)。

（2）配对面，平面度 0.02(两件，10 面)。

（3）配对后，凹件翻转 180°，$70_{-0.046}^{0}$ 尺寸允许错位＜0.023。

（4）非配对面锐边倒圆 $R＜0.2$，配对面边棱去毛刺。

(a) 凹件　　　　　　　(b)凸件

(c)凹凸配对件

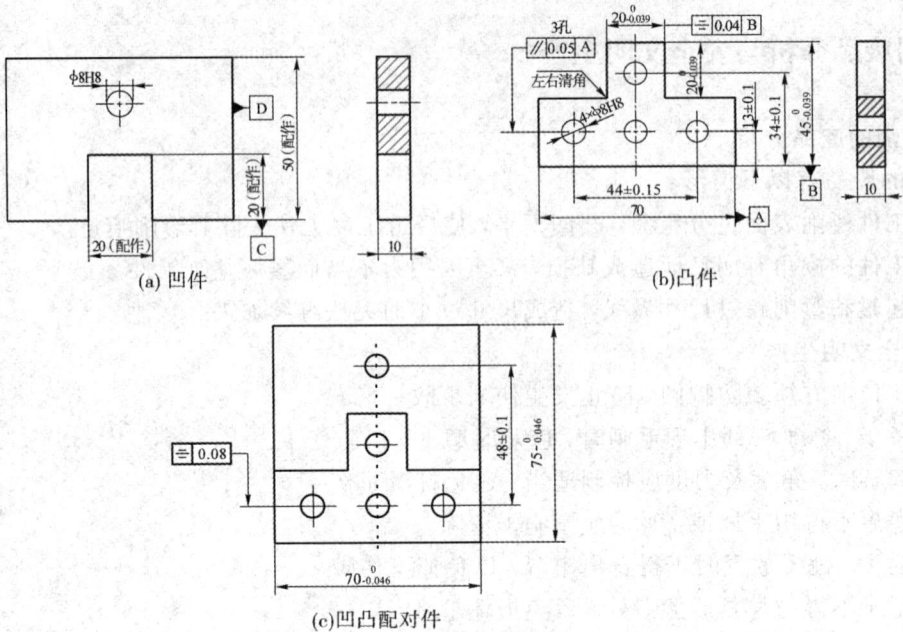

4-8-1　凹凸件配对

1. 备料

Q235 钢板：$72 \times 47 \times 10$(1 件)，$72 \times 52 \times 10$(1 件)。

2. 工量具、刃具准备

平板锉刀、三角锉刀、方锉刀、整形锉、锯弓、锯条、划线工具、钻头、丝锥、铰杠、錾子、手锤、刀口平尺、刀口角尺、游标高度尺、游标卡尺、千分尺、塞规、V 形铁。

3. 凹凸件配对工艺步骤

凹凸件配对的制作工艺步骤见表 4-8-1。

表 4-8-1　凹凸件配对工艺步骤

		加工步骤简介
凸件	1	检查来料：$72 \times 47 \times 10$(1 件)；$72 \times 52 \times 10$(1 件)
	2	锉削：加工 A、B 面互为 $90° \pm 2'$，$70_{-0.046}^{0}$ 留加工余量 0.1 mm
	3	划线：以 A、B 为基准，划 20×20 尺寸线、34 尺寸线、44 尺寸线、4-Φ8H8 孔中心线
	4	钻铰孔：钻 $4 \times \phi 7.8$ 孔，铰 $4 \times \phi$8H8
	5	锉削：完成 13 ± 0.1 尺寸与 A 面平行 0.05(3 孔)；$45_{-0.039}^{0}$ 尺寸留加工余量 0.05～0.1 mm
	6	锯割：锯 20×20 尺寸，各面留加工余量 0.8～1.2 mm
	7	锉削：完成 $20_{-0.039}^{0}$ 尺寸，$20_{-0.039}^{0}$ 尺寸，达到对称度 0.04，左右清角
凹件	1	锉削：加工凹件基准面 C、D 互为 $90° \pm 2'$，$70_{-0.046}^{0}$ 尺寸，留加工余量 0.1 mm
	2	划线：以基准面 C、D 为基准，划 20×20 尺寸加工线
	3	锯割：锯凹槽 20×20 尺寸，各面留加工余量 0.8～1.2 mm
	4	锉削：锉(50)尺寸，留加工余量 0.1 mm；以 D 面为基准锉削 20(配作)尺寸，达到对称度 0.04；用凸件配对，间隙<0.04

		加工步骤简介
配件	1	锉削：凸件与凹件配对后，完成 $75_{-0.046}^{0}$ 尺寸，$70_{-0.046}^{0}$ 尺寸，注意对称度
	2	划线：凸件与凹件配对后，划 $\phi 8H8$ 的孔距 48 ± 0.1 加工线
	3	钻铰孔：钻 $\phi 7.8$ 孔，铰 $\phi 8H8$
	4	锉削：非配对面锐边导圆 $R<0.2$，配对面边棱去毛刺
	5	复查各部尺寸

4. 凹凸件配对评分表

凹凸件配对考核表按表 4 - 8 - 2 评分，并根据实测计算得分。

表 4 - 8 - 2 凹凸件配对评分表

项目	序号	检测项目	配分	评分标准	检测量具	检测结果	得分
尺寸公差	1	$70_{-0.046}^{0}$（凹件与凸件）	8	超出尺寸公差 $\leqslant0.01$ mm，不扣分；每多超出尺寸公差 0.01 mm，扣除 2 分	千分尺		
	2	44 ± 0.15，13 ± 0.1，34 ± 0.1，48 ± 0.1	8		游标卡尺		
	3	$45_{-0.039}^{0}$	8		千分尺		
	4	$20_{-0.033}^{0}$	8		千分尺		
	5	$20_{-0.033}^{0}$	8		千分尺		
	6	$75_{-0.046}^{0}$	8		千分尺		
	7	$5\times\phi 8H8$	10		塞规		
形位公差、配对与其他	1	平行度 0.05（3 孔）(A)	6	每超差一处，扣 2 分	游标卡尺		
	2	对称度 0.08	4		百分表		
	3	对称度 0.04(B)	4	超差全扣	游标卡尺		
	4	配对后间隙<0.04（5 处）	5	每超差一处，扣 3 分	塞尺		
	5	配对度，平面度 0.02（2 件，10 面）	8	每超差一个面，扣 1 分	刀口尺		
	6	凸件翻转 180°后配对，错位<0.023	2	超差全扣	塞尺		
	7	表面粗糙度 Ra1.6（16 面及 5 孔）	10	每降级 1 处，扣 0.5 分	目测		
	8	锐边倒角 $R<0.2$，配对面棱边去毛刺	2	1 处不加工，从总分扣 0.5 分	目测		
	9	清角（角清晰）（4 处）	1		目测		
质量分：本表内的尺寸公差、形位公差、配对间隙，每超过技术要求的 2 倍，按评分标准，从总分扣除该项配分的 3 倍							
安全分：凡发生机损事故、人身事故、损坏工夹、量具者，根据现场记录酌情扣除 2～10 分							
总分			100	总得分			

巩 固 练 习

1. 简述台虎钳的使用方法和工作原理。

2. 简述钳工安全操作注意事项。

3. 划线的基准有哪几种类型？

4. 划线的作用有哪些？

5. 划线的涂料有哪些？

6. 简述划线的方法和步骤。

7. 简述锯齿规格及应用。

8. 简述典型材料锯削的方法。

9. 何为锉削？锉削加工有何特点？

10. 双齿纹锉刀的面齿角和底齿角为什么不一样大小？

11. 锉刀的粗细规格和尺寸规格各是如何表示的？

12. 按照加工对象如何正确地选择锉刀？

13. 顺向锉、交叉锉和推锉各有何优缺点？

14. 何为钻削？钻削加工有何特点？

15. 标准麻花钻由哪几部分组成？各起何作用？

16. 钻削时，当孔即将钻穿时，为什么要减小进给量？

17. 在斜面上钻孔时可采用哪些方法？钻半圆孔时又可以采用哪些方法？

18. 攻螺纹操作有何特点？

19. 试简述锤子的握法和使用技巧。

第五章　车床加工实训

在各类金属切削机床中，车床是应用最多、最广泛的一种机床。在一般机械加工车间的机床配置中，车床约占 50%。其中卧式车床在车床中使用最多，它适合于单件、小批量的轴类、盘类工件加工。

5.1　车床操作规程

学习目标

1. 掌握车床加工安全文明生产规程。
2. 牢固树立安全文明生产的观念。
3. 牢固树立符合安全文明操作规程的行为习惯。
4. 掌握 CA6140 型卧式车床的基本操作。

课堂讨论

普通车床加工零件时，大家要严格遵守安全文明生产制度，学会工量具的使用和摆放。请大家仔细看图 5-1-1，说出工量具摆放位置是否正确，讨论一下除工量具摆放正确之外，还有哪些操作能避免发生安全事故。

图 5-1-1　工、量、刃具摆放

一、安全文明生产

文明生产是工厂管理的一项十分重要的内容，它直接影响产品质量的好坏，影响设备和工、夹、量具的使用寿命，影响操作工人技能的发挥。所以作为学校的学生，是工厂的后备工人，从开始学习基本操作技能时，就要重视培养文明生产的良好习惯。因此，要求操作者在操作时必须做到以下几点：

（1）车床启动前，应检查车床各部分机构是否完好，各传动手柄、变速手柄位置是否正确，以防启动时因突然撞击而损坏车床。

（2）车床启动后，应使主轴低速空转 1～2 min，使润滑油散布到各需要之处（冬天更为重要），等车床运转正常后才能工作。

（3）工作中需要变速时，必须先停车；变换走刀箱手柄位置要在低速时进行；使用电气开关的车床不准用正、反转作紧急停车，以免打坏齿轮。

（4）不允许在卡盘及床身导轨上敲击或校直工件，床面上不准放置工具和工件。

（5）装夹较重的工件时，应该用木板保护床面；下班时若工件不卸下，则应用千斤顶支承。

（6）车刀磨损后要及时刃磨。用磨钝的车刀继续切削会增加车床负荷，甚至损坏车床。

（7）车削铸铁工件及气割下料的工件时，导轨上润滑油应擦去，工件上的型砂杂质应清除干净，以免磨坏床面导轨。

（8）使用冷却液时，要在车床导轨上涂上润滑油。冷却泵中的冷却液应定期调换。

（9）下班前，应将床鞍摇至床尾一端，各转动手柄放到空挡位置，清除车床上及车床周围的切屑和冷却液，擦净后按规定在应加油部位加上润滑油。关闭电源。

（10）每件工具应放在固定位置，不可随便乱放。工具应当根据自身的用途正确使用，不能用扳手代替锤子等。

（11）爱护量具，经常保持量具清洁，用后擦净、涂油，放入盒内并及时归还工具室。

二、工、量、刃、夹具及图样放置要求

（1）工作时所使用的工具、夹具、量具以及工件应尽可能集中在操作者的周围。布置物件时，右手拿的放在右面，左手拿的放在左面；常用的放在近处，不常用的放在远处。物件放置应有固定的位置，使用后要放回原处。

（2）工具箱的布置要分类，并保持清洁、整齐。要求小心使用的物体放置稳妥，重的东西放下面，轻的放上面。

（3）图样、操作卡片应放在便于阅读的部位，保持清洁和完整。

（4）毛坯、半成品和成品应分开，并按次序整齐排列，以便放置或取用。

（5）工件周围应保持整齐清洁。

三、操作注意事项

（1）需穿工作服，戴套袖。女同志应戴工作帽，头发或辫子应塞入帽内。

（2）需戴防护眼镜，注意头部与工件不能靠得太近。

（3）为确保安全，操作人员进入车间不准嬉戏打闹，不准做与实习无关的事情。

（4）操作车床前应检查各传动部位是否正常，并按要求加油，发现异常情况应立即停机检查并汇报处理。

（5）加工零件时，严禁戴手套进行操作，操作人员思想要集中，不准多人同时操作一台车床。

（6）车床运转时，严禁用手触摸各转动部位。

（7）车床未完全停止时，不准用手进行刹车。

（8）必须在停机的状态下用铁钩或刷子清除铁屑，不准用手拉或嘴吹的方式清除，同时严禁用纱布擦正在旋转的工件。

（9）装拆工件后，卡盘扳手应及时拿下。

（10）换刀时，刀架要远离工件、卡盘和尾座。

（11）严禁在运转中测量工件，或在旋转工件的上方互相传递物品。

（12）更换和调整挂轮箱齿轮时必须切断电源。

四、刀具刃磨安全知识

（1）在磨刀前，要对砂轮机的防护设施进行检查。如防护罩壳是否齐全；有搁架的砂轮，其搁架与砂轮之间的间隙是否恰当等。重新安装砂轮后，要进行检查并经试转后才可使用。

（2）磨刀时按要求戴防护镜。

（3）刃磨车刀时不能用力过大，以防打滑伤手。

（4）刃磨硬质合金车刀时，不可把刀头部分放在水中冷却，以防刀片突然冷却而碎裂。刃磨高速钢车刀时，应随时用水冷却，以防车刀过热退火，硬度降低。

（5）刃磨车刀时，车刀高度必须控制在砂轮水平中心，刀头略向上翘，否则会出现后角过大或负后角。

（6）在平行砂轮上磨刀时，应尽可能避免磨砂轮侧面。

（7）刃磨车刀时应作水平的左右移动，以免砂轮表面出现凹坑。

（8）刃磨结束后，应随手关闭砂轮机电源。

5.2　认识车床

学习目标

1. 了解 CA6140 型车床型号。
2. 掌握 CA6140 型车床各部分结构。
3. 掌握主轴箱手柄、进给箱手柄、刻度盘、分度盘和刀架的位置及含义。
4. 掌握车床保养知识。

课堂讨论

大家结合图 5-2-1 图形，仔细看一看，想一想，自己是否见过这种机械设备？它能加工出生活中哪些精密零件？

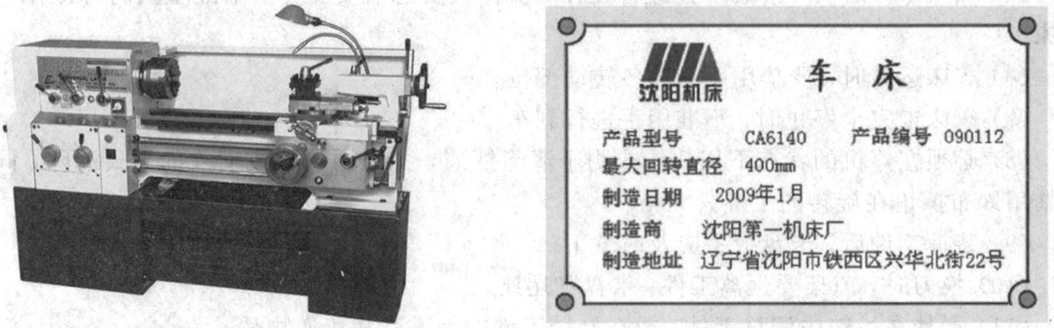

图 5-2-1　普通车床和铭牌

一、车床概述

在一般机器制造中，车床在金属切削机床中所占的比重最大，约占金属切削机床总台数的 50%。由此可见，车床的应用是很广泛的。它适合于单件、小批量的轴类、盘类工件加工。

车床主要是用于进行车削加工的机床。通常由工件旋转完成主运动，而由刀具沿平行或垂直于工件旋转轴线的方向移动完成进给运动。与工件旋转轴线平行的进给运动称为纵向进给运动，与工件旋转轴线垂直的进给运动称为横向进给运动。

二、车床的主要类型、工作方法及应用

1. 卧式车床

卧式车床如图 5-2-2 所示，主轴水平布置，转速和进给量调整范围大，主要由操作者手动操作；卧式车床用于车削圆柱面、圆锥面、端面、螺纹、成形面和切断等。卧式车床的使用范围广，生产效率低，适于单件、小批量生产。

图 5-2-2　卧式车床

2. 立式车床

立式车床如图 5-2-3(a)所示，主轴垂直布置，工件装夹在水平面内旋转的工作台上，

刀架在横梁或立柱上移动。立式车床适用于加工回转直径较大、较重、难以在卧式车床上安装的工件。

(a) 立式车床　　　　　　　　　　　(b) 自动刀数控车床

图 5-2-3　立式车床、自动刀数控车床

3. 自动刀数控车床

自动刀数控车床如图 5-2-3(b)所示，具有刀库。它对一次装夹的工件能按预先编制的程序，由控制系统发出数字信息指令，自动选择更换刀具，自动改变车削时间、切削用量和刀具相对工件的运动轨迹，以及其他辅助功能，依次完成多工序的车削加工。这种车床适用于工件形状较复杂、精度要求高、工件品种更换频繁的中小批量生产。

此外，还有落地车床、转塔车床等一些大批量生产的专用化车床。

三、CA6140 型卧式车床的主要部件及功能

CA6140 型卧式车床的外形如图 5-2-4 所示，其主要部件如下所述。

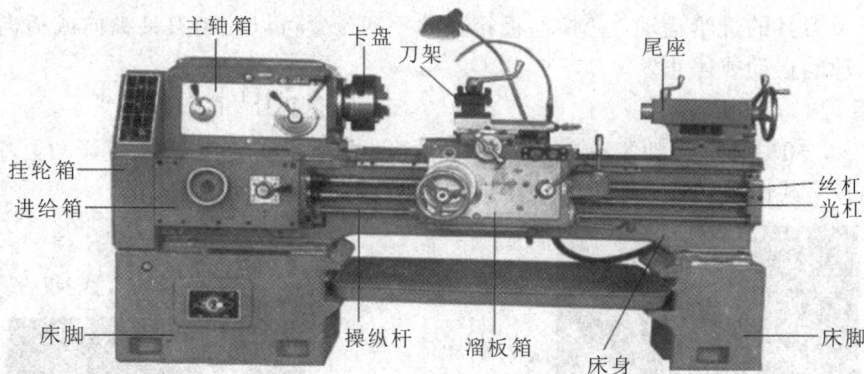

图 5-2-4　CA6140 型卧式车床

1. 主轴箱

如图 5-2-5 所示，主轴箱固定在床身的左上侧，作用是将电动机输出的回转运动传递给主轴，再通过装在主轴上的夹具带动工件回转，实现主运动。主轴箱内有变速机构，通过变换箱外手柄的位置可以改变主轴的转速，以满足不同车削工作的需求。

图 5-2-5　主轴箱

2. 交换齿轮箱(挂轮箱)

如图 5-2-6 所示,挂轮箱装在主轴箱的左侧,它是把主轴的旋转运动传给进给箱的传动部件。挂轮箱内有挂轮装置,配换不同齿数的挂轮(齿轮)可改变进给量或车螺纹时的螺距(或导程)。

3. 进给箱

如图 5-2-7 所示,进给箱固定在床身的左前侧,将主轴通过挂轮箱传递来的回转运动传给光杠或丝杠。进给箱内有变速机构,可实现光杠或丝杠的转速变换,以调节进给量或螺距。

图 5-2-6　交换齿轮箱

图 5-2-7　进给箱

4. 溜板箱

如图 5-2-8 所示,溜板箱固定在床鞍的前侧,作用是将光杠或丝杠的回转运动变为床鞍或中滑板及刀具的进给运动。变换溜板箱外的手柄位置可以控制刀具纵向或横向进给运动的方向和运动的启动或停止。

5. 刀架

如图 5-2-9 所示,刀架装在床身的床鞍导轨上,床鞍可沿导轨纵向移动。刀架部分由几层滑板组成,其作用是装夹车刀并使车刀做纵向、横向或斜向运动。

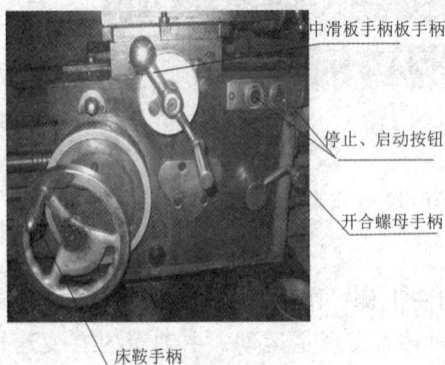

图 5-2-8　溜板箱

图 5-2-9　刀架

6. 床身

如图 5-2-10 所示，床身固定在左、右床脚上，是车床的基本支承件。床身上安装着车床的部件，能确保它们在工作时保持准确的相对位置。

图 5-2-10 床身

7. 尾座

如图 5-2-11 所示，尾座装在床身尾部的导轨上，并可沿此导轨纵向调整位置。尾座的作用是用顶尖支承工件，还可安装钻头等孔加工刀具进行加工。

8. 照明、冷却装置

如图 5-2-12 所示，照明灯使用安全电压，为操作者提供充足的光线，保证明亮清晰的操作环境。切削液被冷却泵加压后，通过冷却管喷射到切削区域。

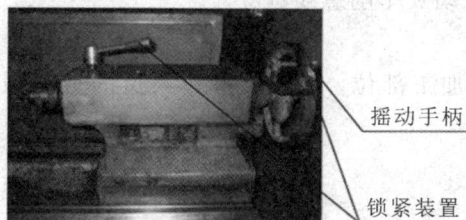

图 5-2-11 尾座

图 5-2-12 照明、冷却装置

四、CA6140 型卧式车床的主要技术参数

CA6140 型卧式车床的主要技术参数见表 5-2-1。

表 5-2-1 CA6140 型卧式车床的主要技术参数

项　目	技术参数
床身回转直径	400 mm
刀架回转直径	210 mm
主轴中心至床身平面导轨距离	205 mm
主轴转速级数	正转 24 级，反转 12 级
纵向进给量范围	64 种
横向进给量范围	64 种

五、车床的传动

CA6140 型卧式车床的传动过程可用传动系统框图来表示，如图 5-2-13 所示。

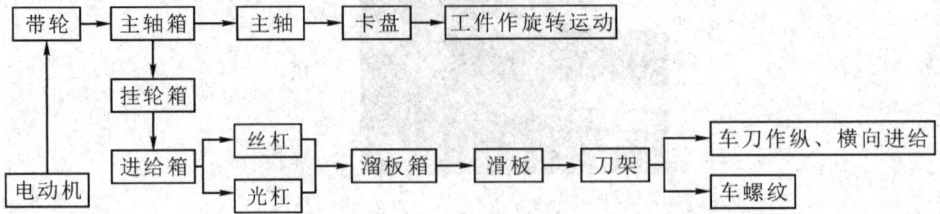

图 5-2-13　CA6140 型卧式车床的传动系统框图

1. 主运动

电动机输出的动力经皮带传给主轴箱，在箱内经过变向和变速机构再传到主轴，使主轴获得 24 级正向转速和 12 级反向转速。

2. 进给运动

主轴经过主轴箱，再经过挂轮、进给箱把旋转运动传给光杠或丝杠，最后通过溜板箱变成滑板、刀架的直线移动，使车刀做纵向或横向进给运动及车削螺纹。

3. 刀架的快速移动

刀架的快速移动使刀具机动、快速地远离或接近加工部位，以减轻操作人员的劳动强度，缩短辅助时间。

六、卧式车床加工范围

卧式车床加工范围很广，主要加工范围如图 5-2-14 所示。

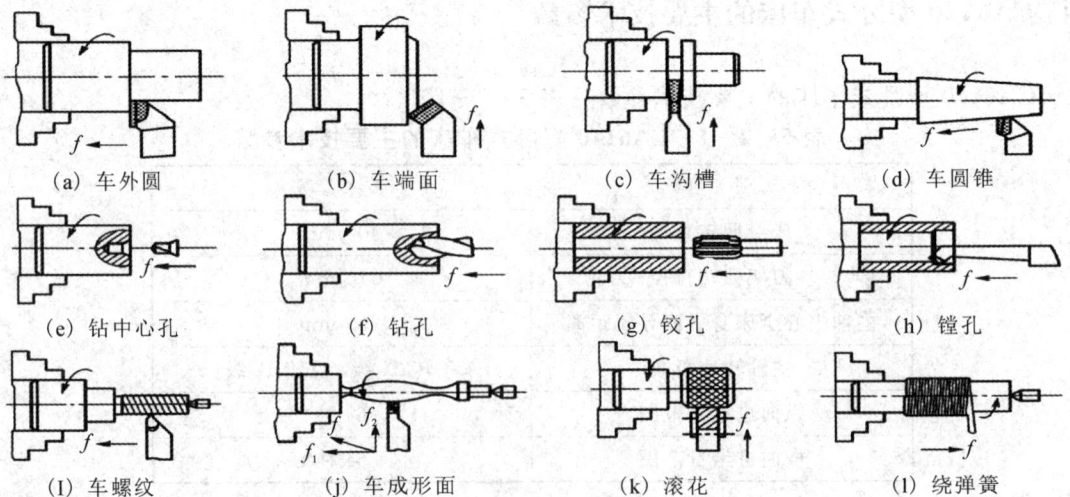

（a）车外圆　　（b）车端面　　（c）车沟槽　　（d）车圆锥
（e）钻中心孔　　（f）钻孔　　（g）铰孔　　（h）镗孔
（l）车螺纹　　（j）车成形面　　（k）滚花　　（l）绕弹簧

图 5-2-14　卧式车床的主要加工范围

七、切削用量

1. 切削运动
切削运动包括主运动和进给运动两个基本运动，如图 5 - 2 - 15 所示。

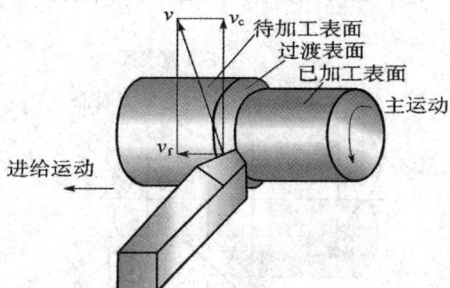

图 5 - 2 - 15　切削运动

1）主运动

主运动是直接切除材料所需要的基本运动，它使刀具和工件之间产生相对运动，在切削运动中形成机床切削速度。

2）进给运动

进给运动是由机床或人力提供的运动，它使刀具与工件之间产生附加的相对运动，配合主运动即可连续地切削，从而获得所需要的加工表面。

2. 切削过程中形成的三个表面
在切削过程中，工件上会形成三种表面，如图 5 - 2 - 16 所示。

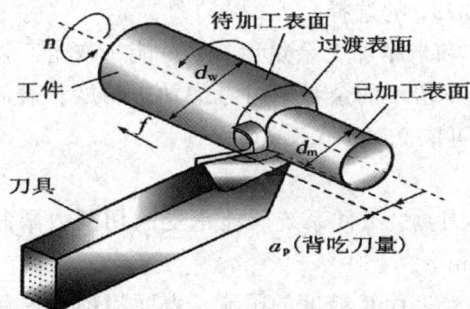

图 5 - 2 - 16　背吃刀量

（1）待加工表面：将要被切去金属层的表面。

（2）已加工表面：切去金属层后形成的表面。

（3）过渡表面：主切削刃正在切削的表面，又称切削表面。

3. 切削用量
切削用量包括背吃刀量、进给量和切削速度，又称切削三要素。

1）背吃刀量（a_p）

背吃刀量是指切削时已加工表面与待加工表面之间的垂直距离，用符号 a_p 表示，单位为

mm,如图 5-2-16 所示。

$$a_p = \frac{d_w - d_m}{2}$$

2）进给量（f）

进给量是指刀具在进给方向上相对工件的位移量，即工件每转一圈车刀沿进给方向移动的距离，用符号 f 表示，单位为 mm/r,如图 5-2-17 所示。

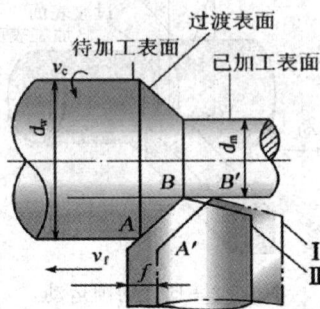

图 5-2-17　进给量

3）切削速度（v_c）

切削速度是指切削刃上选定点相对于工件主运动的瞬时速度,用符号 v_c 表示,单位为 m/min。当主运动是旋转运动时,切削速度是指圆周运动的线速度,即

$$v_c = \frac{\pi d n}{1000}$$

式中：d 为工件的最大直径,单位为 mm;n 为主运动的转速,单位为 r/s。

4）切削用量选择的原则和范围

（1）背吃刀量（切削深度）a_p 的选择：

① 粗车：在留有精加工和半精加工余量后,尽可能一次走刀切除全部加工余量。

② 半精车、精车：视粗车留下的余量同时考虑加工精度和表面粗糙度要求。半精车时背吃刀量可取 1~3 mm,精车可取 0.05~0.8 mm。

（2）进给量 f 的选择：

① 粗车：主要受机床、刀具、工件系统所能承受的切削力限制,根据刚度来选择较大的进给量,一般取 0.2~0.3 mm/r。

② 半精车、精车：主要受表面粗糙度的限制。表面粗糙度值越小,进给量也应相应地小些,一般取 0.1~0.3 mm/r。

（3）切削速度 v_c 的选择：

① 粗车：根据已选定的 a_p、f,在工艺系统刚度、刀具寿命和机床功率许可的情况下选择一个合理的切削速度。一般取 v_c 为 60~80 m/min。

② 半精车、精车：用硬质合金车刀半精车、精车时,一般采用较高的切削速度,半精车可取 80~100 m/min,精车可取 100~150 m/min。用高速钢车刀半精车、精车时,一般选用较低的切削速度,可取 $v_c < 5$ m/min。

八、车床的润滑和一级保养

1. 车床的润滑

要使车床保持正常的运转和减少磨损，必须经常对车床的所有摩擦部分进行润滑。车床上常用的润滑方式有以下几种：

（1）浇油润滑。车床的床身导轨面，中、小滑板导轨面等外露的滑动表面，擦干净后用油壶浇油润滑。

（2）溅油润滑。车床齿轮箱内的零件一般使用齿轮的转动把润滑油飞溅到各处进行润滑。

（3）油绳润滑。将毛线浸在油槽内，利用毛细管的作用把油引到所需要润滑的部位（见图5-2-18(a)），如车床进给箱箱内的润滑就是采用这种方式。

（4）弹子油杯润滑。车床尾座和中、小滑板摇手柄转动轴承处，一般采用这种方式。润滑时，用油嘴把弹子按下，滴入润滑油（见图5-2-18(b)）。

（5）黄油（油脂）杯润滑。车床挂轮架的中间齿轮，一般用黄油杯润滑。润滑时，先在黄油杯中装满工业润滑脂，当拧进油杯盖时，润滑油就挤入轴承套内（见图5-2-18(c)）。

（6）油泵循环润滑。这种润滑方式是靠车床内的油泵供应充足的油量来润滑的。

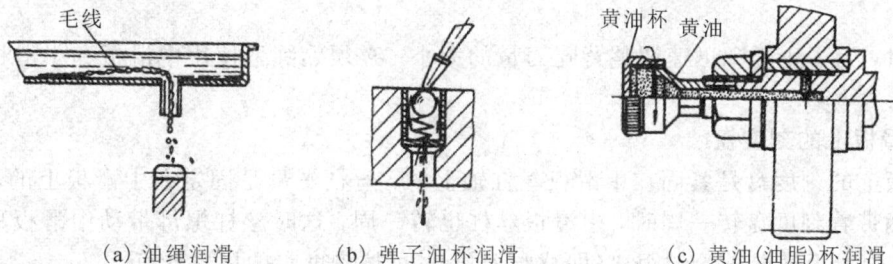

（a）油绳润滑　　　　（b）弹子油杯润滑　　　　（c）黄油（油脂）杯润滑

图5-2-18　润滑的方式

2. 普通车床的一级保养

车床保养工作的好坏，直接影响零件的加工质量和生产效率。车工除了要能熟练地操纵车床以外，为了保证车床的工作精度和延长它的使用寿命，还必须学会对车床进行合理的保养。当车床运转500小时以后，需进行一级保养。保养工作以操作工人为主，在维修工人配合下进行。保养时，必须先切断电源，然后进行工作，主要是注意清洁、润滑和进行必要的调整。

5.3　车床基本操作

学习目标

1. 懂得工件装夹和找正的意义。
2. 掌握装夹和找正工件的步骤和方法。
3. 能够根据工件的形状正确选择卡盘装夹和找正工件。
4. 熟悉车床各手柄的名称与作用。

![课堂讨论]

至此，大家已经对普通车床有了一定的认识，那么看图 5-3-1，请说出图片中属于车床上的哪个部分，有什么功能，以及操作的注意事项。

图 5-3-1   普通车床换挡手柄

一、刻度盘及刻度盘手柄的使用

车削时，为了正确和迅速调整背吃刀量的大小，必须熟练地使用中滑板和小滑板上的刻度盘。

1. 中滑板上的刻度盘

中滑板上的刻度盘是紧固在中滑板丝杠轴上的，丝杠螺母是固定在中滑板上的，当中滑板上的手柄带着刻度盘转一周时，中滑板丝杠也转一周，这时丝杠螺母带动中滑板移动一个螺距。所以中滑板横向进给的距离（即背吃刀量），可按刻度盘的格数计算。

刻度盘每转一格，横向进给的距离＝丝杠螺距/刻度盘格数

如 CA6140 车床中滑板丝杠螺距为 5 mm，中滑板刻度盘等分为 100 格，当手柄带动刻度盘每转一格时，中滑板移动的距离为 5 mm/100＝0.05 mm，即进给背吃刀量为 0.05 mm。由于工件是旋转的，所以工件上被切下的部分是车刀背吃刀量的两倍，也就是工件直径改变了0.1 mm。

注意：如图 5-3-2 所示，进刻度时，如果刻度盘手柄过了头，或试切后发现尺寸不对而需将车刀退回时，由于丝杠与螺母之间有间隙存在，绝不能将刻度盘直接退回到所要的刻度，应反转约一周后再转至所需刻度。

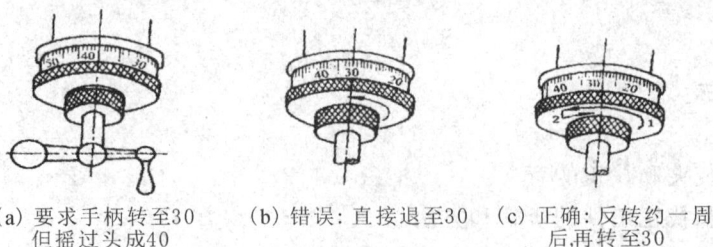

(a) 要求手柄转至30   (b) 错误：直接退至30   (c) 正确：反转约一周
但摇过头成40   后，再转至30

图 5-3-2   手柄摇过头后的纠正方法

2. 小滑板上的刻度盘

CA6140 车床小滑板上的刻度盘每转一格，带动小滑板移动的距离为 0.02 mm；小滑板上的刻度盘主要用于控制工件长度方向的尺寸，与加工圆柱面不同的是小滑板移动的距离即为工件长度的改变量。

3. 车削步骤

在正确装夹工件和安装刀具并调整主轴转速和进给量后，通常按以下步骤进行切削。

1）试切

在开始切削时，通常应先进行试切。以车削外圆为例，如图 5-3-3 所示：

（1）开车对刀，使车刀和工件表面轻微接触。

（2）向右退出车刀。

（3）按要求横向进给 a_p。

（4）试切 1～3 mm。

（5）向右退出，停车，测量。

（6）调整背吃刀量至 a_p 后，自动进给车外圆。

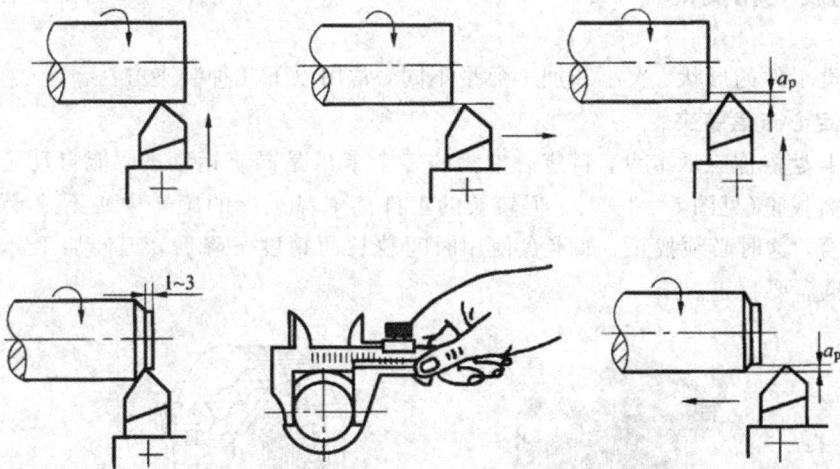

图 5-3-3　对刀试切削的步骤

2）切削

在试切的基础上，获得合格尺寸后，就可利用自动进给进行车削。当车刀作纵向车削时，应注意车刀车削至长度尺寸 3～5 mm 时，应将自动进给改为手动进给，避免进给超过所需尺寸。

3）粗车和精车

为了提高生产效率、保证加工质量、提高刀具寿命等要求，常把车削加工划分为粗车和精车。

粗车的目的是尽快地切去多余的金属层，使工件接近于最后的形状和尺寸。粗车后应留下 0.5～1 mm 的加工余量。

精车是切去余下少量的金属层以获得零件所要求的精度和表面粗糙度，因此背吃刀量较小，约为 0.1～0.2 mm，切削速度则可用较高速或较低速，初学者可用较低速车削。为了减小工件表面粗糙度值，用于精车的车刀的前、后面应采用磨石修磨刀尖，有时需将刀尖磨成一个小圆弧。

二、找正工件

所谓找正工件，就是把被加工的工件装夹在单动卡盘上，使工件的中心与车床主轴的旋转中心取得一致。

在卡盘上装夹工件时，找正工件十分重要，如果找正不好就进行车削，会产生下列几种弊端：

(1) 车削时工件单面切削，导致车刀容易磨损，且车床产生振动。

(2) 余量相同的工件，会增加车削次数，浪费有效的工时。

(3) 加工余量少的工件，很可能会造成工件车不圆而报废。

(4) 掉头要接刀车削的工件，必然会产生同轴度误差而影响工件质量。

三、工件的装夹和找正

根据轴类工件的形状、大小和加工数量不同，常用以下几种装夹方法。

1. 用自定心卡盘装夹

自定心卡盘俗称三爪卡盘，自定心卡盘的三个卡爪是同步运动的，能自动定心，工件装夹后一般不需找正(见图 5 - 3 - 4)。但较长的工件离卡盘远端的旋转中心不一定与车床主轴旋转中心重合，这时必须找正；如卡盘使用时间较长而精度下降后，工件加工部位的精度要求较高时，也需要找正。

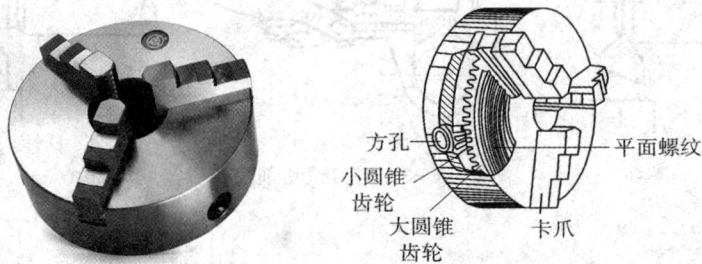

方孔　　　　　　　　平面螺纹
小圆锥
齿轮
大圆锥　　　　　　　　卡爪
齿轮

图 5 - 3 - 4　三爪自定心卡盘

自定心卡盘装夹工件方便、省时，但夹紧力没有单动卡盘大，所以适用于装夹外形规则的中、小型工件。

2. 用单动卡盘装夹

单动卡盘，又称四爪单动卡盘。由于单动卡盘的四个卡爪各自独立运动(如图 5 - 3 - 5 所示)，因此工件装夹时必须将加工部分的旋转中心找正到与车床主轴旋转中心重合后才可车削。

单动卡盘找正比较费时，但夹紧力较大，所以适用于装夹大型或形状不规则的工件。单动常盘可装成正爪或反爪两种形式，反爪用来装夹直径较大的工件。

图 5 - 3 - 5　四爪单动卡盘

1) 四爪卡盘找正工件的方法

(1) 根据工件装夹处的尺寸调整卡爪，使其相对两爪的距离稍大于工件直径。卡爪位置是否与中心等距，可参考卡盘平面多圈同心圆线。

(2) 工件夹住部分不宜太长，一般为 10～15 mm。

(3) 找正工件外圆时，先使划针尖靠近工件外圆表面(见图 5 - 3 - 6(a))，用手转动卡盘，观察工件表面与划针尖之间的间隙大小，然后根据间隙大小，调整相对卡爪位置，其调整量为间隙差值的一半。

(4) 找正工件平面时，先使划针尖靠近工件平面边缘处(见图 5 - 3 - 6(b))，用手转动卡盘，观察划针与工件表面之间的间隙。调整时可用铜锤或铜棒敲正，调整量等于间隙差值。

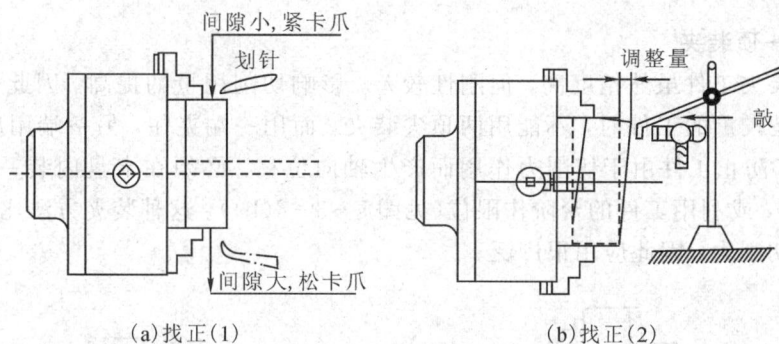

(a)找正(1)　　　　　　　　　(b)找正(2)

图 5 - 3 - 6　找正工件

2) 划线盘找正工件时应注意的问题

(1) 为了防止工件被夹毛，装夹时应垫铜皮。

(2) 在工件与导轨面之间垫防护木板，以防工件掉下，损坏床面。

(3) 找正工件时，不能同时松开两只卡爪，以防工件掉下。

(4) 找正工件时，灯光、针尖与视线角度要配合好，否则会增大目测误差。

(5) 找正工件时，主轴应放在空挡位置，否则给卡盘转动带来困难。

(6) 工件找正后，四个卡爪的紧固力要基本一致，否则车削时工件容易发生移位。

(7) 在找正近卡爪处的外圆时，若发现有极小的径向跳动，不要盲目地去松开卡爪，可将离旋转中心较远的那个卡爪再夹紧一些来作微小的调整。

(8) 找正工件时要耐心、细致，不可急躁，并注意安全。

3. 用两顶尖装夹

对于较长的或必须经过多次装夹才能加工好的工件,如长轴、长丝杠等的车削,或工序较多,在车削后还要铣削或磨削的工件,为了保证每次装夹时的装夹精度(如同轴度要求),可用两顶尖装夹,见图 5-3-7(c),图 5-3-7(a)、(b)所示为靠近卡盘端的鸡心夹头。两顶尖装夹工件方便,不需找正,装夹精度高。用两顶尖装夹工件,必须先在工件端面钻出中心孔。

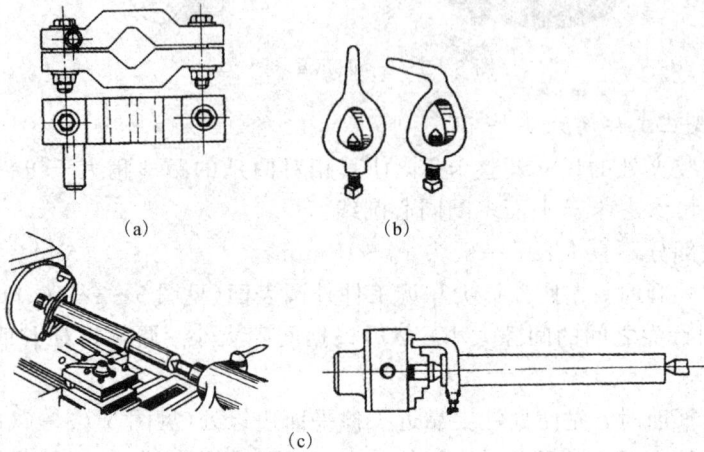

(a)　　　　　　　　(b)

(c)

图 5-3-7　用两顶尖装夹

4. 用一夹一顶装夹

用两顶尖装夹工件虽然精度高,但刚性较差,影响切削用量的提高。因此,车削一般轴类工件,尤其是较重的工件时,不能用两顶尖装夹,而用一端夹住,另一端用后顶尖顶住的装夹方法。为了防止工件由于切削力作用而产生轴向位移,必须在卡盘内装一限位支承(见图 5-3-8(a)),或利用工件的台阶作限位(见图 5-3-8(b))。这种装夹方法比较安全,能承受较大的轴向切削力,因此应用很广泛。

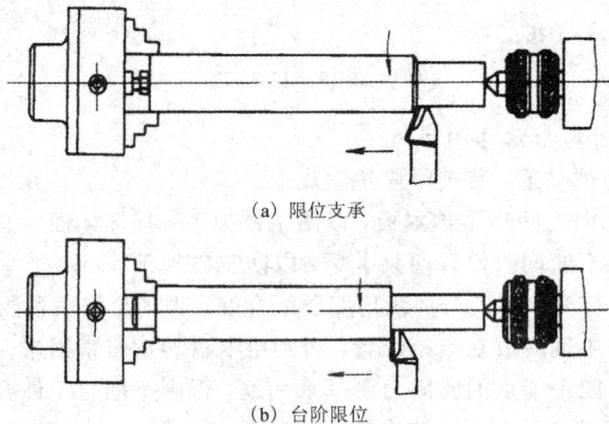

(a) 限位支承

(b) 台阶限位

图 5-3-8　一夹一顶装夹示意图

后顶尖有固定顶尖和回转顶尖两种(见图 5-3-9)。固定顶尖刚性好,定心准确,但与中心孔间因产生滑动摩擦而发热过多,容易将中心孔或顶尖"烧坏"。因此只适用于低速加工精度要求较高的工件。

(a)固定顶尖　　　　　　　　　(b)回转顶尖

图 5 - 3 - 9　顶尖

　　回转顶尖是将顶尖与中心孔间的滑动摩擦改成顶尖内部轴承的滚动摩擦，能在很高的转速下正常工作，克服了固定顶尖的缺点，因此应用很广泛。但回转顶尖存在一定的装配累积误差，以及当滚动轴承磨损后，会使顶尖产生跳动，从而降低加工精度。

5.4　车刀的刃磨

学习目标

1. 熟悉常用车刀的种类和用途。
2. 了解车刀的结构特点。
3. 掌握车刀的主要角度及作用。
4. 掌握车刀切削部分的几何要素。
5. 掌握切削液的种类、作用和用途。

课堂讨论

如图 5 - 4 - 1 所示，讨论并试写出车刀刃磨的步骤。

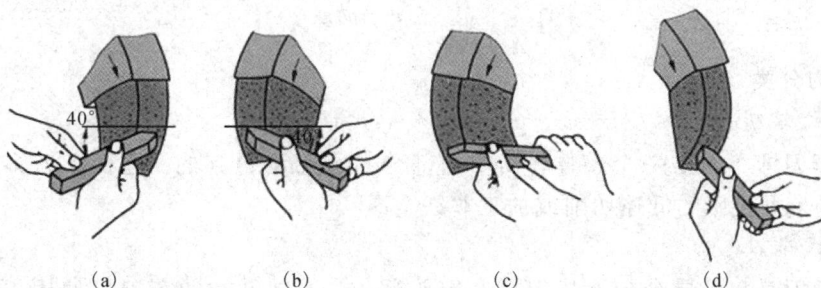

(a)　　　　　(b)　　　　　(c)　　　　　(d)

图 5 - 4 - 1　刃磨车刀

(a)＿＿＿＿＿＿＿＿＿＿＿＿＿＿。　　(b)＿＿＿＿＿＿＿＿＿＿＿＿＿＿。

(c)＿＿＿＿＿＿＿＿＿＿＿＿＿＿。　　(d)＿＿＿＿＿＿＿＿＿＿＿＿＿＿。

一、车刀的组成

如图 5-4-2 所示，车刀由刀柄和刀头组成。车刀刀头的组成具体描述如下：

（1）前刀面：切削时刀具上切屑流出的表面。

（2）主后刀面：切削时与工件上过渡表面相对的表面。

（3）副后刀面：切削时与工件上已加工表面相对的表面。

（4）主切削刃：前刀面与主后刀面的交线，担负主要的切削工作。

（5）副切削刃：前刀面与副后刀面的交线，担负少量切削工作，起一定的修光作用。

（6）刀尖：主切削刃与副切削刃的相交部分，一般为一小段过渡圆弧。

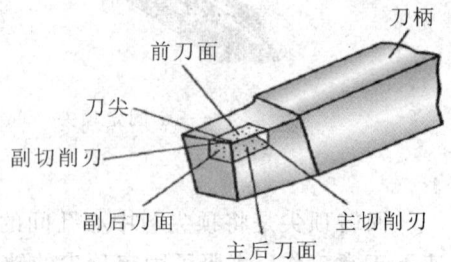

图 5-4-2　车刀的组成

二、常用车刀的种类

1. 按用途分类

按不同的用途可将车刀分为端面车刀、外圆车刀、切断刀、螺纹车刀和内孔车刀等，如图 5-4-3 所示。

图 5-4-3　车刀的种类

2. 按结构分类

1）整体式车刀

整体式车刀即车刀是一个整体，其切削部分是靠刃磨得到的。这种车刀多用高速钢制成，一般用于小型机床的低速切削或加工非铁金属。

2）焊接式车刀

焊接式车刀是将硬质合金刀片焊接在刀头部位，不同种类的车刀可使用不同形状的刀片，其结构紧凑、使用灵活，多用于高速切削。

3）机夹式车刀

机夹式车刀可避免焊接产生的应力、裂纹等缺陷，刀杆利用率高，多用于数控车床加工及大中型车床的加工。

3. 常用车刀的用途

常用车刀的基本用途如下：

（1）45°外圆车刀：用来车削工件的外圆、端面和倒角。

（2）90°外圆车刀：用来车削工件的外圆、台阶和端面。

（3）切断刀：用来切断工件或在工件上切出沟槽。

（4）镗孔刀：用来车削工件的内孔。

（5）螺纹车刀：用来车削螺纹。

三、车刀的主要角度及作用

1. 刀具角度的辅助平面

为了确定车刀的角度，要建立三个辅助坐标平面，即切削平面、基面和主剖面。对车削而言，如果不考虑车刀安装和切削运动的影响，切削平面可认为是铅垂面；基面是水平面；当主切削刃水平时，垂直于主切削刃所作的剖面为主剖面，如图 5-4-4 所示。

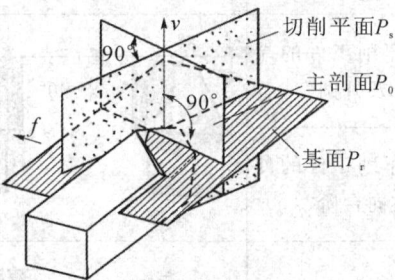

图 5-4-4　刀具角度的辅助平面　　　　　　图 5-4-5　车刀的主要角度

2. 车刀的主要角度

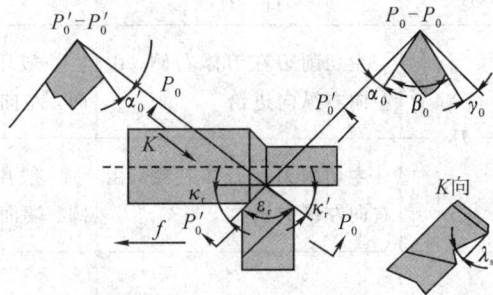

如图 5-4-5 所示，车刀的主要角度有前角（γ_0）、后角（α_0）、主偏角（κ_r）、副偏角（κ_r'）和刃倾角（λ_s）。

1）在主剖面中测量的角度

（1）前角（γ_0）。前角是前刀面与基面之间的夹角，主要作用是使刀刃锋利，便于切削。车刀的前角不能太大，否则会削弱刀刃的强度，容易磨损甚至崩坏。加工塑性材料时，前角可选大些，若用硬质合金车刀切削钢件可取 $\gamma_0 = 10° \sim 20°$；精加工时，车刀的前角应比粗加工时大，这样刀刃锋利，可降低工件的粗糙度。

（2）后角（α_0）。后角是主后刀面与切削平面之间的夹角，主要作用是减小车削时主后刀面与工件的摩擦，α_0 一般取 6° ～ 12°，粗车时取小值，精车时取大值。

2）在基面中测量的角度

（1）主偏角（κ_r）。主偏角是主切削刃在基面的投影与进给方向的夹角，主要作用是可改变主切削刃、增加切削刃的长度，影响径向切削力的大小以及刀具使用寿命。小的主偏角可增加主切削刃参加切削的长度，因而散热较好，有利于延长刀具使用寿命。车刀常用的主偏角有 45°、60°、75°、90°等几种。

（2）副偏角（κ_r'）。副偏角是副切削刃在基面上的投影与进给反方向的夹角，主要作用是减小副切削刃与已加工表面之间的摩擦，以改善已加工表面的粗糙度。κ_r' 一般取 5°～15°。

3）在切削平面中测量的角度

刃倾角 λ_s 是主切削刃与基面的夹角，主要作用是控制切屑的流出方向。主切削刃与基面平行时，$\lambda_s = 0$；刀尖处于主切削刃的最低点时，λ_s 为负值，刀尖强度增大，切屑流向已加工表面，用于粗加工；刀尖处于主切削刃的最高点时，λ_s 为正值，刀尖强度减小，切屑流向待加工表面，用于精加工。车刀刃倾角 λ_s 一般取 −5°～+5°。

四、车刀的刃磨

1. 外圆车刀刃磨与安装

1）外圆车刀的种类、特征和用途

常用的外圆车刀有三种，其主偏角分别为 90°、75° 和 45°，具体描述见表 5 - 4 - 1。

表 5 - 4 - 1　常见外圆车刀的种类、特征和用途

种 类		特 征	用 途	图 例
90°外圆车刀	左偏刀	主切削刃在刀体右侧，由左向右纵向进给	一般用来车削工件的端面，左向台阶及外圆	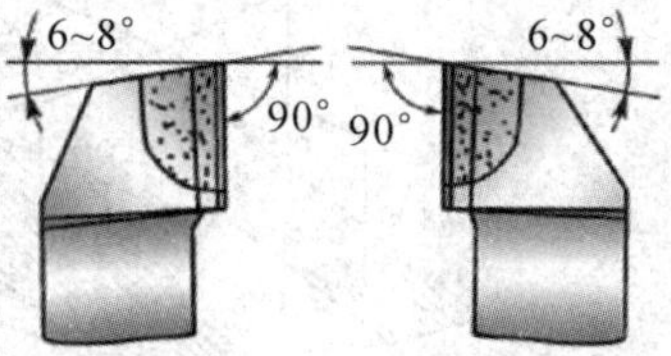 左偏刀　右偏刀
	右偏刀	主切削刃在刀体左侧，由右向左纵向进给	一般用来车削工件的外圆、端面和右向台阶	
75°外圆车刀		75°车刀刀尖角大于90°，刀头强度高，耐用	适用于粗车轴类工件的外圆和强力车削铸件、锻件等加工余量较大的工件，其左偏刀还用来车削铸件、锻件的大表面	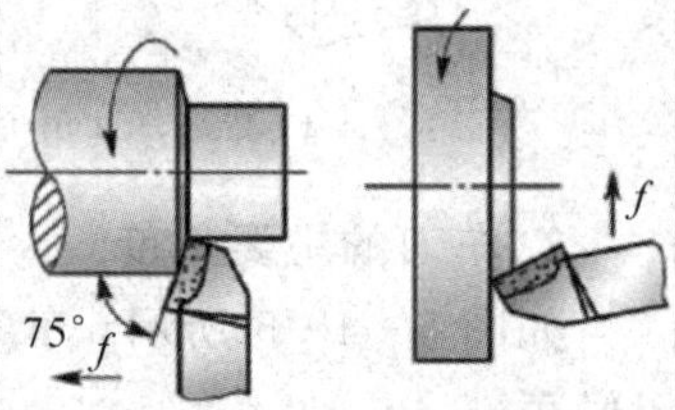 车外圆　车端面
45°外圆车刀		45°车刀也分为左右两种，其刀尖角等于90°，所以刀体强度和散热都比90°外圆车刀好	用于车端面、倒角及没有台阶的轴类零件外圆的粗加工	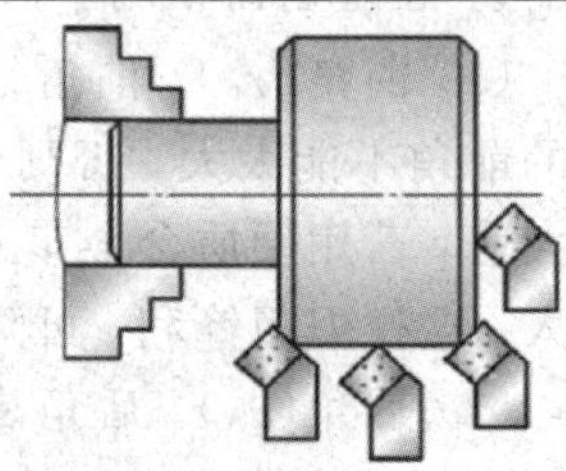

2）90°外圆车刀的刃磨要求

如图 5 - 4 - 6 所示为 90°外圆车刀角度。对于初学刃磨 90°外圆车刀的人员，刃磨要求如下：

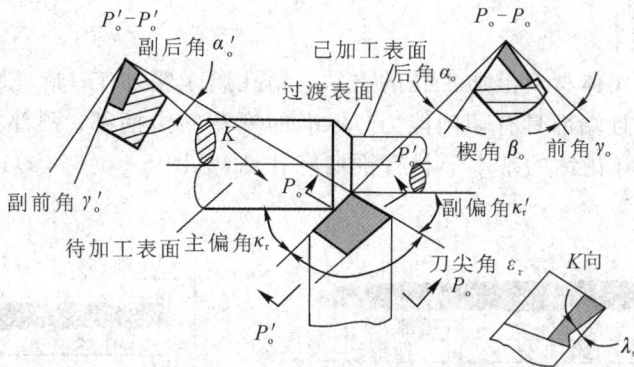

图 5 - 4 - 6　90°外圆车刀角度

（1）主、副切削刃必须平直。

（2）前刀面、主后刀面和副后刀面的平面必须光滑平整。

（3）刀尖处要磨有圆弧过渡刃。

3）刃磨车刀

（1）车刀的材料（刀头部分）。常用的车刀材料，一般有高速钢和硬质合金两类。

（2）砂轮的选用。砂轮的粗细以粒度表示，一般可分为 $36^\#$、$60^\#$、$80^\#$、$120^\#$ 等级别。粒度愈大则表示组成砂轮的磨料愈细，反之愈粗。粗磨车刀应选粗砂轮，精磨车刀应选细砂轮。目前常用的砂轮有氧化铝和碳化硅两类。

① 氧化铝砂轮，多呈白色，适用于高速钢和碳素工具钢刀具的刃磨。

② 碳化硅砂轮，多呈绿色，适用于硬质合金车刀的刃磨。

4）刃磨车刀的姿势及方法

（1）人站立在砂轮侧面，以防砂轮碎裂时碎片飞出伤人。

（2）两手握刀的距离靠紧，两肘夹紧腰部，这样可以减小磨刀时的抖动。

（3）磨刀时，车刀应放在砂轮的水平中心，刀尖略微上翘约3°～8°。车刀接触砂轮后应作左右方向水平移动。当车刀离开砂轮时，刀尖需向上抬起，以防磨好的刀刃被砂轮碰伤。

（4）磨主后面时，刀杆尾部向左偏过一个主偏角的角度；磨副后面时，刀杆尾部向右偏过一个副偏角的角度。

（5）修磨刀尖圆弧时，通常以左手握车刀前端为支点，用右手转动车刀尾部。

5）刃磨90°硬质合金外圆车刀的步骤和要求

（1）粗磨：

① 磨主后面，同时磨出主偏角及主后角；

② 磨副后面，同时磨出副偏角及副后角；

③ 磨前面，同时磨出前角；

（2）精磨：

① 精磨前面；

② 磨断屑槽；

③ 精磨主后面和副后面；

④ 精磨刀尖圆弧（过渡刃）。

2. 麻花钻的刃磨

1）麻花钻的组成

钻孔是用钻头在实体材料上加工孔的方法，钻孔属于粗加工。麻花钻是最常用的钻头，它的钻身带有螺旋槽且端部具有切削能力。标准的麻花钻由柄部、颈部及工作部分等组成，如图 5-4-7 所示。麻花钻的基本形状有锥柄麻花钻（见图 5-4-7(a)）、直柄麻花钻（见图 5-4-7(b)）两种。

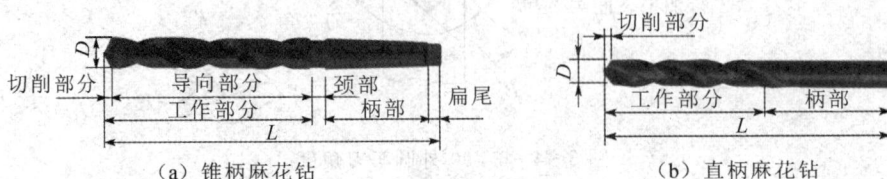

(a) 锥柄麻花钻　　　　　　　　　(b) 直柄麻花钻

图 5-4-7　麻花钻的组成

（1）工作部分。麻花钻的工作部分由切削部分和导向部分组成，分别起切削和导向作用。

（2）颈部。颈部在锥柄麻花钻中起连接工作部分和柄部的作用，一般在颈部标注生产厂家、商标、钻头直径、材料牌号等。

（3）柄部。柄部起装夹麻花钻的作用。直径小于 $\phi13$ 的钻头是直柄麻花钻，其柄部标注商标、钻头直径、材料牌号等。锥柄麻花钻由莫氏标准锥体和扁尾组成，分别起安装、松卸麻花钻的作用。

2）麻花钻工作部分的几何角度

麻花钻的切削部分如图 5-4-8 所示。

（a）工作部分各部分名称　　　　　　　　　（b）几何角度

图 5-4-8　麻花钻工作部分的几何角度

（1）顶角 $2\kappa_\gamma$。麻花钻两条对称的主切削刃在与钻头轴线平行的平面上的投影呈现的角度，就是顶角。标准麻花钻的主切削刃是直线顶角 $2\kappa_\gamma=118°$。

（2）横刃斜角 ψ。横刃是两主切削刃连接处的一小段直线。钻削时有 1/2 以上的轴向力是因横刃产生的。横刃太短会影响麻花钻的钻尖强度，横刃太长，会使轴向力增加。横刃斜角 ψ 是横刃与主切削刃在端面上投影的夹角，一般取 $55°$。

（3）前角 γ_o。前角是在正交平面内前面与基面的夹角。

麻花钻的前角与多种因素有关，前角从主切削刃边缘处向中心处逐渐变化，由大到小，其变化范围为 $30°\sim-30°$。

（4）后角 α_o。后角是在正交平面内测量的后面与切削平面的夹角。麻花钻的后角变化不大，由外向内，其变化范围为 $8°\sim14°$。

3）麻花钻的刃磨方法和要求

（1）麻花钻的刃磨方法如图 5-4-9 所示。

(a) 刃磨前手握钻头的姿势　　　　(b) 刃磨时手握钻头柄部上下摆动的姿势

图 5-4-9　标准麻花钻的刃磨方法

① 刃磨前，钻头切削刃应放在砂轮中心水平面上或稍高些。钻头轴线与砂轮外圆柱表面素线在水平面内的夹角等于顶角的一半，同时柄部向下倾斜 $1°\sim 2°$。

② 刃磨钻头时，用右手握住钻头前端作支点，左手握住柄部，以钻头前端支点为圆心，柄部上下摆动，并略带旋转。

③ 当一个主切削刃磨削完毕后，把钻头转过 $180°$ 刃磨另一个主切削刃，身体和手要保持原来的位置和姿势，这样容易达到两刃对称的目的，刃磨方法同上。

（2）麻花钻刃磨后，必须符合以下要求：

① 麻花钻的两条主切削刃和钻头轴线之间的夹角应对称。

② 麻花钻的两条主切削刃长度应相等。

③ 麻花钻的横刃斜角应为 $55°$。

麻花钻刃磨不正确对加工工件的影响，如图 5-4-10 所示。图 5-4-10(b) 为顶角磨得不对称时钻孔的情况，钻削时，只有单侧切削刃在切削，两边受力不平衡，结果使钻出的孔扩大和歪斜；图 5-4-10(c) 为顶角磨得对称，但切削刃长度不相等时钻孔的情况，钻削时，钻头的工作中心由 $O-O_1$ 移到 $O'-O_1'$，所以钻出的孔径必定大于钻头直径；图 5-4-10(d) 为顶角和切削刃都不对称，导致中心偏移和孔大。

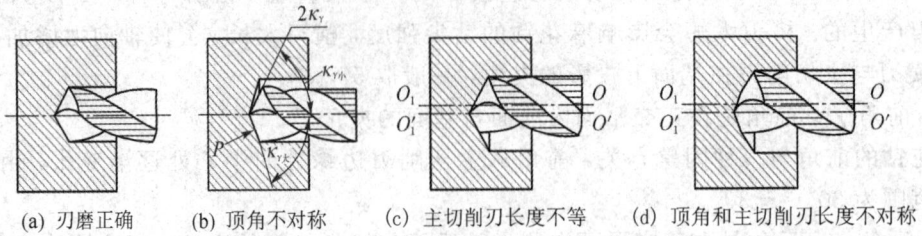

(a) 刃磨正确　　　(b) 顶角不对称　　　(c) 主切削刃长度不等　　　(d) 顶角和主切削刃长度不对称

图 5 - 4 - 10　麻花钻刃磨不正确对加工的影响

3. 三角形螺纹车刀的刃磨

1) 三角形螺纹的分类

三角形螺纹按规格和用途不同可分为普通螺纹、英制螺纹和管螺纹三类。其中普通螺纹的应用最为广泛，分为普通粗牙螺纹和普通细牙螺纹，牙型角均为 60°。

普通粗牙螺纹用字母"M"及公称直径来表示，如 M10、M24 等；普通细牙螺纹用字母"M"、公称直径后加"× 螺距"来表示，如 M10×1、M24×2 等。

2) 普通三角形螺纹的尺寸计算

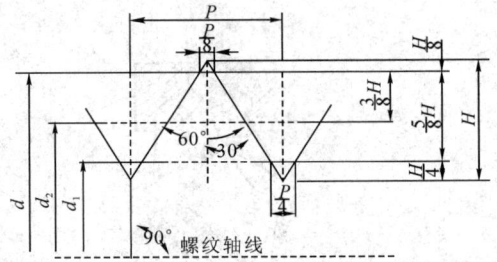

图 5 - 4 - 11　普通三角形外螺纹的基本牙型

普通三角形外螺纹的基本牙型如图 5 - 4 - 11 所示，其基本要素的计算公式及实例见表 5 - 4 - 2。

表 5 - 4 - 2　普通三角形外螺纹基本要素的计算公式及实例

基本要素	计算公式	实例：M30×2 基本要素尺寸
牙型角	$\alpha = 60°$	$\alpha = 60°$
螺纹大径	$d = $ 公称直径	$d = 30$ mm
牙型高度	$h_1 = 0.5413P$	$h_1 = 0.5413 \times 2 = 1.0826$ (mm)
螺纹小径	$d_1 = d - 1.0825P$	$d_1 = 30 - 1.0826 \times 2 = 27.835$ (mm)
螺纹中径	$d_2 = d - 0.6495P$	$d_2 = 30 - 0.6485 \times 2 = 28.703$ (mm)

3) 三角形外螺纹车刀的刃磨与安装

(1) 三角形外螺纹车刀的刃磨要求如下：

① 螺纹车刀的刀尖角等于牙型角。

② 螺纹车刀的左、右切削刃必须平直。

③ 螺纹车刀刀尖角的角平分线应尽量与刀杆侧面平行。

④ 螺纹车刀的进刀后角因受螺纹升角的影响，应磨得大些。

⑤ 粗车径向前角 γ_o 时可采用有 5°～15°径向前角螺纹车刀；精车时为保证牙型准确，径向前角一般为 0°～5°。

三角形外螺纹车刀角度如图 5 - 4 - 12 所示。

(a) 粗车刀　　　　　　　　(b) 精车刀

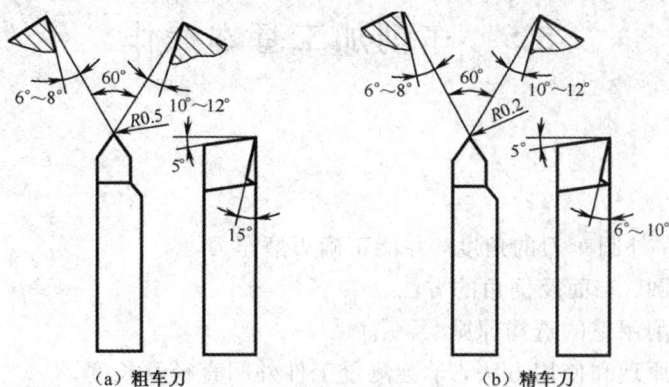

图 5-4-12　三角形外螺纹车刀角度

（2）三角形外螺纹车刀的刃磨步骤见表 5-4-3。

表 5-4-3　三角形外螺纹车刀刃磨步骤

序号	步　骤	图　示
1	刃磨进给方向后刀面，控制刀尖半角 $\frac{\varepsilon_\gamma}{2}$ 及后角 $\alpha_{0L}(\alpha_0+\varphi)$，此时刀杆与砂轮圆周夹角约 $\frac{\varepsilon_\gamma}{2}$，刀面向外侧倾斜 $\alpha_0+\varphi$	
2	刃磨背进给方向后刀面，以初步形成两刃夹角，控制刀尖角 ε_γ 及后角 $\alpha_{0R}(\alpha_0-\varphi)$，刀杆与砂轮圆周夹角约 $\frac{\varepsilon_\gamma}{2}$，刀面向外侧倾斜 $(\alpha_0-\varphi)$	
3	精磨后刀面，保证刀尖角（用螺纹车刀样板来测量）	
4	用螺纹车刀样板来测量刀尖角，测量时样板应与车刀底平面平行，用透光法检查	
5	粗、精磨前刀面，以形成前角，离开刀尖，大于牙型深度处在砂轮边角为支点，夹角等于前角，使火花最后在刀尖处磨出	
6	刃磨刀尖圆弧，刀尖过渡棱宽度为 0.1P	

5.5　车削加工基本操作

学习目标

1. 了解 90°、45°外圆车刀的角度，并能正确刃磨车刀。
2. 掌握车削外圆、端面及倒角的方法。
3. 初步了解切削用量的选择原则。
4. 掌握量具的原理和使用方法，学会测量工件外圆直径及长度。

课堂讨论

大家想一想，图 5-5-1 中所示零件包括哪些表面？需用什么刀具加工完成？

图 5-5-1　车床加工零件

一、车削外圆

车削加工最基本的就是车削外圆，几乎绝大部分的工件加工都少不了这道工序。车外圆常用 45°弯头车刀、直头车刀、主偏角为 90°偏刀（如图 5-5-2 所示）。常须经过粗车和精车两个步骤。粗车的目的是尽快地从毛坯上切去大部分加工余量，使工件接近最后形状和尺寸。为了保护刀刃，提高刀具的耐用度，减少基本工艺时间，粗车时第一刀的背吃刀量应尽量取得大些，并尽可能将粗车余量在一次或两次进给中切去。切铸件、锻件时，因表面有硬皮，可先车端面，或者先倒角，然后选择大于硬皮厚度的吃刀量，以免刀刃被硬皮过快磨损。

(a) 45°弯头车刀　　　　　(b) 直头车刀　　　　　(c) 主偏角为90°偏刀

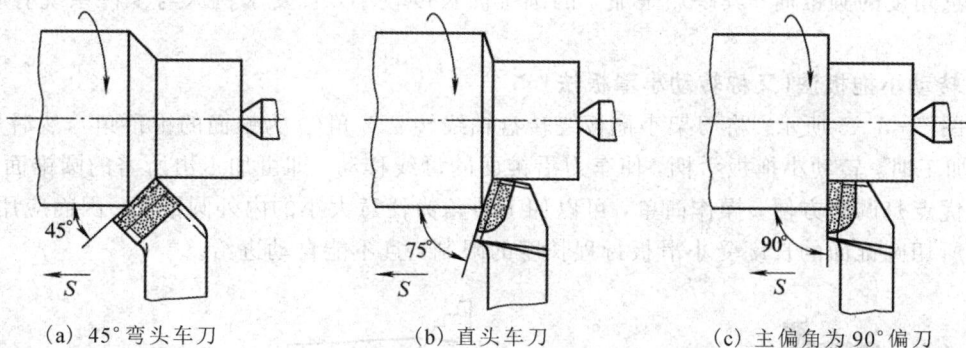

图 5-5-2　外圆车刀

车削外圆的步骤如下：

（1）正确安装工件。应使工件轴线与车床主轴轴线重合，同时工件应尽量夹紧。

（2）正确安装车刀。车刀刀尖应与工件回转轴线等高，车刀刀杆应与车床轴线垂直。

车刀在方刀架伸出的长度，一般以刀体高度的 1.5～2 倍为宜。刀杆下垫片应平整，且以少为宜。

（3）机床调整。用变速手柄调整主轴转速和刀架进给量。

（4）试切。通过试切来确定背吃刀量，以准确控制尺寸。

（5）车削外圆。

二、车削端面

车削端面时，常用弯头车刀或偏刀，如图 5-5-3 所示。车刀安装时，刀尖应对准工件中心，不然车出的端面中心会留有凸台。

弯头车刀车端面　　　　　偏刀车端面　　　　　偏刀精车端面

图 5-5-3　端面车刀

三、车削锥面

锥面分外锥面和内锥面两种。锥面车削的方法有以下四种。

1. 宽刀法（又称样板刀法）

如图 5-5-4 所示，这种方法仅适用于车削较短的内、外圆锥面，其优点是生产率高，能加工任意角度的圆锥面；其缺点是加工的圆锥面长度较小，且要求机床与工件系统有较好的刚度。

2. 转动小拖板法（又称转动小滑板法）

如图 5-5-5 所示，将刀架小拖板绕转盘轴线转 $\alpha/2$ 角（α 为锥面的锥顶角），然后用螺钉紧固。加工时，转动小拖板手柄，使车刀沿锥面的母线移动，即可加工出所需的圆锥面。这种方法的优点是调整方便，操作简单，可以加工斜角为任意大小的内外圆锥面，因而应用广泛。缺点是所切圆锥面的长度受小滑板行程长度的限制，且不能自动进给。

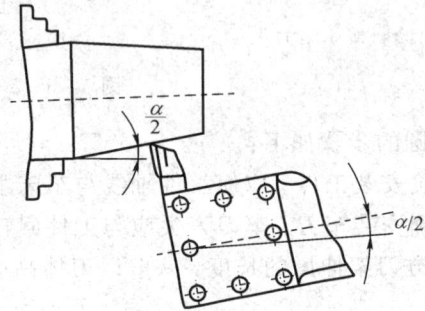

图 5-5-4　宽刀法车圆锥　　　　图 5-5-5　转动小滑板法车圆锥

3. 偏移尾座法

如图 5-5-6 所示，长度较大，锥度又较小的圆锥体工件，可将工件装夹在两顶尖之间，将尾座顶尖偏移一个距离 S，使工件的旋转轴线与机床主轴轴线相交一个角，利用车刀的纵向进给，车出所需的圆锥面。

这种方法的优点是能自动进给车削较长的圆锥面，加工表面粗糙度小。缺点是不能加工锥孔和锥角很大的圆锥面（一般 $\alpha < 8°$），而且精确调整尾座偏移量较费时。根据公式可以方便地计算出尾座偏移量和锥角的关系。

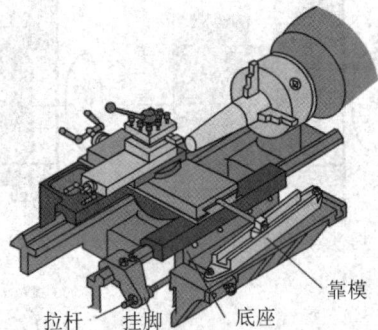

图 5-5-6　偏移尾座法车圆锥　　　　图 5-5-7　靠模法车圆锥

4. 靠模板法

如图 5-5-7 所示，对于长度较大、精度要求较高的圆锥体，一般采用靠模法车削。靠模装置能使车刀在作纵向进给的同时还作横向进给，从而使车刀的移动轨迹与被加工零件的圆锥母线平行。

在车削中，底座固定在车床床鞍上，其下面的燕尾槽导轨和靠模体燕尾槽滑动配合。靠模体装有锥度靠模，可绕中心旋转与工件轴线交成所需的圆锥半角($\alpha/2$)。滑块与中滑板丝杠相联接，可沿锥度靠模自由滑动。当床鞍作纵向移动时，中滑板就沿靠模斜度作横向进给。车刀就合成为斜进给运动。

四、车成形面

车手柄、手轮等表面轮廓为曲面的零件称为成形面加工。可采用双手控制法、成形刀法或靠模法等方法加工。

1. 双手控制法车成形面

对于单件或小批生产，且精度要求不高的工件，可采用双手控制法进行车削。单球手柄车削见图 5-5-8。

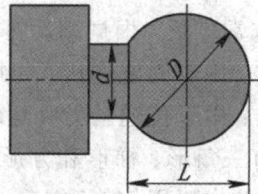

图 5-5-8 双手控制法车成形面　　图 5-5-9 车削圆球

1) 计算圆球部分长度

如图 5-5-9 所示，车削圆球前要将圆球部分的长度和直径以及柄部直径按图所示计算好。圆球部分的长度 L 计算如下：

$$L = \frac{1}{2} \times (D + \sqrt{D^2 - d^2})$$

式中：L 为圆球部分长度（mm）；D 为圆球直径（mm）；d 为柄部直径（mm）。

2) 车圆球具体操作方法

（1）确定圆球中心位置。车圆球前要用钢尺量出圆球的中心，并用车刀刻线痕，以保证车圆球时左右半球对称。

（2）减少车圆球时的车削余量。一般用 45°车刀先在圆球外缘圆的两端倒角。

（3）操作时用双手同时移动中、小滑板。

车圆球方法如图 5-5-9 所示，通过纵、横向的合成运动车出球面形状。

2. 用成形刀车削成形面

把刀刃磨得与工件表面形状相同的车刀叫做成形刀（或称样板刀）。生产数量较多的成形面工件时，一般用成形刀车削。图 5-5-10(a)所示为普通成形刀切削工件的情况。

3. 靠模法车成形面

靠模法车成形面是一种可采用自动化加工的方法，适合于成批生产。图 5-5-10(b)所示是用靠板靠模车成形面的方法。

该方法与靠模车削圆锥方法基本相同。这种方法操作方便，成形面准确，质量稳定，生产效率高。但这种方法只能加工成形面曲面变化比不大的工件。

(a) 成形车刀车成形面   (b) 靠模法车成形面

图 5-5-10　车削成形面

五、车削螺纹

1. 概述

螺纹的应用非常广泛，根据用途可分为两大类：

(1) 连接螺纹：用于固定连接，如螺栓、螺钉螺纹等。

(2) 传动螺纹：用于传递动力和运动，如机床丝杠螺纹。

螺纹的牙形有三角形、梯形和方形等几种形状（见图 5-5-11）。三角形螺纹主要用作连接，梯形、方形螺纹主要用作传动。

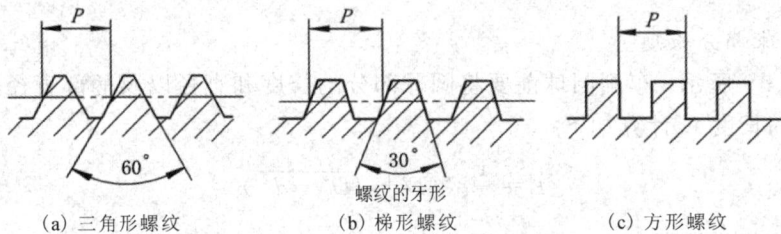

(a) 三角形螺纹   (b) 梯形螺纹   (c) 方形螺纹

图 5-5-11　螺纹牙型图

2. 螺纹的几何要素

螺纹总是成对使用的，为了获得最佳精度的内外螺纹配合，必须具备五个基本要素（见图 5-5-12）。

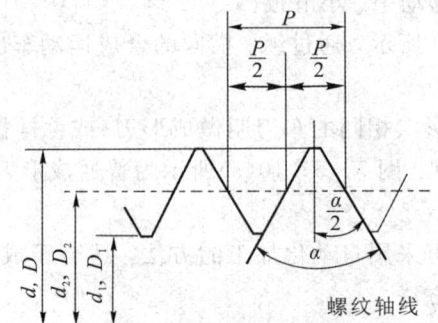

图 5-5-12　三角形螺纹几何要素

（1）大径（d 或 D）。外螺纹的牙顶直径或内螺纹的牙底直径。其中小写字母表示外螺纹，大写字母表示内螺纹（以下均同）。

（2）小径（d_1 或 D_1）。外螺纹的牙底直径或内螺纹的牙顶直径。

（3）中径（d_2 或 D_2）。轴向剖面内，牙厚等于牙间距的圆柱直径。

（4）螺距（P）。相邻两螺纹牙平行侧面间的轴向距离。

（5）牙形半角（$\alpha/2$）。轴向剖面内，螺纹牙形的一条侧边与螺纹轴线的垂线间的夹角。普通螺纹的 $\alpha/2=30°$。

中径、螺距和牙形半角对螺纹的配合精度影响最大，称为螺纹三要素。

3. 车削螺纹

车削是最常用的螺纹加工方法。在车螺纹中应注意以下几点：

（1）牙形角的保证。牙形角取决于螺纹车刀的刃磨和安装（见图 5-5-13）。普通公制螺纹车刀刀尖角应为 $60°$，车刀前角为 $0°$。安装螺纹车刀时，应使刀尖与工件轴线等高，刀头中心线应与工件轴线垂直，可用角度样板对刀。

（2）螺距 P 的保证。为了获得准确的螺距，必须用丝杠带动刀架进给，使工件每转一周，刀具移动的距离等于工件的螺距。由图 5-5-14 可见，更换交换齿轮或改变进给箱手柄位置，即可改变丝杠的转速，从而车出不同螺距的螺纹。

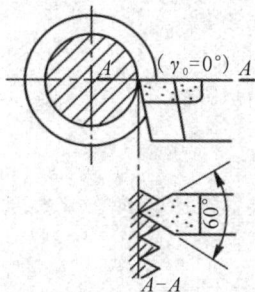

图 5-5-13　三角形螺纹车刀的安装图　　　图 5-5-14　车三角形螺纹的进给系统

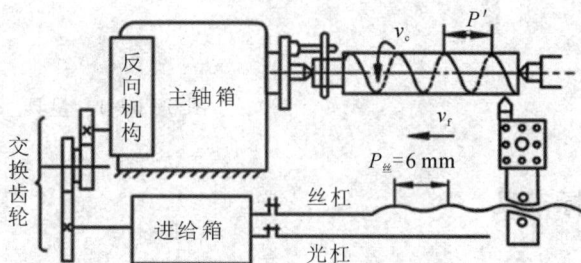

（3）中径 d_2 或 D_2 的保证。螺纹的中径是靠控制多次进刀的总背吃刀量来保证的，并用螺纹量规等进行检验。

5.6　零件的检测

车削是在车床上利用工件的旋转运动和刀具的直线运动（或曲线运动）来改变毛坯的形状和尺寸，将毛坯加工成符合图样的工件。在实际操作过程中，应能根据不同工件材料、不同形状和精度要求，合理地选择量具，加工出合格的工件。

学习目标

1. 了解游标卡尺、千分尺、百分表、万能角度尺的结构，理解其刻线原理。
2. 掌握使用常用量具进行测量的操作方法。

3. 会对游标卡尺、千分尺进行日常维护。

课堂讨论

大家仔细看图5-6-1,图中量具有千分尺、游标卡尺、百分表、深度尺。想一想,在工厂里它们可以用来测量什么样的东西,并尝试说出图(a)至图(d)分别代表哪种量具。

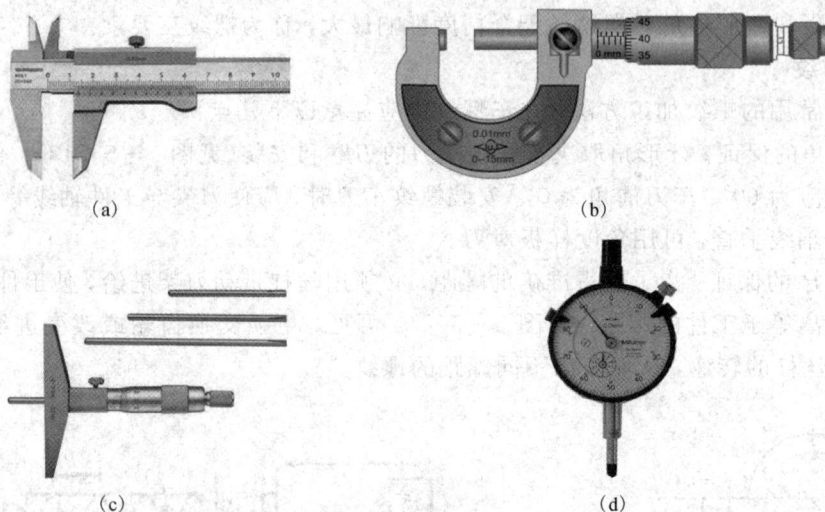

(a)

(b)

(c)

(d)

图5-6-1 量具

一、游标卡尺

游标卡尺是一种常用的量具,具有结构简单、使用方便、精度中等和测量的尺寸范围大等特点,可以用它来测量零件的外径、内径、长度、宽度、厚度、深度和孔距等,应用范围很广。

1. 游标卡尺的结构与使用

如图5-6-2所示,游标卡尺主要由尺身、内测量爪、外测量爪、游标尺、紧固螺钉、主尺、深度尺等组成,可用来测量长度、厚度、外径、内径、孔深和中心距等。内测量爪测内径、槽宽,外测量爪测外径、长度,深度尺测深度、高度。

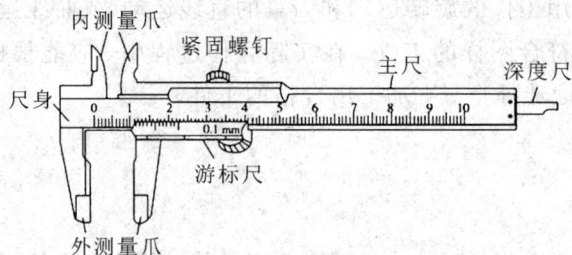

图5-6-2 游标卡尺结构

游标卡尺的常用精度为 0.02 mm。

2. 游标卡尺的读数原理

游标卡尺是利用主尺刻度间距与游标尺刻度间距读数的。以 0.02 mm 游标卡尺为例,主尺的刻度间距为 1 mm,当两卡脚合并时,主尺上 49 mm 刚好等于游标尺上 50 格,游标尺每格长为 0.98 mm 。主尺与游标尺的刻度间相差为 1－0.98＝0.02 mm,因此它的测量精度为 0.02 mm。

3. 游标卡尺的读数方法

游标卡尺读数分为三个步骤,下面以图 5-6-3 所示 0.02 游标卡尺的某一状态为例进行说明。

(1) 在主尺上读出游标尺零线以左的刻度,该值就是最后读数的整数部分。图示为 36 mm。

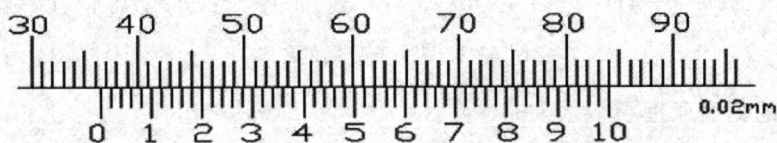

图 5-6-3 游标卡尺读数示例

(2) 游标尺上一定有一条刻线与主尺的刻线对齐,在游标尺上读出该刻线的格数,将其与刻度间距 0.02 mm 相乘,就得到最后读数的小数部分。图示为 0.2 mm。

(3) 将所得到的整数和小数部分相加,就得到总尺寸为 36.2 mm。

4. 游标卡尺使用方法及注意事项

(1) 根据被测工件的特点、尺寸大小和精度要求选用合适的类型、测量范围和分度值。

(2) 测量前应将游标卡尺擦干净,并将两量爪合并,检查游标卡尺的精度状况;大规格的游标卡尺要用标准棒校准检查。

(3) 测量时,被测工件与游标卡尺要对正,测量位置要准确,两量爪与被测工件表面接触松紧合适。

(4) 读数时,要正对游标刻线,看准对齐的刻线,正确读数;不能斜视,以减少读数误差。

(5) 用单面游标卡尺测量内尺寸时,测得尺寸应为卡尺上的读数加上两量爪宽度尺寸。

(6) 严禁在毛坯面、运动工件或温度较高的工件上进行测量,以防损伤量具精度和影响测量精度。

二、千分尺

1. 千分尺的结构与规格

如图 5-6-4 所示,千分尺是测量中最常用的精密量具之一,按照用途不同可分为外径千分尺、内径千分尺、深度千分尺、内测千分尺和螺纹千分尺。千分尺的测量精度为 0.01 mm。外径千分尺的测量范围在 500 mm 以内时,每 25 mm 为一挡,如 0～25 mm,25～50 mm 等;测量范围在 500～1000 mm 时,每 100 mm 为一挡,如 500～600 mm,600～700 mm 等。

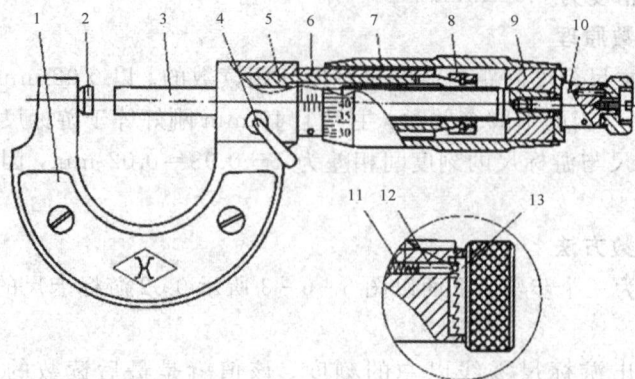

1—尺架；2—砧座；3—测微螺杆；4—锁紧手柄；5—螺纹轴套；6—固定套筒；
7—微分筒；8—螺母；9—接头；10—测力装置；11—弹簧；12—棘轮爪；13—棘轮

图 5-6-4　千分尺的结构

2. 千分尺的刻线原理

千分尺的固定套管上刻有轴向中线,作为读数基准线,上面一排刻线标出的数字表示毫米整数值;下面一排刻线未注数字,表示对应上面刻线的半毫米值,即固定套管上下每相邻两刻线轴向长为 0.5 mm。千分尺的测微螺杆的螺距为 0.5 mm,当微分筒每转一圈时,测微螺杆便随之沿轴向移动 0.5 mm。微分筒的外锥面上一圈均匀刻有 50 条刻线,微分筒每转过一个刻线格,测微螺杆沿轴向移动 0.01 mm。所以千分尺的测量精度为 0.01 mm,如图 5-6-5 所示。

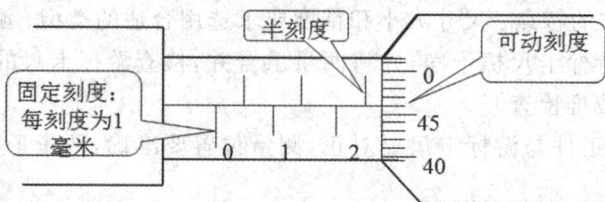

图 5-6-5　千分尺刻线

3. 千分尺的读数方法

先读出固定套管上露出来的刻线的整数毫米及半毫米数;再看微分筒哪一刻线与固定套管的基准线对齐,读出不足半毫米的小数部分;最后将两次读数相加,即为工件的测量尺寸。如图 5-6-6(a)、(b)所示为千分尺读数示例。

(a) 12+24×0.01=12+0.24=12.24 mm　　(b) 32.5+15×0.01=32.5+0.15=32.65 mm

图 5-6-6　千分尺读数示例

4. 千分尺的使用

如图 5 - 6 - 7 所示，使用千分尺前，应先校对千分尺的零位。所谓"校对千分尺的零位"，就是把千分尺的两个测量面擦干净，转动测微螺杆使它们贴合在一起（这里针对 0～25 mm 的千分尺而言，若测量范围大于 0～25 mm，应该在两测量面间放上校对样棒），检查微分筒圆周上的"0"刻线是否对准固定套筒的基准轴向中线，微分筒的端面是否正好使固定套筒上的"0"刻线露出来。

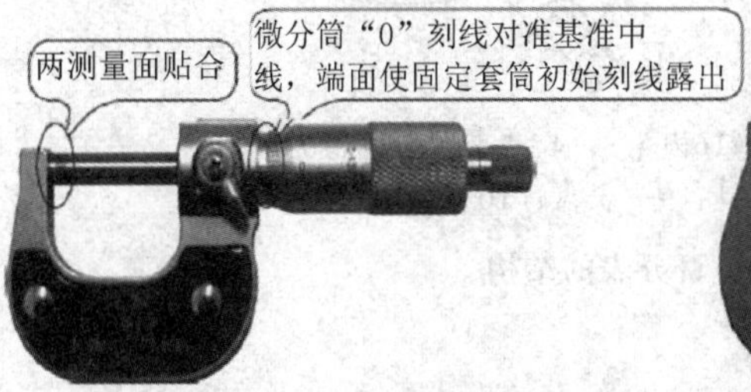

(a) 0～25mm千分尺零位校准 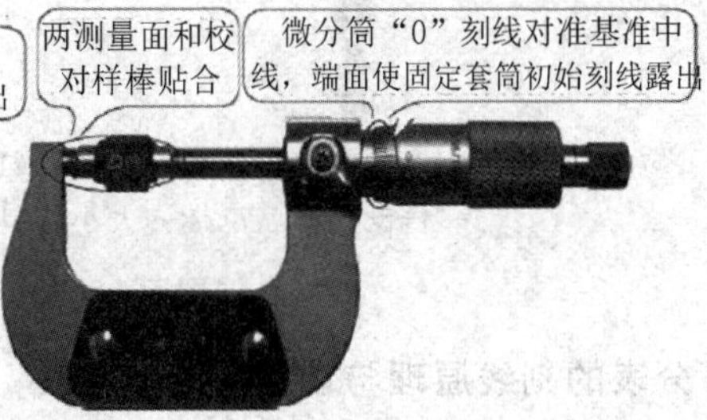　　　(b) 25～50mm千分尺零位校准

图 5 - 6 - 7　校对千分尺的零位

5. 注意事项

（1）使用前，应先把千分尺的两个测量面擦干净，转动测力装置，使两测量面接触，此时活动套筒和固定套筒的零刻度线应对准。

（2）测量前，应将零件的被测量面擦干净，不能用千分尺测量带有研磨剂的表面和粗糙表面。

（3）测量时，左手握千分尺尺架上的绝热板，右手旋转测力装置的转帽，使测量表面保持一定的测量压力。

（4）绝不允许旋转活动套筒（微分筒）来夹紧被测量面，以免损坏千分尺。

（5）应注意测量杆与被测尺寸方向一致，不可歪斜，并保持与测量表面接触良好。

（6）用千分尺测量零件时，最好在测量中读数，测毕经放松后，再取下千分尺，以减少测量杆表面的磨损。

（7）读数时，要特别注意不要读错主尺上的 0.5 mm。

（8）千分尺使用后应及时擦干净，放入盒内，以免与其他物件碰撞而受损，影响精度。

三、百分表

1. 百分表的结构

百分表是一种指示式量仪，如图 5 - 6 - 8 所示，主要用来测量工件的尺寸、形状和位置误差，也可用于检验机床的几何精度或调整工件的装夹位置偏差。百分表的测量范围一般有 0～3 mm、0～5 mm 和 0～10 mm 三种。按制造精度不同，百分表可分为 0 级、1 级和 2 级。

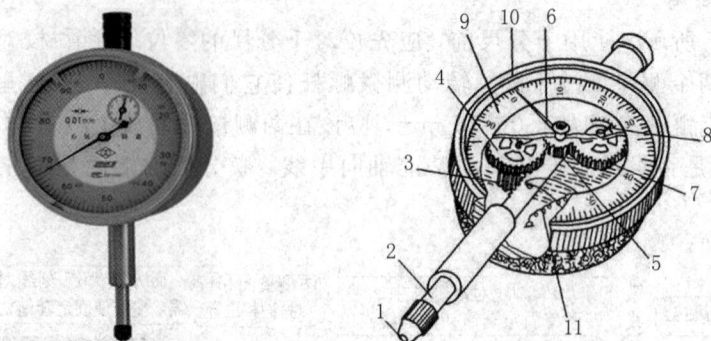

1—测头；2—量杆；3—小齿轮(16齿)　；4、7—大齿轮(100齿)；
5—传动齿轮；6、8—大小指针；9—表盘；10—表圈；11—拉簧

图 5-6-8　百分表的结构

2. 百分表的刻线原理与读数

百分表量杆上的齿距是 0.625 mm。当量杆上升 16 齿时(即上升 0.625×16＝10 mm)，16 齿的小齿轮正好转 1 周，与其同轴的 100 齿的大齿轮也转 1 周，从而带动齿数为 16 的小齿轮和长指针转 10 周。即当量杆上移动 1 mm 时，长指针转 1 周。由于表盘上共等分 100 格，所以长指针每转 1 格，表示量杆移动 0.01 mm。故百分表的测量精度为 0.01 mm。测量时，量杆被推向管内，量杆移动的距离等于小指针的读数(测出的整数部分)加上大指针的读数(测出的小数部分)。百分表读数如图 5-6-9 所示。

短指针的读数+长指针的读数=测量杆移动的距离
0格+4格×0.01 mm/格=0.04 mm

图 5-6-9　百分表读数

5.7　综 合 训 练

学习目标

1. 学会根据图样、技术要求，对零件进行工艺分析，并确定合理的加工工艺。
2. 根据初级综合训练要求，正确选择车削和装夹的方法。
3. 能根据工件的几何形状和材料选用不同的刀具并合理刃磨。
4. 能正确分析产生废品的原因并找出预防方法。
5. 能根据零件的加工要求熟练地调整工、夹、量具和机床设备。

课堂讨论

根据图 5-7-1 所示，请大家说出工件的几何形状。结合生活，列举普通车床加工出来的工艺品。

图 5-7-1　车床加工类零件

如图 5-7-2 所示阶梯轴，采用 45 钢，棒料为 $\phi45 \times 115$ mm。在 CA6140 车床上，根据工件图样要求制订加工工艺，并完成阶梯轴工件的车削加工。

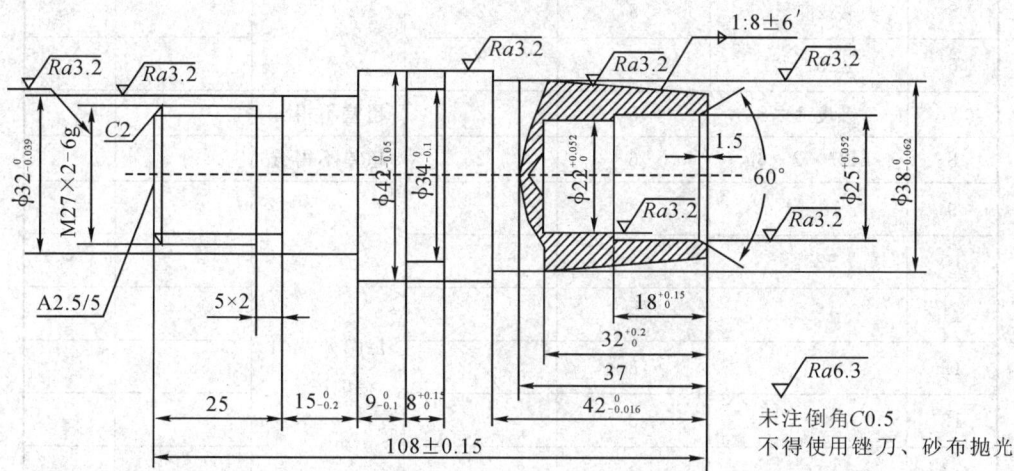

图 5-7-2　阶梯轴

1. 阶梯轴加工步骤

阶梯轴的加工步骤如下：

（1）工件伸出卡爪 60 mm 左右，校正并夹紧；车平端面；粗加工 $\phi39 \times 42$ mm 外圆。

（2）工件调头，校正并夹紧；车平端面，总长车至 109 mm；钻 A2.5 中心孔。

（3）一夹一顶装夹工件，粗加工 $\phi43$ mm、$\phi33$ mm$\times 15$ mm、$\phi28$ mm$\times 24$ mm 外圆。

（4）精加工 $\phi42$ mm、$\phi32$ mm$\times 15$ mm、$\phi27$ mm$\times 24$ mm 螺纹外圆。

（5）加工 M27$\times 2$-6 g 三角形螺纹的 C2 倒角以及按要求去毛刺。

（6）粗、精加工 M27$\times 2$-6 g 三角形螺纹。

（7）工件调头，夹住 $\phi42$ mm 外圆表面，校正并夹紧；车平端面，保证总长 108 mm。

（8）用 $\phi20$ mm 的麻花钻钻孔，有效深度 29～30 mm。

（9）粗、精加工 $\phi22$ mm$\times 32$ mm、$\phi25$ mm$\times 18$ mm 内孔。

（10）孔口倒角 $1.5 \times 60°$。

（11）粗、精加工 $\phi 38$ mm $\times 42$ mm 外圆。

（12）粗、精加工 1:8 的锥度，同时保证 37 mm 锥体长度；加工完毕后，根据图纸要求倒角、去毛刺，并仔细检查各部分尺寸；最后卸下工件，完成操作。

2. 阶梯轴评分表

阶梯轴考核评分按表 5-7-1 评分，并根据实测计算得分。

表 5-7-1　阶梯轴评分表

序号	检测项目	配分		评分标准	检测结果	得分
		IT	Ra3.2			
1	$\phi 42_{-0.05}^{0}$	5	2	每超差 0.01 扣 2 分，每降一级扣 2 分		
2	$\phi 38_{-0.062}^{0}$	5	2			
3	$\phi 34_{-0.1}^{0}$	5	2			
4	$\phi 32_{-0.039}^{0}$	5	2			
5	$\phi 22_{0}^{+0.039}$	5	2			
6	$\phi 25_{0}^{+0.052}$	5	2			
7	锥度 1:8	5	2	超差不得分		
8	M27$\times$2-6g	6	2	超差不得分		
9	$18_{0}^{+0.15}$	3		每超差 0.01 扣 1 分		
10	$32_{0}^{+0.2}$	3				
11	$15_{-0.2}^{0}$	3				
12	$9_{-0.1}^{0}$	3				
13	$8_{0}^{+0.15}$	3				
14	$42_{-0.16}^{0}$	3				
15	$108_{-0.15}^{+0.15}$	3				
16	A2.5/5	3		超差不得分		
17	倒角、未注倒角其余表面粗糙度	4				
18	安全生产	15				
	总分	100			总得分	

巩 固 练 习

1. 刀具刃磨有哪些具体要求？

2. 简述卧式车床的加工范围。

3. 试述 CA6140 型卧式车床的主要部件及其功能。

4. 试述 CA6140 型卧式车床的主要技术参数。

5. 分别简述车床主运动与进给运动的含义。

6. 分别简述车床纵向进给运动、横向进给运动的定义。

7. 简述四爪卡盘装夹和找正工件的方法。

8. 简述游标卡尺的读数方法。

9. 利用 45 钢棒料 φ50×42 mm，在 CA6140 车床上，根据图 5-8-1 所示工件图样要求，制订加工工艺，并完成锥套工件的车削加工。

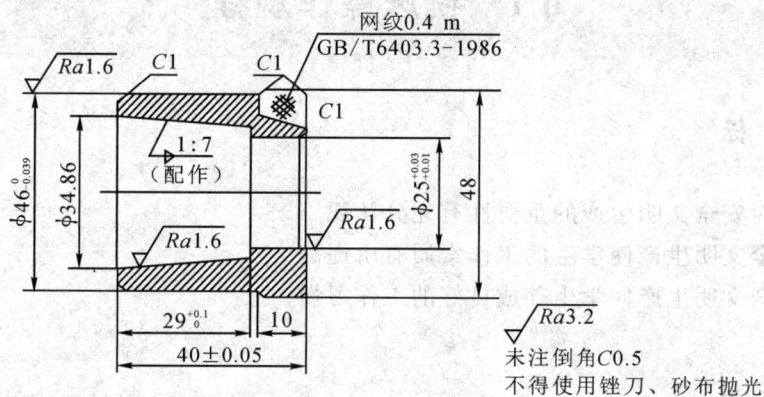

图 5-8-1 锥套

第六章　铣床加工实训

6.1　铣床操作规程

学习目标

1. 使学生对安全文明生产的重要性有充分认识。
2. 通过安全文明生产使学生的工作素质有所提高。
3. 通过安全文明生产使学生养成良好的工作习惯。

课堂讨论

请查阅资料完善铣床安全操作规程,填写图6-1-1所示机械加工安全标志名称。

（　）　　　（　）　　　（　）　　　（　）

图6-1-1　安全标志

一、安全生产

安全生产是技术工人必须掌握的一项重要内容,其直接关系到操作人员的人身安全和设备安全,对延长设备及工、夹、量具的使用寿命具有极其重要的意义。为保证铣削加工的安全,操作人员必须做到以下事项:

（1）工作前要检查机床各系统是否安全好用,各手轮摇把的位置是否正确,快速进刀有无障碍,各限位开关是否能起到安全保护的作用。

（2）工作时应穿工作服,戴袖套。女同志应戴工作帽,头发或辫子应塞入工作帽内。

（3）开动铣床前,应检查机床各部分机构是否完好,各转动手柄、变速手柄位置是否正确。检查夹具、工件是否装夹牢固。开动铣床后，应使机床低速运行 $1\sim2$ min，使润滑油渗到各需要之处(冬天时更应注意)，待机床转动正常后才能开车。

（4）每次开车及开动各移动部位时，要注意刀具及各手柄是否在需要位置上。扳快速移动手柄时，要先轻轻开动一下，看移动部位和方向是否相符。严禁突然开动快速移动手柄。

（5）安装刀杆、支架、垫圈、分度头、虎钳、刀具等，接触面均应擦干净。

（6）机床开动前，检查刀具是否装牢，工件是否牢固，压板必须平稳，支撑压板的垫铁不宜过高或块数过多，刀杆垫圈不能做其他用处，使用前要检查平行度。

（7）在机床上进行上下工件、刀具、紧固、调整、变速及测量工件等工作时必须停车，更换刀杆、刀盘、立铣头、铣刀时，均应停车。

（8）机床开动时，不准量尺寸、对样板或用手摸加工面。加工时不准将头贴近加工表面观察吃刀情况。取卸工件时，必须移开刀具后进行。

（9）拆装立铣刀时，台面须垫木板，禁止用手去托刀盘。

（10）装平铣刀，使用扳手扳螺母时，要注意扳手开口选用适当，用力不可过猛，防止滑脱。

（11）对刀时必须慢速进刀，刀接近工件时，需要手摇进刀，不准快速进刀，正在走刀时，不准停车。铣深槽时要停车退刀。快速进刀时，注意手柄伤人。万能铣垂直进刀时，工件装卡要与工作台有一定的距离。

（12）吃刀不能过猛，自动走刀必须拉脱工作台上的手轮。不准突然改变进刀速度。

（13）在进行顺铣时一定要清除丝杠与螺母之间的间隙，防止打坏铣刀。

（14）开快速时，必须使手轮与转轴脱开，防止手轮转动伤人。高速铣削时，要防止切屑伤人，并不准急刹车，防止将轴切断。

（15）铣床的纵向、横向、垂直移动，应与操作手柄指的方向一致，否则不能工作。铣床工作时，纵向、横向、垂直的自动走刀只能选择一个方向，不能随意拆下各方向的安全挡板。

（16）工作时要集中思想，不要擅离机床。离开机床时，要切断电源。

（17）操作时如发生事故，应立即停机，切断电源，保护现场。

二、文明生产

文明生产是生产实习中一项十分重要的工作，铣工在操作时必须做到以下事项：

（1）机床应做到每天一小擦，每周一大擦，按时一级保养，保持铣床整齐清洁。

（2）操作者对周围场地应保持整洁，地上无油污、积水、积油。

（3）操作时，工具与量具应分类整齐地安放在工具架上，不要随便放在工作台上或与切屑等混放在一起。

（4）高速铣削或冲注切削液时，应加放挡板，以防切屑飞出或切削液外溢。

（5）工件加工完毕，应安放整齐，不乱丢乱放，以免碰伤工件表面。

（6）保持图样或工艺文件的清洁完整。

6.2　认识铣床

学习目标

1. 掌握铣床类型、组成、结构特点和应用范围。
2. 熟悉铣床的常用附件。
3. 掌握铣床常用刀具。

课堂讨论

　　铣床的种类很多，最常见的是立式升降台铣床（立式铣床）和万能升降台铣床（卧式铣床）。两者的区别主要在于前者主轴为水平设置，后者主轴为竖直设置。如图 6-2-1 所示，你认得这几台铣床吗？请填写它们的名称。

　　（　　　　　　）　　　　　　（　　　　　　）　　　　　　（　　　　　　）

图 6-2-1　铣床

一、铣床简介

　　铣床的种类很多，常用的有下面几种。

1. 升降台式铣床

　　升降台式铣床又称曲座式铣床，它的主要特征是沿床身垂直导轨运动的升降台（曲座）。工作台可随着升降台作上下（垂直进给）运动。工作台本身在升降台上面又可作纵向和横向运动，故使用灵便，适宜于加工中小型零件。因此，升降台式铣床是用得最多和最普遍的铣床。这类铣床按主轴位置可分为卧式和立式两种。

2. 立式铣床

　　立式升降台铣床简称立式铣床，立式升降台铣床与卧式铣床的主要区别是立式铣床主轴与工作台面垂直。此外，它没有横梁、吊架和转台。有时根据加工的需要，可以将主轴（立铣头）左、右倾斜一定的角度。铣削时铣刀安装在主轴上，由主轴带动作旋转运动，工作台带动零件作纵向、横向、垂向移动。

3. 工作台不升降铣床

铣床的工作台安装在支座上，支座与底座连在一起。这种铣床是没有升降台的，故又称无升降台式铣床（或固定台座式铣床）。工作台只作纵向和横向移动，其升降运动是由立铣头沿床身的垂直导轨作上下移动来实现的。由于工作台直接安装在支座上，故刚性好、承载能力大，适宜于进行高速切削和强力切削，也适宜于加工重量较大的大型和重型工件。

二、铣床的常用附件

铣床常用附件主要有机用虎钳、回转工作台、万能分度头和万能铣头等。其中前三种附件用于安装零件，万能铣头用于安装刀具。当零件较大或形状特殊时，可以用压板、螺栓、垫铁和挡铁把零件直接固定在工作台上进行铣削。当生产批量较大时，可采用专用夹具或组合夹具安装零件，这样既能提高生产效率，又能保证零件的加工质量。

1. 机用平口虎钳

机用虎钳是一种通用夹具，也是铣床常用的附件之一，它安装使用方便，应用广泛。用于安装尺寸较小和形状简单的支架、盘套、板块、轴类零件。它有固定钳口和活动钳口，通过丝杠、螺母传动调整钳口间距离，以安装不同宽度的零件。铣削时，将机用虎钳固定在工作台上，再把零件安装在机用虎钳上，安装时应使铣削力方向趋向固定钳口方向。

机床用平口虎钳有非回转式和回转式两种，两者结构基本相同，但回转式平口虎钳底座设有转盘，可绕其轴线在360°范围内任意扳转。回转式平口虎钳外形如图6-2-2所示。

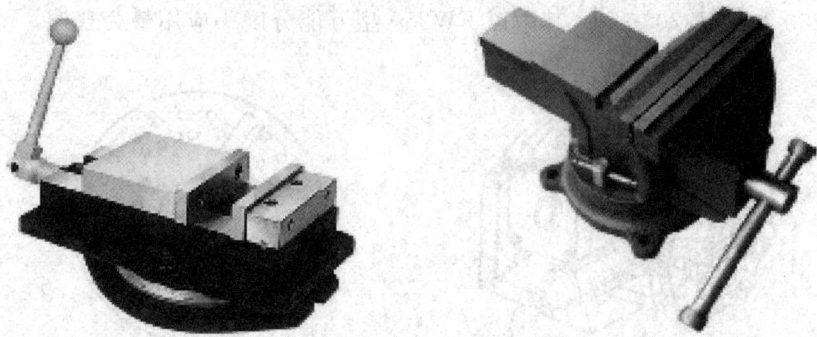

图6-2-2 回转式平口虎钳

机用平口虎钳的固定钳口本身精度及其相对于底座底面的位置精度均较高。底座下面带有两个定位键，用以在铣床工作台T形槽定位和连接，以保持固定钳口与工作台纵向进给方向垂直或平行。当加工工件精度要求较高时，安装平口虎钳要用百分表对固定钳口进行校正。

机用平口虎钳适用于以平面定位和夹紧的中小型工件。按钳口宽度不同，常用的机床用平口虎钳有100、125、136、160、200、250 mm共6种规格。

2. 回转工作台

回转工作台又称圆转台，分手动进给和机动进给两种。以手动方式应用较多。按工作台直径不同，回转工作台有200、250、320、400、500 mm等规格。直径大于250 mm的均为机动进给式（见图6-2-3）。机动式回转工作台的结构与手动式基本相同，主要差别在于其传动轴 3 可通过万向联轴器与铣床传动装置连接，实现机动回转进给，离合器手柄 2 可改变圆工作台 1 的回转方向和停止圆工作台的机动进给。

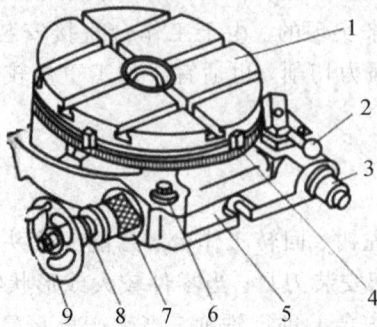

1—圆工作台；2—离合器手柄；3—传动轴；4—挡铁；5—底座；
6—螺母；7—偏心轮；8—手动轮；9—手轮

图 6-2-3 机动回转工作台

回转工作台主要用于中小型工件的分度和回转曲面的加工，如铣削工件上的圆弧形周边、圆弧形槽、多边形工件和有分度要求的槽或孔等。

3. 万能分度头

万能分度头（如图 6-2-4 所示）是铣床的重要精密附件，用于多边形工件、花键、齿式离合器、齿轮等的圆周分度和螺旋槽的加工。常用的万能分度头按夹持工件的最大直径分为 FW200、FW250 和 FW320 三种，其中以 FW250 型万能分度头应用最为普遍。

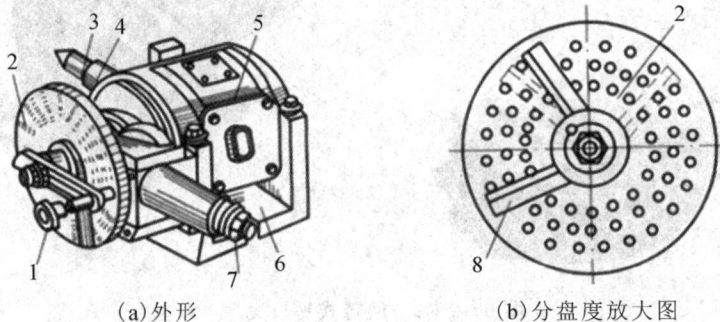

(a)外形　　　　　(b)分盘度放大图

1—手柄；2—分度盘；3—顶尖；4—主轴；5—回转体；
6—基座；7—侧轴；8—分度叉

图 6-2-4 万能分度头

4. 立铣头

立铣头安装于卧式铣床主轴端，由铣床主轴以传动比 $i=1$ 驱动立铣头主轴回转，使卧式铣床起立式铣床的功用，从而扩大了卧式铣床的工艺范围。立铣头主轴在垂直平面内最大转动角度为 $\pm45°$，其转速与铣床主轴转速相同。万能铣头与立铣头的区别是增加了一个可转动的壳体，它与铣头壳体的轴线互成 $90°$，因此，万能铣头主轴可实现空间转动。

5. 万能铣头

如图 6-2-5 所示为万能铣头，安装在万能升降台铣床上，不仅能完成各种立铣的工作，而且还可根据铣削的需要，把铣头主轴扳转成任意角度。其壳体用四个螺栓固定在铣床上。

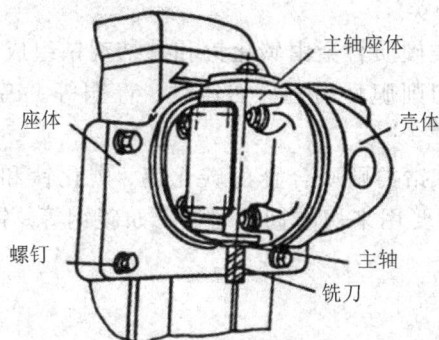

图 6-2-5 万能铣头

三、铣刀的材料

1. 对铣刀切削部分所用材料的要求

铣刀切削部分的材料必须满足以下要求：

（1）高的硬度。铣刀的切削部分材料的硬度必须高于工件材料的硬度，其常温下硬度一般要求在 HRC60 以上。

（2）良好的耐磨性。耐磨性是材料抵抗磨损的能力。只有具有良好的耐磨性，铣刀才不易磨损，才能延长使用寿命。

（3）足够的强度和韧性。足够的强度可以保证铣刀在承受很大切削力时不致断裂和损坏，足够的韧性可以保证铣刀在受到冲击和振动时不会产生崩刃和碎裂。

（4）良好的热硬性。热硬性是指切削部分材料在高温下仍能保持切削正常进行所需的硬度、耐磨性、强度和韧性的性能。

（5）良好的工艺性。工艺性一般是指材料的可锻性、焊接性、切削加工性、可刃磨性、高温塑性、热处理性能等。工艺性越好越便于制造，对形状比较复杂的铣刀尤其重要。

2. 常用铣刀的材料

常用铣刀的切削部分材料有高速钢和硬质合金两大类。

（1）高速钢。高速钢是以钨、铬、钒、钼、钴为主要合金元素的高合金工具钢，由于含有大量高硬度的碳化物，热处理后硬度可达 HRC63～70,热硬性温度达 550℃～600℃,具有较好的切削加工性，切削速度一般为 16～35 m/min。

高速钢的强度较高，韧性也较好，能磨出锋利的刃口，且具有良好的工艺性，是制造铣刀的良好材料。一般形状较复杂的铣刀都是由高速钢制成的，但高速钢耐热性较差，不适于高速切削。

常用的高速钢牌号有 W18Cr4V、W6Mo5Cr4V2 等。

（2）硬质合金。硬质合金是以钴为黏结剂，将高硬度难熔的金属碳化物（WC、TiC、TaC、NbC 等）粉末用粉末冶金方法黏结制成的。硬质合金常温硬度达 HRA 89～94,热硬性温度高达 900℃～1000℃,耐磨性好，切削速度比高速钢高 4～7 倍，可用做高速切削和加工硬度超过 40HRC 的硬材料。但硬质合金韧性差，不能承受较大的冲击力，因此，低速时其切削性能差。

常用的硬质合金有以下两类：

① 钨钴类（K 类）。钨钴类硬质合金由碳化钨和黏结剂钴组成，其抗弯强度较高，冲击韧性和导热性较好，主要用来切削脆性材料，如铸铁、青铜等。钨钴类硬质合金常用牌号有 YG8、YG6、YG3 等。

② 钨钛钴类（P 类）。钨钛钴类硬质合金由碳化钨、碳化钛和黏结剂钴组成、其硬度高，耐热性好，但冲击韧性差，主要用来切削韧性材料，如碳钢等。钨钛钴类硬质合金常用牌号有 YT5、YT15、YT30 等。

四、铣床常用刀具

铣刀是一种多刃刀具，其刀齿分布在圆柱铣刀的外圆柱表面或面铣刀的端面上。铣刀的种类很多，按其用途可分为：加工平面用铣刀、加工沟槽用铣刀和加工特形面用铣刀三大类。按其安装方法可分为带孔铣刀和带柄铣刀两大类。如图 6-2-6(a)所示，采用孔装夹的铣刀称为带孔铣刀，一般用于卧式铣床；如图 6-2-6(b)所示，采用手柄部装夹的铣刀称为带柄铣刀，多用于立式铣床。

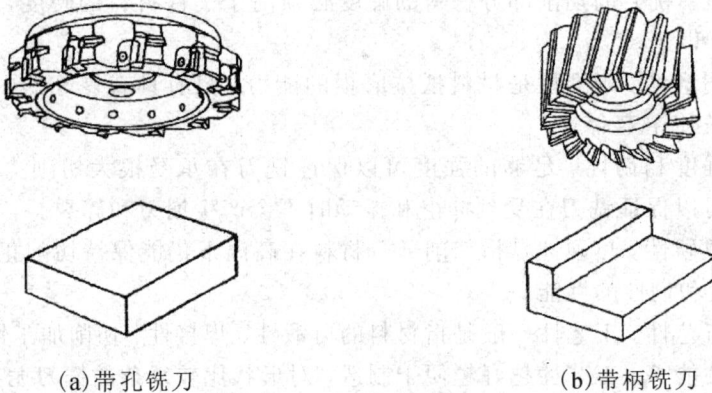

(a)带孔铣刀　　　　　(b)带柄铣刀

图 6-2-6　铣刀的分类

1. 加工平面用铣刀

(1) 圆柱形铣刀。圆柱形铣刀其刀齿分布在圆柱表面上，通常分为直齿和斜齿两种，常用圆周刃铣削中小型平面。

(2) 端铣刀。端铣刀有整体式、镶齿式和可转位（机械夹固）式三种，用于粗、精铣各种平面。

此外，加工较小的平面时可使用立铣刀和三面刃铣刀。

2. 加工沟槽用铣刀

图 6-2-7 所示为几种加工沟槽用铣刀。

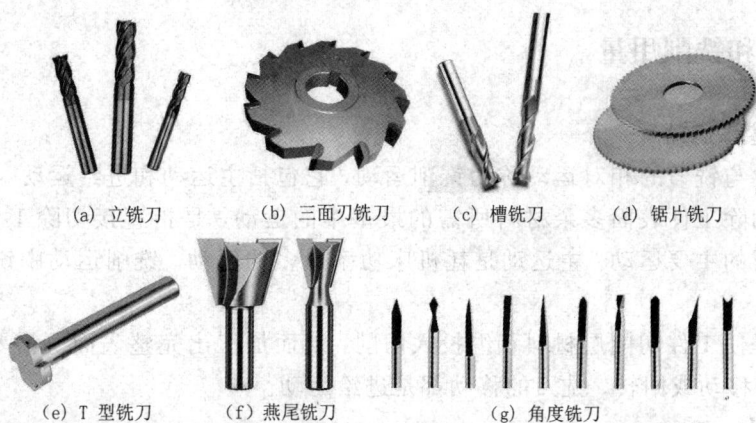

(a) 立铣刀　　(b) 三面刃铣刀　　(c) 槽铣刀　　(d) 锯片铣刀

(e) T 型铣刀　　(f) 燕尾铣刀　　(g) 角度铣刀

图 6-2-7　加工沟槽用铣刀

　　(1) 立铣刀。立铣刀有直柄和锥柄两种，直柄立铣刀的直径较小，一般小于 20 mm。直径较大的为锥柄，大直径的锥柄铣刀多为镶齿式。

　　立铣刀多用于铣削沟槽、螺旋槽及工件上各种形状的孔，铣削台阶平面、侧面、各种盘形凸轮与圆柱凸轮，以及通过靠模铣削内、外曲面。

　　(2) 三面刃铣刀。三面刃铣刀分直齿、错齿和镶齿等几种。用于铣削各种槽、台阶平面、工件的侧面和凸台平面等。

　　(3) 槽铣刀：用于铣削螺钉槽及工件上其他槽。

　　(4) 锯片铣刀：用于铣削各种槽及板料、棒料和各种型材的切断。

　　(5) T 形槽铣刀：用于铣削 T 形槽。

　　(6) 燕尾槽铣刀：用于铣削燕尾槽。

　　(7) 角度铣刀。角度铣刀分单角铣刀、对称双角铣刀和不对称双角铣刀三种。单角铣刀用于各种刀具的外圆齿槽与端面齿槽的开齿和铣削各种锯齿形离合器与棘轮的齿形。对称双角铣刀用于铣削各种 V 形槽和尖齿、梯形齿离合器的齿形。不对称双角铣刀主要用于各种刀具上外圆直齿、斜齿和螺旋齿槽的开齿。

　　3. 加工特形面用铣刀

　　根据特形面的形状而专门设计的成形铣刀称为特形面铣刀。图 6-2-8(a)为凹半圆形铣刀，用于铣削凸半圆特形面；图 6-2-8(b)为凸半圆形铣刀，用于铣削凹半圆特形面。

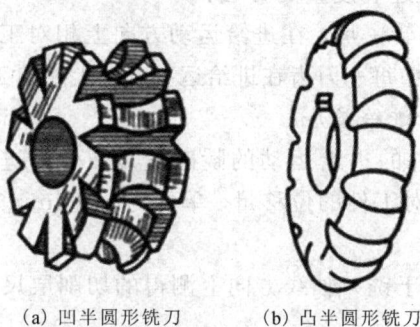

(a) 凹半圆形铣刀　　(b) 凸半圆形铣刀

图 6-2-8　加工特形面用铣刀

五、铣削运动和铣削用量

1. 铣削的基本运动

铣削时工件与铣刀的相对运动称为铣削运动。它包括主运动和进给运动。

主运动是切除工件表面多余材料所需的最基本的运动，是指直接切除工件上待切削层，使之转变为切屑的主要运动。主运动是耗机床功率最多的运动。铣削运动中铣刀的旋转运动是主运动。

进给运动是使工件切削层材料相继投入切削，从而加工出完整表面所需要的运动。铣削运动中，工件的移动或回转、铣刀的移动都是进给运动。

2. 铣削用量

铣削用量的要素包括铣削速度 v_c、进给量 f、铣削深度 a_p 和铣削宽度 a_e。

铣削时合理地选择铣削用量，对保证零件的加工精度与加工表面质量、提高生产效率、提高铣刀的使用寿命、降低生产成本，都有着密切的关系。

1）铣削速度 v_c

铣削时铣刀切削刃上选定点相对于工件的主运动的瞬时速度称铣削速度。铣削速度可以简单地理解为切削刃上选定点在主运动中的线速度，即切削刃上离铣刀轴线距离最大的点在 1 min 内所经过的路程。铣削速度的单位是 m/min。

铣削速度与铣刀直径、铣刀转速有关，计算公式为

$$v_c = \frac{n\pi d}{1000}$$

式中：v_c 为铣削速度，单位为 m/min；d 为铣刀直径，单位为 mm；n 为铣刀或铣床主轴转速，单位为 r/min。

铣削时，根据工件的材料、铣刀切削部分材料、加工阶段的性质等因素，确定铣削速度，然后根据所用铣刀的规格（直径），按下面公式计算并确定铣床主轴的转速。

$$n = \frac{1000 v_c}{\pi d}$$

2）进给量 f

刀具（铣刀）在进给运动方向上相对工件的单位位移量，称为进给量。铣削中的进给量根据具体情况的需要，有两种表述和度量的方法：

每转进给量 f：铣刀每回转一周，在进给运动方向上相对工件的位移量。单位为 mm/r。

每齿进给量 f：铣刀每转中每一刀齿在进给运动方向上相对工件的位移量。单位为 mm/z。

3）进给速度（又称每分钟进给量）v_f

切削刃上选定点相对工件的进给运动的瞬时速度，称为进给速度。也就是铣刀每回转 1 min，在进给运动方向上相对工件的位移量。单位为 mm/min。

4）铣削深度 a_p

铣削深度 a_p 是指在平行于铣刀轴线方向上测得的切削层尺寸，单位为 mm。

5）铣削宽度 a_e。

铣削宽度 a_e 是指在垂直于铣刀轴线方向、工件进给方向上测得的切削层尺寸，单位为 mm。

铣削时，由于采用的铣削方法和选用的铣刀不同，铣削深度 a_p 和铣削宽度 a_e 的表示也不同。图 6-2-9 所示为用圆柱形铣刀进行圆周铣与用端铣刀进行端铣时，铣削深度与铣削宽度的表示。不难看出，不论是采用圆周铣或是端铣，铣削宽度 a_e 都表示铣削弧深。因为不论使用哪一种铣刀铣削，其铣削弧深的方向均垂直于铣刀轴线。

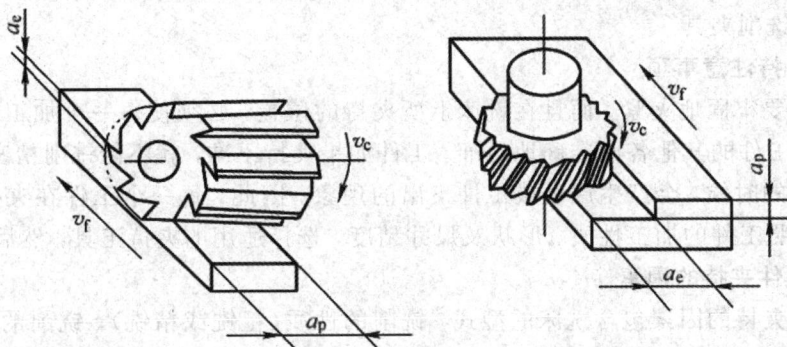

图 6-2-9 圆周铣与端铣时的铣削用量

6.3 铣床的基本操作

学习目标

1. 了解铣削加工的特点。
2. 掌握普通铣床的型号及技术规格。
3. 掌握铣床的组成部分及其作用。
4. 了解普通铣床的传动系统。

课堂讨论

在操作铣床时要严格遵守操作规程，熟练掌握手柄的功用及操作方法、转速和进给速度的调整。操作完毕后，能根据 6s 管理要求进行现场整理。

请算一算各手柄的进给量：使工作台在纵向、横向、垂直方向分别移动 2.5 mm、5 mm、8 mm 等，需要分别移动多少刻度？

一、工件的定位

1. 夹具定义

夹具是将工件固定于所需加工位置，并使其保持适当尺寸关系的定位及夹紧用具，亦即将工件装置于夹具上，能够在加工过程中使其保持适当的状态。

2. 铣削夹具分类

（1）单一零件铣削夹具：只能安装一个工件进行铣削加工；

（2）多重式铣削夹具：能安装多个工件同时做铣削加工；

（3）旋转式铣削夹具：能将工件的一面铣削完成后，回转某一特定角度，再行铣削其他面。

（4）回转式铣削夹具：具有垂直或水平回转轴，利用机床的动力作驱动。

（5）齿轮铣削夹具。

3. 工件夹持注意事项

工件不仅要牢固地夹紧，而且在铣床上所夹持的位置，必须使每一个加工完成的表面或尺寸，都能和工件的其他各面准确地对准。工件如果夹持不准，就不能铣削精密公差的工件，甚至于在铣削的时候，会产生震动或工件飞出的现象。因此，每一个工件在夹持前都必须事先规划好，依照工件的加工性质、形状及尺寸精度，选择适用的夹持工具，然后按要求操作。

4. 影响工件夹持的因素

影响工件夹持的因素包含铣床的型式，铣削的性质（粗铣或精铣），铣削的方向，工件的形状、强度以及工件要求的精度等，上述因素在夹持工件时就必须一一地加以考虑，依照不同的加工因素及需要，做不同方式的夹持。

二、铣床的基本操作

1. 工作台纵向、横向、垂直方向的手动进给操作

将工作台纵向手动进给手柄、工作台横向手动进给手柄、工作台垂直方向手动进给手柄分别接通其手动进给离合器，摇动各手柄，带动工作台做各进给方向的手动进给运动。顺时针方向摇动各手柄使工作台前进（或上升）；逆时针方向摇动各手柄，工作台后退（或下降）。摇动各手柄使工作台做手动进给运动时，进给速度应均匀适当。纵向、横向刻度盘的圆周刻线为 120 格，每摇一转，工作台移动 6 mm，每摇一格，工作台移动 0.05 mm；垂直方向刻度盘的圆周刻线为 40 格，每摇一转，工作台上升（或下降）2 mm，每摇一格，工作台上升（或下降）0.05 mm，如图 6-3-1 所示。摇动各手柄，通过刻度盘控制工作台在各进给方向的移动距离。

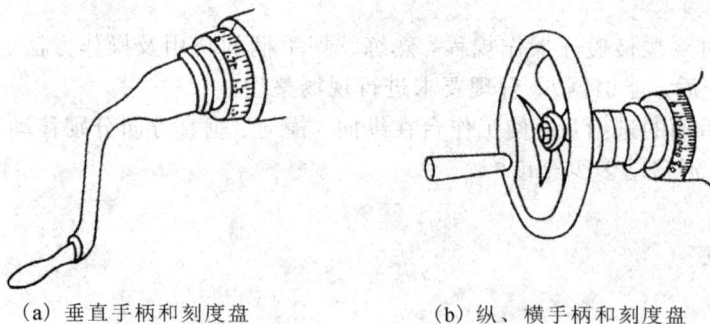

（a）垂直手柄和刻度盘　　　　（b）纵、横手柄和刻度盘

图 6-3-1　纵向、横向、垂直方向的手柄和刻度盘

摇动各进给方向手柄，使工作台在某一方向按要求的距离移动。若手柄摇过头，则不能直接退回到要求的刻线处，应将手柄反转一转后，再重新摇到要求的刻度。

2. 主轴变速操作

如图 6-3-2 所示，变换主轴转速时，握住变速手柄 1 的球部，将手柄下压，使手柄的楔块从固定环的槽 1 内脱出，再将手柄外拉，使手柄的楔块落入固定环的槽 2 内，手柄处于脱开位置 I。然后转动转速盘，使所需要的转速数对准指针，再接合手柄。接合变速操纵手柄时，将手柄下压并较快地推到位置，使开关瞬时接通，电动机瞬时转动，以利于变速齿轮啮合，再慢速继续将手柄推到位置，使手柄的楔块落入固定环的槽 1 内，变速终止，用手按"启动"按钮，主轴就获得要求的转速。转速盘上有 30～1500 r/min 共 18 种转速。

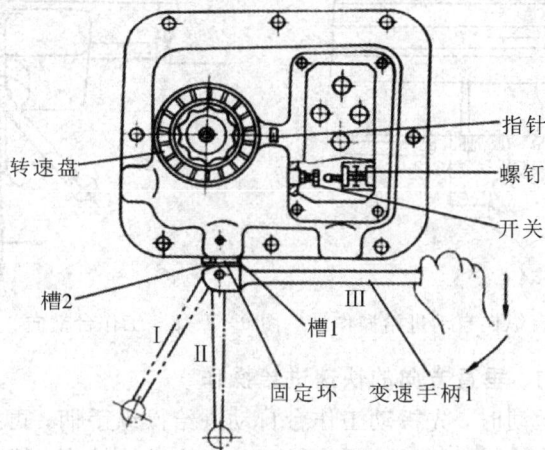

图 6-3-2　主轴变速操作

3. 进给变速操作

变速操作时，先将变速操纵手柄外拉，再转动手柄，带动转速盘旋转（转速盘上有 23.5～1180 mm/min 共 18 种进给速度），当指针对准所需要的转速数后，再将变速操纵手柄推回到原位，如图 6-3-3 所示，按下"启动"按钮使主轴旋转，再扳动自动进给操纵手柄，工作台就按要求的进给速度作自动进给运动。

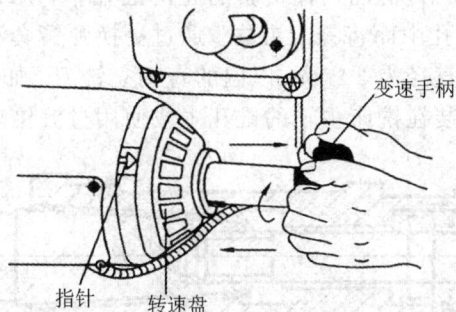

图 6-3-3　进给变速操作

4. 启动与停止机床

将电源转换开关扳至"通"，将主轴换向开关扳至要求的转向，然后按"启动"按钮，使主轴旋转；按主轴"停止"，主轴停止转动。

5. 工作台纵向、横向、垂直方向的机动进给操作

工作台纵向、横向、垂直方向的机动进给操纵手柄均为复式手柄，纵向机动进给操纵手柄有三个位置，即"向右进给""向左进给""停止"，扳动手柄，手柄的指向是工作台的机动进给方向，如图6-3-4所示。

横向和垂直方向的机动进给由同一对手柄操纵，该手柄有五个位置，即"向里进给""向外进给""向上进给""向下进给""停止"。扳动手柄，手柄的指向就是工作台的进给方向，如图6-3-5所示。

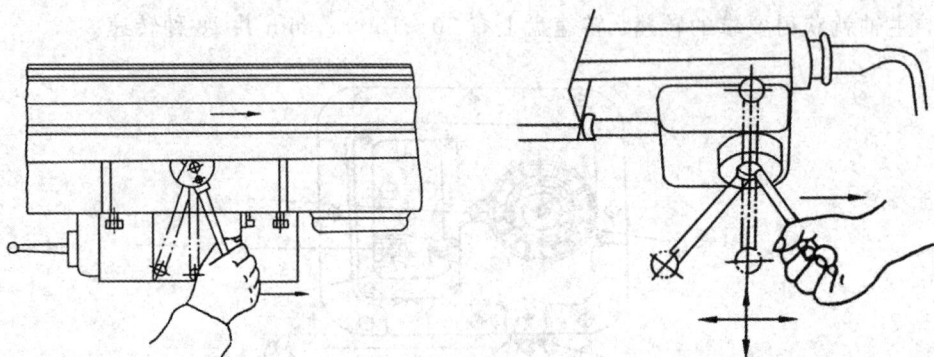

图6-3-4　工作台纵向自动进给操作　　　图6-3-5　工作台横向、垂直方向自动进给操作

6. 工作台纵向、横向、垂直方向的快速进给操作

工作台作快速进给运动时，先扳动工作台自动进给操纵手柄，再按下"快速"按钮，工作台就作这个进给方向的快速进给运动。手指松开，快速进给结束，进给结束后将自动进给操纵手柄恢复原位。

7. 纵向、横向、垂直方向的紧固

铣削加工时，为了减少振动，保证加工精度，避免因铣削力使工作台在某一个进给方向产生位置移动，对不使用的进给机构应紧固。这时可分别旋紧工作台纵向紧固螺钉、工作台横向紧固手柄、垂直方向紧固手柄。而在工作完毕后，必须将其松开。

8. 在立式铣床上安装立铣刀

直柄铣刀安装时，铣刀的直柄插入弹簧套的光滑圆孔中，用螺母压住弹簧套的端面，弹簧套的外锥挤在夹头体的锥孔中而将铣刀夹住。通过更换弹簧套和在弹簧套内加上不同内径的套筒，这种夹头可以安装直径为20 mm以内的直柄立铣刀。如图6-3-6所示为锥柄铣刀的安装，锥柄铣刀可直接安装在铣床主轴的锥孔中或使用过渡锥套安装。

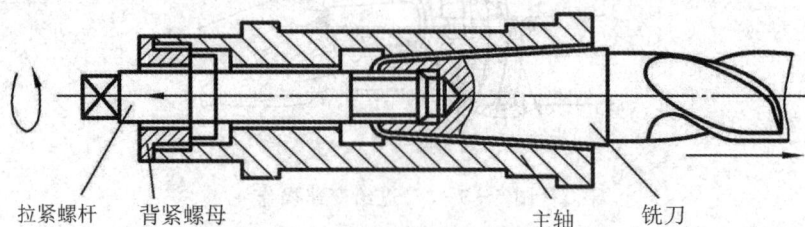

拉紧螺杆　背紧螺母　　　　　　　　主轴　　铣刀

图6-3-6　锥柄铣刀的安装

9. 在卧式铣床上安装圆柱铣刀

圆柱铣刀用于卧式铣床上加工平面。刀齿分布在铣刀的圆周上，按齿形分为直齿和螺旋齿两种。按齿数分粗齿和细齿两种。螺旋齿粗齿铣刀齿数少，刀齿强度高，容屑空间大，适用于粗加工；细齿铣刀适用于精加工。

6.4　铣削加工的基本操作

📖 学习目标

1. 掌握铣床类型、组成、结构特点和应用范围。
2. 熟悉铣床的常用附件。
3. 掌握铣床常用刀具。

☕ 课堂讨论

X6132万能升降台铣床，纵向超大行程，悬臂式控制面板，适用于棒形、圆片、角度、成形和端面铣进行平面、斜面、角度、沟槽和边缘的加工，在本机床上安装分度头等附件后，还能铣削齿轮、刀具、螺旋槽、凸轮和鼓轮等工件，广泛使用于机械加工各行业。

仔细观察图6-4-1，说一说铣床加工的工作内容，结合生活，请一一列举。

图6-4-1　铣削加工零件

一、周铣与端铣

1. 周铣和端铣

用刀齿分布在圆周表面的铣刀进行铣削的方式称为周铣，如图6-4-2(a)所示；用刀齿分布在圆柱端面上的铣刀进行铣削的方式称为端铣，如图6-4-2(b)所示。

(a) 周铣　　　　　　　　　　　　　　(b) 端铣

图 6 - 4 - 2　周铣和端铣

与周铣相比，端铣铣平面时较为有利，因为如下几点：

(1) 面铣刀的副切削刃对已加工表面有修光作用，能降低表面粗糙度值，周铣的工作表面则有波纹状残留面积。

(2) 端铣时同时参加切削的面铣刀齿数较多，切削力的变化程度较小，因此工作时振动比周铣小。

(3) 端铣的主切削刃刚接触工件时，切屑厚度不等于零，使切削刃不易磨损。

(4) 面铣刀的刀杆伸出较短，刚性好，刀杆不易变形，可用较大的切削用量。

由此可见，端铣时加工质量较好，生产率较高，所以铣削平面大多采用端铣。但是，周铣对加工各种形面的适应性较广，而且有些形面(如成形面等)则不能用端铣。

2. 逆铣和顺铣

周铣有逆铣和顺铣之分。逆铣时，铣刀的旋转方向与工件的进给方向相反，如图 6 - 4 - 3 (a)所示；顺铣时，铣刀的旋转方向与工件的进给方向相同，如图 6 - 4 - 3(b)所示。逆铣时，切屑的厚度从零开始渐增。实际上，铣刀的切削刃开始接触工件后，将在表面滑行一段距离才真正切入金属，这就使得切削刃容易磨损，并增加加工表面粗糙度值。逆铣时，铣刀对工件有上抬的切削分力，影响工件安装在工作台上的稳固性。

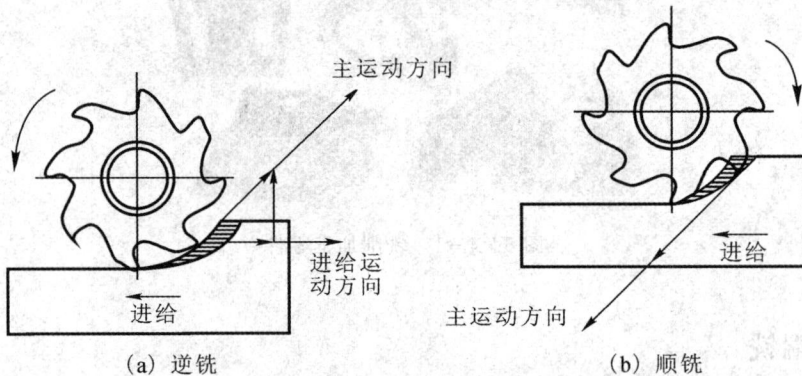

(a) 逆铣　　　　　　　　　　　　　　(b) 顺铣

图 6 - 4 - 3　铣削方式

顺铣则没有上述缺点。但是，顺铣时工件的进给会受工作台传动丝杠与螺母之间间隙的影响。因为铣削的水平分力与工件的进给方向相同，铣削力忽大忽小，就会使工作台窜动和进给量不均匀，甚至引起打刀或损坏机床。因此，必须在纵向进给丝杠处有消除间隙的装置才能采用顺铣。但一般铣床上没有消除丝杠螺母间隙的装置，只能采用逆铣法。另外，对铸锻件表面的粗加工，顺铣因刀齿首先接触黑皮，将加剧刀具的磨损，故此时应选择逆铣。

二、铣削平面

平面是加工中最常见的，铣削在平面加工中具有较高的加工质量和效率，是平面的主要加工方法之一。按照工件平面的位置可分为水平面、垂直面、平行面、斜面和台阶面。常选用圆柱铣刀、三面刃铣刀和面铣刀在卧式铣床或立式铣床上铣削平面。

1. 用圆柱铣刀铣削平面

加工前，首先认真阅读零件图样，了解工件的材料、铣削加工要求，并检查毛坯尺寸，然后确定铣削步骤。

铣削平面的步骤如下：

（1）选择和安装铣刀。铣削平面时，多选用螺旋齿圆柱高速钢铣刀。铣刀宽度应大于工件宽度。根据铣刀内孔直径选择适当的长刀杆，把铣刀安装好。

（2）装夹工件，工件可以在机用虎钳上或工作台面上直接装夹，铣削圆柱体上的平面时，还可以用V形块装夹。

（3）合理地选择铣削用量。

（4）调整工作台纵向自动停止挡铁，把工作台前面T形槽内的两块挡铁固定在与工作行程起止相应的位置，可实现工作台自动停止进给。

（5）开始铣削。铣削平面时，应根据工件加工要求和余量大小分成粗铣和精铣两个阶段进行。

2. 用面铣刀铣削平面

用面铣刀铣削平面可以在卧式铣床上进行，铣削出的平面与工作台台面垂直，常用压板将工件直接压紧在工作台上。当铣削尺寸小的工件时，也可以用机用虎钳装夹。在立式铣床上用面铣刀铣削平面，铣出的平面与工作台台面平行，工件多用机用虎钳装夹，如图6-4-4所示。

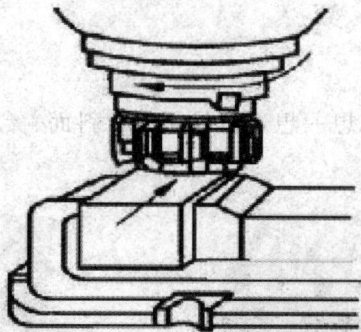

图6-4-4　立式铣床端铣刀铣削平面

3. 铣削平面时出现废品的原因

铣削平面时产生废品的原因和防止方法见表6-4-1。

表 6-4-1 铣削平面时产生废品的原因和防止方法

废品种类	产生废品的原因	防止方法
表面粗糙度值大	进给量太大	减少每齿进给量
	振动大	减少铣削用量及调整工作台的楔铁,使工作台无松动现象
	表面有深啃现象	中途不能停止进给,若已出现深啃现象,而工件还有余量,可再切削一次,消除深啃现象
	铣刀不锋利	刃磨铣刀
	进给不均匀	手转时要均匀或改用机动进给
	铣刀摆差太大	减少每转进给量或重磨、重装铣刀
尺寸与图样要求不符合	刻度盘没有对准,或没有将进给丝杠螺母间隙消除	应仔细转手柄,使刻度盘对准,若转错刻度盘而工件还有余量,可重新对准刻度,再铣至尺寸
	工件松动	将工件夹牢
	测量不准确	正确地测量

6.5 综合训练

学习目标

1. 会识读零件图纸。
2. 会选择铣削各种表面的刀具。
3. 能正确完成零件的装夹及加工并保证尺寸精度。
4. 培养学生工艺分析及综合加工能力。

课堂讨论

根据前面所学内容,我们来想一想通过铣平面、斜面、台阶的组合,可不可以加工出图 6-5-1所示的零件呢?为什么?

图 6-5-1 铣床加工的零件

凸台零件如图 6-5-2 所示，零件材料为 45 钢或 A3 钢。凸台零件在 X6132 型铣床上加工。

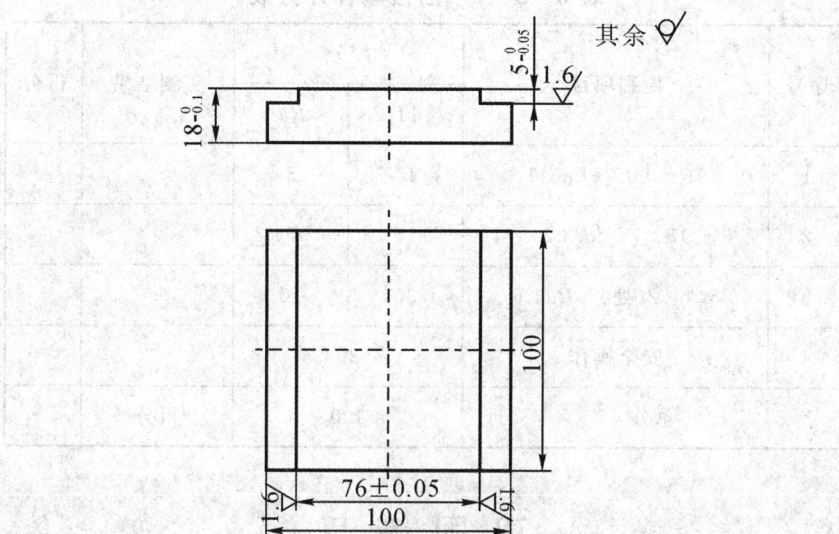

图 6-5-2　凸台零件

1. 工、量具

游标卡尺、百分表或宽度直角尺、磁性表座、游标卡尺、划线平板。

2. 加工工艺

（1）识读凸台零件图样。

（2）根据零件加工尺寸选择铣刀，选用规格为 $\phi80$ mm 的面铣刀铣削平面，$\phi16$ mm 的端铣刀铣削台阶。

（3）根据尺寸精度、表面粗糙度选择切削用量，铣平面铣刀转速可选取 $n=118$ r/min，进给速度选取 $v_f=75$ mm/min；铣阶台端铣刀粗加工转速可选取 $n=375$ r/min，进给速度选取 $v_f=150$ mm/min；铣阶台端铣刀精加工转速可选取 $n=600$ r/min，进给速度选取 $v_f=80$ mm/min。

（4）工件的夹装与找正。先校正机用平口虎钳，然后在虎钳导轨面上垫上高度合适的平行垫铁，使工件加工位置高出钳口平面 3～5 mm。在活动钳口与工件之间垫一圆棒，夹紧工件。

（5）面铣刀深度对刀。在工件上平面贴纸擦边后，记下深度对刀刻度，向下进给铣削保证厚度 $18_{-0.1}^{0}$ mm。

（6）侧面对刀，先在右面上贴纸擦边后，记下工作台进给刻度，调整进给量，粗、精切削右侧阶台至尺寸 $5_{-0.05}^{0}$，作为基准。

（7）铣刀移至左侧面，用同样的铣削方法完成 76 ± 0.05 mm，$5_{-0.05}^{0}$ mm。

（8）测量工件加工尺寸。

（9）整理量具，打扫机床卫生。

（10）卸下零件，去净毛刺。

3. 凸台零件评分表

凸台零件考核按表 6-5-1 评分，并根据实测计算得分。

表 6-5-1　凸台零件评分表

序号	检测项目	配分		实测结果	得分
		IT	Ra		
1	76 ± 0.05　$Ra\,1.6$	15	5		
2	$18_{-0.1}^{\ 0}$　$Ra\,3.2$	15	5		
3	$5_{-0.05}^{\ 0}$ 2(处)　$Ra\,1.6$	30	10		
4	安全操作	20			
	总分	100		得分	

巩　固　练　习

1. 如图 6-6-1 所示，零件材料为 45 钢或 A3 钢，尺寸为 72 mm×72 mm×20 mm。在 X6132 型铣床上铣长方体零件。完成加工工艺的编制。

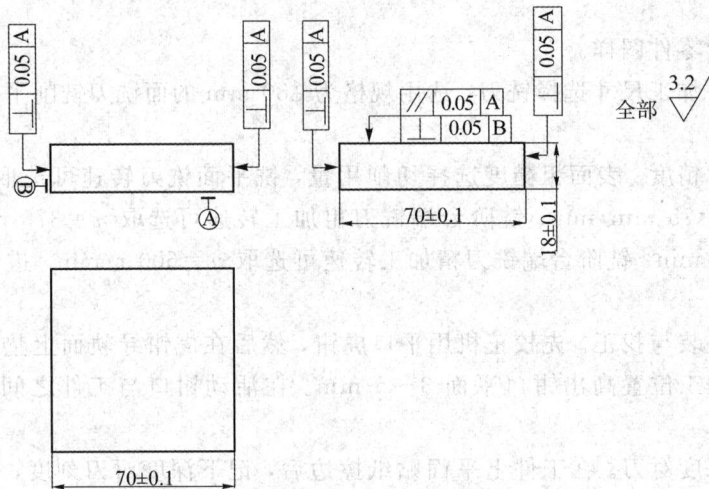

图 6-6-1　长方体零件

2. 如图 6-6-2 所示，V 型垫铁零件材料为 45 钢或 A3 钢。零件在 X6132 型铣床上加工。完成加工工艺的编制。

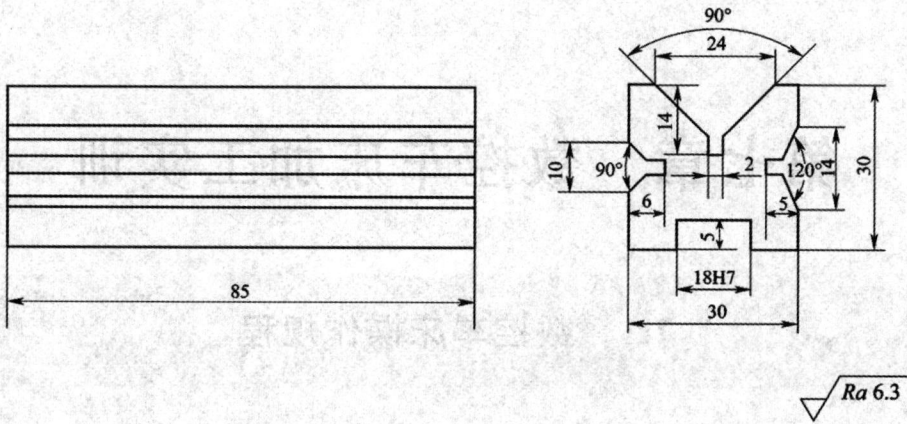

图 6 - 6 - 2　V 型垫铁

第七章　数控车床加工实训

7.1　数控车床操作规程

📖 学习目标

1. 使学生对安全文明生产的重要性有充分认识。
2. 通过安全文明生产的学习使学生的工作素质有所提高。
3. 通过安全文明生产的教育使学生养成良好的工作习惯。

💡 课堂讨论

请查阅资料完善数控车床安全操作规程，填写图 7-1-1 所示机械加工安全标识名称。

（　　　　）　　　　　（　　　　）　　　　　（　　　　）

图 7-1-1　安全标识

一、安全操作基本注意事项

（1）工作时请穿好工作服、安全鞋，戴好工作帽及防护镜。不允许戴手套操作机床。
（2）不要移动或损坏安装在机床上的警告标牌。
（3）不要在机床周围放置障碍物，工作空间应足够大。
（4）某一项工作如需要俩人或多人共同完成时，应注意相互间的协调一致。
（5）不允许采用压缩空气清洗电气柜及 NC 单元。

二、工作前的准备工作

（1）机床开始工作前要有预热，认真检查润滑系统工作是否正常（润滑油是否充足，冷却液是否充足），如机床长时间未开动，可先采用手动方式向各部分供油润滑。

（2）使用的刀具应与机床允许的规格相符，有严重破损的刀具要及时更换。

（3）调整刀具所用工具不要遗忘在机床内。

（4）大尺寸轴类零件的中心孔是否合适，如中心孔太小，工作中易发生危险。

（5）刀具安装好后应进行一、二次空行程试切削。

（6）检查卡盘夹紧工作的状态。

（7）机床开动前，必须关好机床防护门。

三、工作过程中的安全注意事项

（1）禁止用手接触刀尖和切屑，切屑必须要用铁钩子或毛刷来清理。

（2）禁止用手或其他任何方式接触正在旋转的主轴、工件或其他运动部位。

（3）禁止加工过程中测量工件、变速，更不能用棉纱擦拭工件，也不能清扫机床。

（4）车床运转中，操作者不得离开岗位，机床发现异常现象立即停车。

（5）经常检查轴承温度，过高时应找有关人员进行检查。

（6）在加工过程中，不允许打开机床防护门。

（7）严格遵守岗位责任制，机床由专人使用，他人使用须经管理人员同意。

（8）工件伸出车床 100 mm 以外时，须在伸出位置设防护物。

（9）禁止进行尝试性操作。

（10）手动原点回归时，注意机床各轴位置要距离原点 100 mm 以上，机床原点回归顺序为：首先＋X 轴，其次＋Z 轴。

（11）使用手轮或快速移动方式移动各轴位置时，一定要看清机床 X、Z 轴各方向“＋、－”号标牌后再移动。移动时先慢转手轮观察机床移动方向无误后方可加快移动速度。

（12）编完程序或将程序输入机床后，必须先进行图形模拟，准确无误后再进行机床试运行，并且刀具应离开工件端面 200 mm 以上。

（13）程序运行应注意事项：

① 对刀应准确无误，刀具补偿号应与程序调用刀具号符合。

② 检查机床各功能按键的位置是否正确。

③ 光标要放在主程序头。

④ 加注适量冷却液。

⑤ 站立位置应合适，启动程序时，右手作按停止按钮准备，程序在运行当中手不能离开停止按钮，如有紧急情况应立即按下停止按钮。

（14）加工过程中认真观察切削及冷却状况，确保机床、刀具的正常运行及工件的质量。关闭防护门以免切屑、润滑油飞出。

（15）在程序运行中需暂停测量工件尺寸时，要待机床完全停止、主轴停转后方可进行测量，以免发生人身事故。

（16）关机时，要等主轴停转 3 分钟后方可关机。

（17）未经许可禁止打开电气箱。

（18）各手动润滑点必须按说明书要求润滑。

（19）修改程序的钥匙在程序调整完后要立即拿掉，不得插在机床上，以免无意改动程序。

（20）使用机床时，每日必须使用润滑油循环 0.5 小时，冬天时间可稍短一些，切削液要定期更换，一般在 1～2 个月之间。

（21）机床若数天不使用，则每隔一天应对 NC 及 CRT 部分通电 2～3 小时。

四、工作完成后的注意事项

（1）清除切屑、擦拭机床，使机床与环境保持清洁状态。

（2）注意检查或更换磨损坏了的机床导轨上的毛毡。

（3）检查润滑油、冷却液的状态，及时添加或更换。

（4）依次关掉机床操作面板上的电源和总电源。

（5）打扫现场卫生，填写设备使用记录。

7.2 认识数控车床

学习目标

1. 了解数控车床型号标记、种类。
2. 理解数控车床组成。
3. 了解数控车床加工的特点。
4. 熟悉数控车床的加工范围。

课堂讨论

你认得图 7-2-1 所示这两台数控车床型号吗？请填写它们的名称。

图 7-2-1 数控车床

一、数控车床概述

数控车床是用计算机数字化信号控制的机床。操作时将编制好的加工程序输入机床专用的计算机中，再由计算机指挥机床各坐标轴的伺服电动机去控制车床各部件运动的先后顺序、速度和移动量，并与选定的主轴转速相配合，车出各种形状不同的工件。数控车床上零件的加工过程如图7-2-2所示。

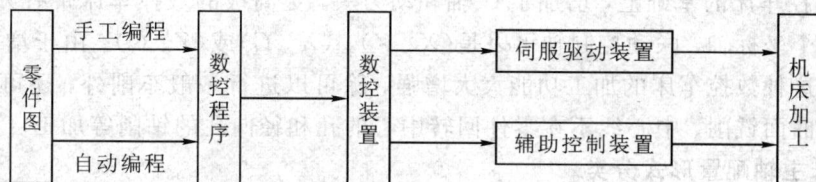

图7-2-2　数控车床上零件的加工过程

二、数控车床的型号标记

数控车床采用与普通车床相类似的型号表示方法，由字母及一组数字组成。如数控车床CKA6140各代号含义如下：

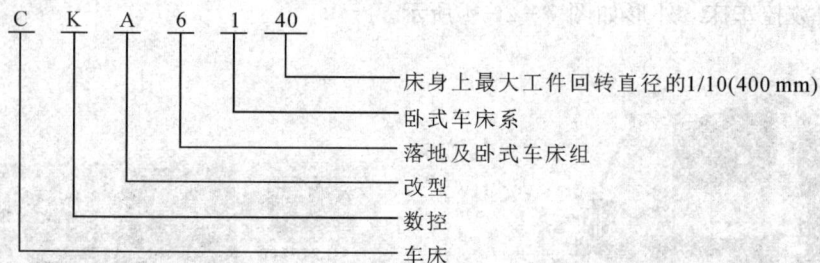

三、数控车床的种类

数控车床按不同特征分有不同的种类，现按所配置的数控系统、数控车床功能、主轴配置型式、控制方式分有以下几类。

1. 按数控系统分类

目前工厂常用数控系统有：FANUC（法那克）数控系统、SIEMENS（西门子）数控系统、华中数控系统、广州数控系统、三菱数控系统等。

2. 按数控车床的功能分类

按数控车床的功能分，数控车床可分为经济型数控车床、普通数控车床和车削加工中心三大类。

1）经济型数控车床

经济型数控车床是在卧式车床基础上进行改进设计的，一般采用步进电动机驱动的开环伺服系统，其控制部分通常采用单板机或单片机。这种车床成本较低，自动化程度和功能都比较差，车削加工精度也不高，适用于要求不高的回转类零件的车削加工。

2）普通数控车床

根据车削加工要求，在结构上进行专门设计并配备通用数控系统而形成的数控车床，数控系统功能强，自动化程度和加工精度也比较高。可同时控制两个坐标轴，即 X 轴和 Z 轴，应用较广，适用于一般回转类零件的车削加工。

3）车削加工中心

在普通数控车床的基础上，增加了 C 轴和动力头，更高级的数控车床带有刀库，可控制 X、Z 和 C 三个坐标轴，联动控制轴可以是(X、Z)、(X、C)或(Z、C)。由于增加了 C 轴和铣削动力头，这种数控车床的加工功能大大增强，除可以进行一般车削外，还可以进行径向和轴向铣削、曲面铣削、中心线不在零件回转中心的孔和径向孔的钻削等加工。

3. 按车床主轴配置形式分类

按车床主轴配置形式分类，数控车床有立式数控车床、卧式数控车床两类。

1）立式数控车床

立式数控车床主轴处于垂直位置，有一个直径很大的圆形工作台，供装夹工件；主要用于加工径向尺寸大、轴向尺寸相对较小的大型复杂零件。如图 7-2-3 所示。

2）卧式数控车床

卧式数控车床主轴轴线处于水平位置，生产中使用较多，常用于加工径向尺寸较小的轴类、盘类、套类复杂零件，它又有水平导轨式和倾斜导轨式两种。水平导轨式用于一般数控车床、经济型数控车床，外形如图 7-2-4 所示。

图 7-2-3　立式数控车床　　　　图 7-2-4　水平导轨式数控车床

4. 按控制方式分类

按控制方式分，数控车床可分为开环控制、半闭环控制和闭环控制的数控车床三大类。

1）开环控制系统的数控车床

开环控制系统的数控车床是指不带反馈装置的数控车床。进给伺服系统采用步进电动机，数控系统每发出一个指令脉冲，经驱动电路功率放大后，驱动步进电动机旋转一个角度，然后经过减速齿轮和丝杠螺母机构，转换为刀架的直线移动。系统信息流是单向的，如图 7-2-5 是开环控制系统框图。

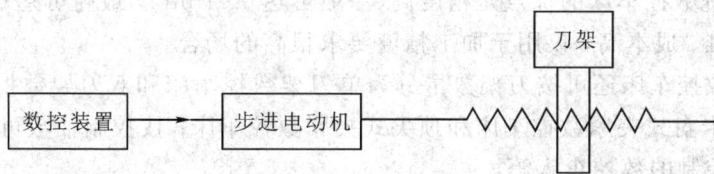

图 7 - 2 - 5　开环控制系统

　　开环控制系统的数控车床不具有反馈装置,对移动部件实际位移量的测量不能与原指令值进行比较,也不能进行误差校正,因此系统精度低,但因其结构简单、成本低、技术容易掌握,故在中、小型控制系统的经济型数控车床中得到应用,尤其适用于旧机床改造的简易数控车床。

　　2）半闭环控制系统的数控车床

　　半闭环控制系统的数控车床,在伺服机构中装有角位移检测装置,通过检测伺服机构的滚珠丝杠转角间接测量移动部件的位移,然后反馈到数控装置中,与输入原指令位移值进行比较,用比较后的差值进行控制,以弥补移动部件位移,直至差值消除为止。由于丝杠螺母机构不包括在闭环之内,所以丝杠螺母机构的误差仍然会影响移动部件的位移精度,图 7 - 2 - 6 所示为半闭环控制系统框图。

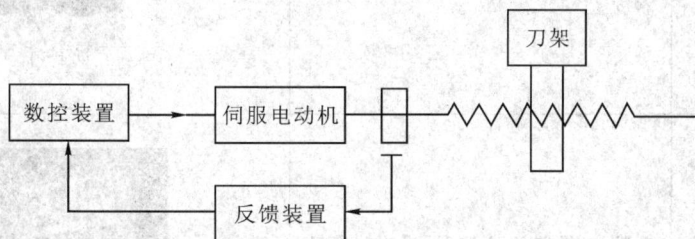

图 7 - 2 - 6　半闭环控制系统

　　半闭环控制系统的数控车床采用伺服电动机,结构简单、工作稳定、使用维修方便,目前应用比较广泛。

　　3）闭环控制系统的数控车床

　　闭环控制系统的数控车床在车床移动部件位置上直接装有直线位置检测装置,将检测到的实际位移反馈到数控装置中,与输入的原指令位移值进行比较,用比较后的差值控制移动部件作补充位移,直至差值消除为止,达到精度要求。如图 7 - 2 - 7 所示为闭环控制系统框图。

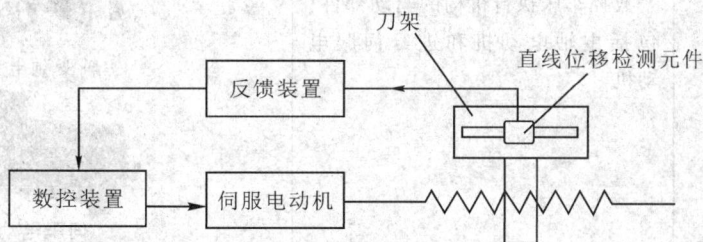

图 7 - 2 - 7　闭环控制系统

闭环控制系统数控车床的优点是精度高(一般可达 0.01 mm,最高可达 0.001 mm),但结构复杂、维修困难、成本高,仅用于加工精度要求很高的场合。

除此之外,数控车床还可按刀架数量分为单刀架数控车床和双刀架数控车床;按加工零件基本类型分为卡盘式夹紧数控车床和顶尖式夹紧数控车床;按控制轴数可分为两轴控制的数控车床、四轴控制的数控车床等。

四、数控车床的组成

数控车床由车床主体、控制部分、驱动部分、辅助部分等组成,具体见表 7-2-1。

表 7-2-1　数控车床的组成部分

序号	组成部分	说　明	图　例
1	车床主体	目前大部分数控车床均已专门设计并定型生产,包括主轴箱、床身、导轨、刀架、尾座、变速开关等	 主轴　刀架 主轴箱　　尾座 变速开关 导轨　防护罩　冷却泵　床身
2	控制部分	数控车床的控制核心,由各种数控系统完成对数控车床的控制	 数控系统
3	驱动部分	数控车床执行机构的驱动部件,包括主轴电动机和进给伺服电动机	 主轴变频电动机 伺服电动机

序号	组成部分	说　明	图　例
4	辅助部分	数控车床的一些配套部件，包括液压装置、气动装置、冷却系统、润滑系统、自动清屑器等	冷却系统 润滑系统

五、数控车床的加工特点

数控车床的加工特点见表 7-2-2。

表 7-2-2　数控车床的加工特点

序号	特　点	说　明
1	能加工复杂型面	数控车床因能实现两坐标轴联动，所以容易实现许多普通车床难以完成或无法加工的曲线、曲面构成的回转体加工及非标准螺距螺纹、变螺距螺纹加工
2	具有高度柔性	使用数控车床，当加工的零件改变时，只需要重新编写（或修改）数控加工程序即可实现对新零件的加工；不需要重新设计模具、夹具等工艺装备，对多品种、小批量零件的生产适应性强
3	加工精度高、质量稳定	数控车床按照预定的加工程序自动加工工件，加工过程中消除了操作者人为的操作误差，能保证零件加工质量的一致性，而且还可以利用反馈系统进行校正及补偿加工精度，因此可以获得比机床本身精度还要高的加工精度及重复精度
4	自动化程度高、工人劳动强度低	数控车床上加工零件时，操作者除了输入程序、装卸工件、对刀、关键工序的中间检测等，不需要进行其他复杂手工操作，劳动强度和紧张程度均大为减轻。此外，机床上一般都具有较好的安全防护、自动排屑、自动冷却等装置，操作者的劳动条件也大为改善

续表

序号	特 点	说 明
5	生产效率高	数控车床结构刚性好，主轴转速高，可以进行大切削用量的强力切削；此外，机床移动部件的空行程运动速度快，加工时所需的切削时间和辅助时间均比普通机床少，生产效率比普通机床高 2～3 倍；加工形状复杂的零件时，生产效率可高达十几倍到几十倍
6	经济效益高	单件、小批生产情况下，使用数控车床可以减少划线、调整、检验时间而减少生产费用，节省工艺装备，减少装备费用等而获得良好的经济效益。此外，加工精度稳定减少了废品率。数控机床还可实现一机多用，节省厂房、节省建厂投资等
7	有利于生产管理的现代化	用数控车床加工零件，能准确地计算零件的加工工时，有效地简化了检验和工夹具、半成品的管理工作。其加工及操作均使用数字信息与标准代码输入，最适于与计算机联系，目前已成为计算机辅助设计、制造及管理一体化的基础

六、数控车床的加工范围

数控车床与普通车床一样主要用于轴类、盘类等回转体零件的加工，如完成各种内、外圆柱面、圆锥面、圆柱螺纹、圆锥螺纹、切槽、钻扩、铰孔等工序的加工；还可以完成普通车床上不能完成的圆弧、各种非圆曲面构成的回转面、非标准螺纹、变螺距螺纹等表面加工。数控车床特别适合于复杂形状的零件或中、小批量零件的加工。

7.3 数控车床面板熟悉

学习目标

1. 掌握 FANUC(法那克)0i Mate 系统数控车床面板功能。
2. 掌握 SIEMENS(西门子)802D 系统数控车床面板功能。
3. 掌握数控车床安全操作规程。
4. 熟悉数控车床日常维护及保养。

课堂讨论

仔细看图 7-3-1，发现这些都是机电一体化典型产品，都具有自身独特的功能。请大家来说出这三种产品用于哪些场合？面板按钮的具体功能是什么？

图 7 - 3 - 1　面板

一、FANUC(法那克)0i Mate 系统数控车床面板功能

1. CRT/MDI 数控操作面板

如图 7 - 3 - 2 所示为 FANUC(法那克)0iMate 数控操作面板。

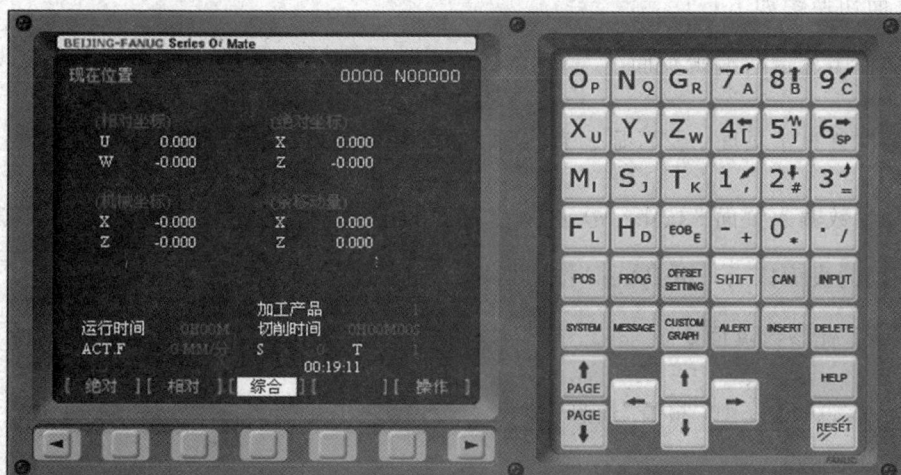

图 7 - 3 - 2　FANUC(法那克)0i Mate 数控面板

各键的符号及用途如下所述。

（1）数字/字母键如下：

数字/字母键用于输入数据到输入区域，系统自动判别取字母还是取数字。字母和数字键通过 SHIFT（上挡）键切换输入，如：O—P，7—A。

（2）编辑键如下：

ALTER　　替换键，用输入的数据替换光标所在的数据。

DELTE　　删除键，删除光标所在的数据；或者删除一个程序或者删除全部程序。

INSERT　　插入键，把输入区之中的数据插入到当前光标之后的位置。

CAN　　取消键，消除输入区内的数据。

EOB E　　回车换行键，结束一行程序的输入并且换行。

SHIFT　　上挡键。

（3）页面切换键如下：

PROG　　程序显示与编辑页面。

POS　　位置显示页面。位置显示有三种方式，用 PAGE 按钮选择。

OFSET SET　　参数输入页面。按第一次进入坐标系设置页面，按第二次进入刀具补偿参数页面。进入不同的页面以后，用 PAGE 按钮切换。

SYSTM　　系统参数页面。

MESGE　　信息页面，如"报警"信息。

CUSTM GRAPH　　图形参数设置页面。

HELP　　系统帮助页面。

（4）翻页按钮（PAGE）如下：

PAGE↑　　向上翻页。　　　　**PAGE↓**　　向下翻页。

（5）光标移动（CURSOR）如下：

↑　　　向上移动光标。　　　**←**　　　向左移动光标。

↓　　　向下移动光标。　　　**→**　　　向右移动光标。

（6）输入键如下：

INPUT　　输入键，把输入区内的数据输入参数页面。

RESET　　复位键。

2. 机床操作面板(以北京 **FANUC 0i Mate** 标准操作面板为例)

机床操作面板如图 7-3-3 所示。主要用于控制机床的运动和选择机床运行状态，由模式选择旋钮、数控程序运行控制开关等多个部分组成，每一部分的详细说明见表 7-3-1。

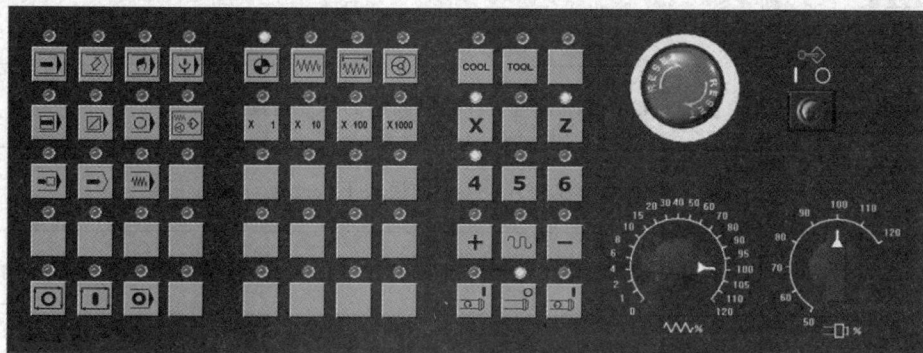

图 7-3-3 北京 FANUC 0i Mate 标准操作面板

表 7-3-1 FANUC 0i Mate 机床操作面板按键功能

图标	功能
	AUTO(MEM)键(自动模式键)：进入自动加工模式
	EDIT 键(编辑键)：用于直接通过操作面板输入数控程序和编辑程序
	MDI 键(手动数据输入键)：用于直接通过操作面板输入数控程序和编辑程序
	文件传输键：通过 RS232 接口把数控系统与电脑相连并传输文件
	REF 键(回参考点键)：通过手动回机床参考点
	JOG 键(手动模式键)：通过手动连续移动各轴
	INC 键(增量进给键)：手动脉冲方式进给
	HNDL 键(手轮进给键)：按此键切换成手摇轮移动各坐标轴
	冷却液开关键：按下此键，冷却液开
	刀具选择键：按下此键在刀库中选刀
	SINGL 键(单段执行键)：自动加工模式和 MDI 模式中，单段运行
	程序段跳键：在自动模式下按此键，跳过程序段开头带有"/"程序
	程序停键：自动模式下，遇有 M00 指令程序停止

	程序重启键：由于刀具破损等原因自动停止后，程序可以从指定的程序段重新启动
	程序锁开关键：按下此键，机床各轴被锁住
	空运行键：按下此键，各轴以固定的速度运动
	机床主轴手动控制开关：手动模式下按此键，主轴正转
	机床主轴手动控制开关：手动模式下按此键，主轴停
	机床主轴手动控制开关：手动模式下按此键，主轴反转
	循环(数控)停止键：数控程序运行中，按下此键停止程序运行
	循环(数控)启动键：在"AUTO"或"MDI"工作模式下按此键自动加工程序，其余时间按下无效
X	X轴方向手动进给键
Z	Z轴方向手动进给键
+	正方向进给键
	快速进给键，手动方式下，同时按住此键和一个坐标轴点动方向键，坐标轴以快速进给速度移动
—	负方向进给
X 1	选择手动移动(步进增量方式)时每一步的距离。X1 为 0.001 毫米
X 10	选择手动移动(步进增量方式)时每一步的距离。X10 为 0.01 毫米
X 100	选择手动移动(步进增量方式)时每一步的距离。X100 为 0.1 毫米
X1000	选择手动移动(步进增量方式)时每一步的距离。X1000 为 1 毫米
	程序编辑开关： 置于"ON"位置，可编辑程序

	进给速度(F)调节旋钮： 调节进给速度，调节范围从 0～120%
	主轴转速调节旋钮： 调节主轴转速，调节范围从 50%～120%
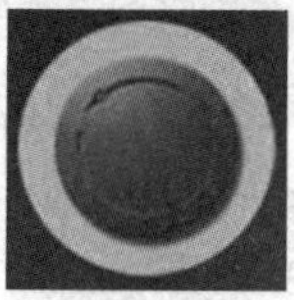	紧急停止按钮： 按下此按钮，可使机床和数控系统紧急停止，旋转可释放

二、SIEMENS(西门子)802D 数控车床面板功能

1. 数控操作面板

SIEMENS(西门子)802D 数控操作面板如图 7-3-4 所示。

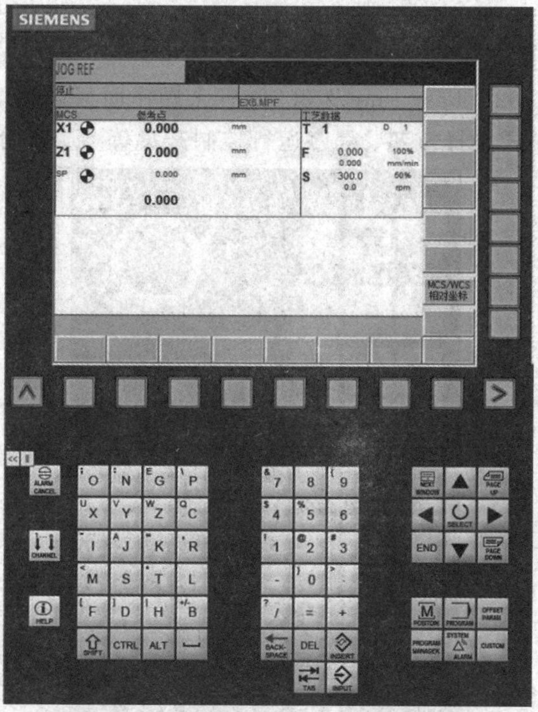

图 7-3-4　SIEMENS(西门子)802D 数控操作面板

SIEMENS(西门子)802D 数控操作面板各按键功能见表 7-3-2。

表 7 - 3 - 2　SIEMENS(西门子)802D 数控车操作面板按键功能

	区域转换键	**M**	加工显示键
	返回键		菜单扩展键
	报警应答键		软键
	删除键(退格键)		垂直菜单
	选择/转换键		上挡键
INS	空格键(插入键)		回车/输入键
	光标向上键(上挡:向上翻页键)		光标向下键(上挡:向下翻页键)
	光标向左键		光标向右键
`0` `9`	数字键,上挡键转换对应字符	`G` `C`	字母键,上挡键转换对应字符

2. 机床操作面板

SIEMENS(西门子)802D base line 及 802D 机床操作面板如图 7 - 3 - 5 所示；主要用于控制机床运行状态,由模式选择按钮、程序运行控制开关等多个部分组成。

图 7 - 3 - 5　西门子系统机床操作面板

机床面板每一部分的详细说明如下：

MDA(I)键（手动数据输入键），用于直接通过面板输入程序和编辑程序。

AUTO 键（自动模式键），进入自动加工模式。

JOG 键（手动模式键），手动连续移动各轴。

REF 键（回参考点键），通过手动回机床参考点。

VAR 键（增量键），在手动模式下，选择坐标轴每次进给的步进增量（范围：1 μm，10 μm，100 μm，1000 μm）。

SINGL 键（单段执行键），自动加工模式和 MDA 模式中，按此键单段运行。

SPINSTAR 键（主轴正转键），手动模式下按此键，主轴正轴。

SPINSTAR 键（主轴反转键），手动模式下按此键，主轴反轴。

SPINSTP 键（主轴停止键），手动模式下按此键，主轴停止转动。

RESET 键（复位键），各种操作模式下按此键使 NC 系统复位。

CYCLESTAR 键（数控启动键），自动模式和 MDA 模式下启动执行程序。

CYCLESTOP 键（数控停止键），停止程序运行（按下启动键可恢复程序继续运行）。

RAPID 键（快速移动键），手动模式下，同时按住此键和一个坐标轴点动方向键，坐标轴以快速进给速度移动。

坐标轴点动方向键，手动模式下按相应的坐标轴方向键可使坐标轴向相应方向移动。

紧急停止按钮，按下此按钮，可使机床和数控系统紧急停止，旋转可释放紧急停止。

主轴速度调节旋钮，调节主轴转速，调节范围 50%～120%。

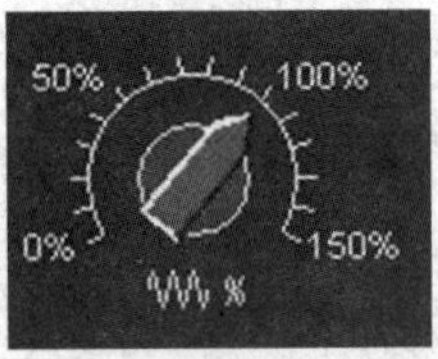

进给速度（F）调节旋钮，调节进给速度，调节范围 0～150%。

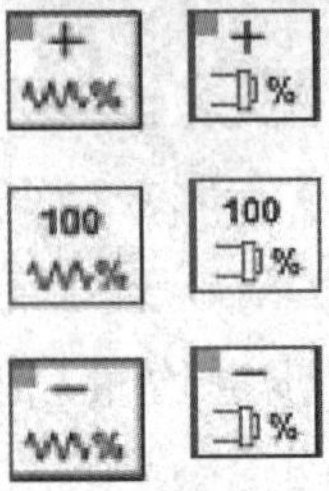

左侧为西门子 802S/C base line 进给速度调节按钮。右侧为西门子 802S/C base line 主轴转速调节按钮。

3. 手持式操作器（手摇轮）

手持式操作器如图 7-3-6 所示。

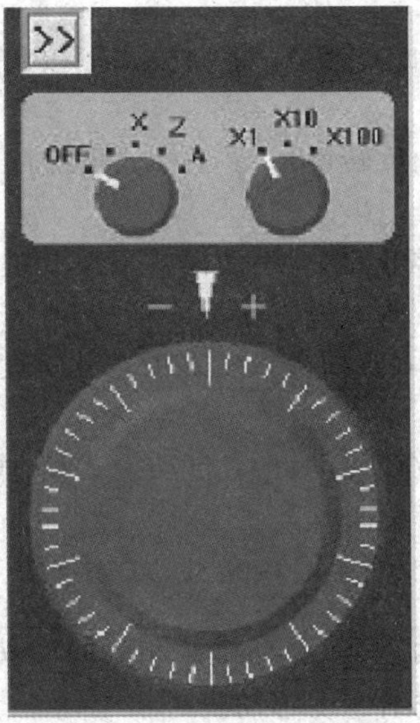

图 7-3-6　手持式操作器

操作器上各功能键含义如下：

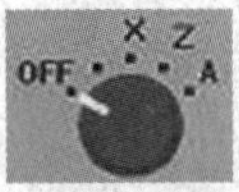

功能选择旋钮，选择所需移动的轴，OFF 状态为关闭手轮模式。

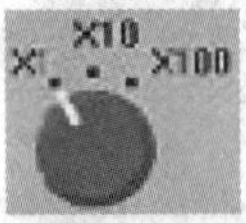

步距选项旋钮，可选择 0.001×1(mm)、0.001×10(mm)、0.001×100(mm) 的进给速度。

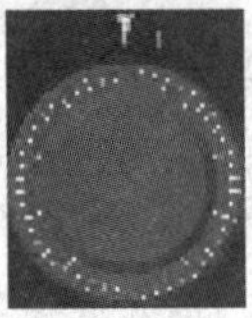

手摇轮，顺时针旋转手摇轮，各坐标轴正向移动；逆时针旋转手摇轮，各坐标轴负向移动（机床移动方向由功能旋钮确定，机床移动速度由步距选项旋钮确定）。

7.4 数控车床对刀训练

学习目标

1. 掌握工件坐标系及其建立方法。
2. 掌握可设定的零点偏置指令。
3. 掌握主轴正转、反转、主轴转速指令。
4. 掌握尺寸功能、刀具功能等指令。
5. 掌握数控车床对刀方法及验证方法。

一、数控外圆车刀

数控外圆车刀与一般车床外圆车刀相同，常用的有整体式、焊接式、机夹式、可转位式。为适应数控加工的特点，数控车床常用可转位车刀，并采用涂层刀片，以提高加工效率。如图 7-4-1 所示。

数控车刀　　　　　可转位刀片

图 7-4-1 数控外圆车刀及刀片

二、数控车床装夹工件、刀具的设备

1. 装夹工件的设备

普通数控车床常采用三卡爪盘、四卡爪盘夹紧工件，此种夹紧需校正工件，夹紧时间长、效率低。高档数控车床采用液压卡盘夹紧工件，效率高，但机床成本高。液压卡盘如图 7-4-2 所示。

图 7-4-2 液压卡盘

2. 装夹刀具的设备

车刀装夹在刀架上,数控车床上常用四工位电动刀架(见图 7 - 4 - 3)和六、八工位回转刀架(见图 7 - 4 - 4)。

图 7 - 4 - 3　四工位刀架

图 7 - 4 - 4　六工位刀架

三、机床坐标系

数控机床中,为确定机床各部件运动的方向和相互之间的距离,必须要有一个坐标系才能实现,我们把这种机床固有的坐标系称为机床坐标系,该坐标系的建立必须依据以下的原则。

(1) 假定刀具相对于静止工件而运动的原则。这个原则规定,不论数控机床是刀具运动还是工件运动,均以刀具的运动为准,工件看成静止不动,这样可按零件图轮廓直接确定数控车床刀具的加工运动轨迹。

(2) 采用右手笛卡尔直角坐标系原则。如图 7 - 4 - 5 所示,张开食指、中指与拇指相互垂直,中指指向 $+Z$ 方向,拇指指向 $+X$ 方向,食指指向 $+Y$ 方向。坐标轴的正方向规定为增大工件与刀具之间距离的方向。旋转坐标轴 A、B、C 的正方向根据右手螺旋法则确定。

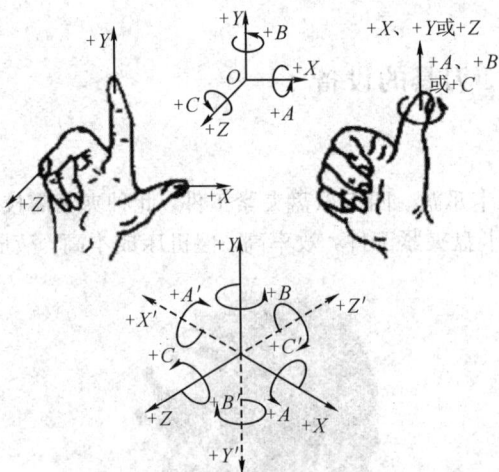

图 7 - 4 - 5　右手笛卡尔直角坐标系

(3) 机床坐标轴的确定方法。数控机床一般先确定 Z 轴,然后再确定 X、Y 轴。Z 轴由传递切削动力的主轴所规定,对于数控车床,Z 轴是带动工件旋转的主轴;X 轴处于水平方向，垂直于 Z 轴且平行于工件的装夹平面；最后根据右手笛卡尔直角坐标系原则确定 Y 轴的方向（数控车床不用 Y 轴）。

1. 卧式数控车床机床坐标系

卧式数控车床的机床坐标系有两个坐标轴，分别是 Z 轴和 X 轴；Z 轴在主轴轴线上，向右为坐标轴正方向；X 轴为水平方向，正方向位置根据刀架为前置刀架还是后置刀架情况而定。

（1）前置刀架：刀架与操作者在同一侧，经济型数控车床和水平导轨的普通数控车床常采用前置刀架，X 轴正方向指向操作者。如图 7-4-6 所示。

（2）后置刀架：刀架与操作者不在同一侧，倾斜导轨的全功能型数控车床和车削中心常采用后置刀架，X 轴正方向背向操作者，如图 7-4-7 所示。

图 7-4-6　前置刀架数控车床机床坐标系　　　图 7-4-7　后置刀架数控车床机床坐标系

2. 机床原点、机床参考点

（1）机床原点即数控机床坐标系的原点，又称为机床零点，是数控机床上设置的一个固定点，它在机床装配、调试时就已设置好，一般情况下不允许用户进行更改。

数控车床原点又是数控车床进行加工运动的基准参考点，通常设置在卡盘端面与主轴中心线的交点处。如图 7-4-8 所示。

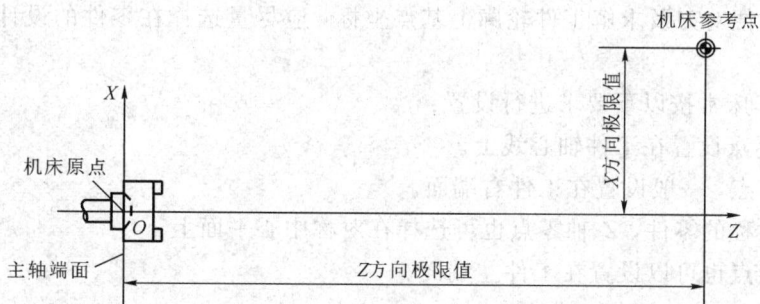

图 7-4-8　机床坐标系原点及机床参考点

（2）机床参考点在机床出厂时已调好，并将数据输入到数控系统中。对于大多数数控机床，开机时必须首先进行刀架返回机床参考点操作，确认机床参考点。回参考点的目的就是为了建立数控机床坐标系，并确定机床坐标系的原点。只有机床回参考点以后，机床坐标系才建立起来，刀具移动才有了依据，否则不仅加工无基准，而且还会发生碰撞等事故。数控车床参考点位置通常设置在机床坐标系中 $+X$、$+Z$ 极限位置处。如图 7-4-8 所示。

四、工件坐标系

1. 工件坐标系的概念

工件坐标系又称编程坐标系，是编程人员为方便编写数控程序而建立的坐标系，一般建立在工件上或零件图纸上。

2. 工件坐标系的建立原则

工件坐标系建立也有一定的原则，否则无法编写数控加工程序或编写的数控程序无法加工，具体为：工件坐标系的方向必须与所采用的数控机床坐标系方向一致。卧式数控车床上加工工件时，工件坐标系 Z 轴正方向应向右，X 轴正方向向上或向下（后置刀架向上、前置刀架向下），与卧式车床机床坐标系方向一致，如图 7-4-9 所示。

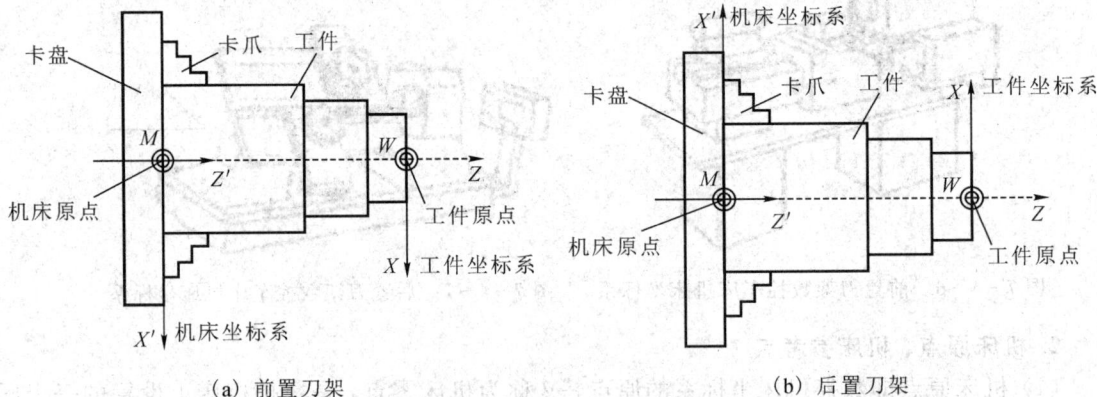

(a) 前置刀架　　　　　　　　(b) 后置刀架

图 7-4-9　工件坐标系与机床坐标系关系

3. 工件坐标系原点位置的设定

工件坐标系的原点又称为工件原（零）点或编程原（零）点。理论上编程原点的位置可以任意设定，但为方便对刀及求解工件轮廓上基点坐标，应尽量选择在零件的设计基准或工艺基准上。

对于数控车床常按以下要求进行设置：

（1）X 轴零点设置在工件轴心线上。

（2）Z 轴零点，一般设置在工件右端面。

（3）对于对称的零件，Z 轴零点也可选择在对称中心平面上。

（4）Z 轴零点也可以设置在工件左端面。

五、程序指令

1. 可设定的零点偏置指令

1）指令代码

可设定的零点偏置指令有：G54、G55、G56、G57、G58、G59 等。

2）指令功能

可设定的零点偏置指令是以机床坐标系原点为基准的偏移，偏移后使刀具运行在工件坐标系中。通过对刀操作将工件原点在机床坐标系中的位置（偏移量）输入到数控系统相应的存储器（G54、G55 等）中，运行程序时调用 G54、G55 等指令实现刀具在工件坐标系中运行，如图 7-4-10 所示。

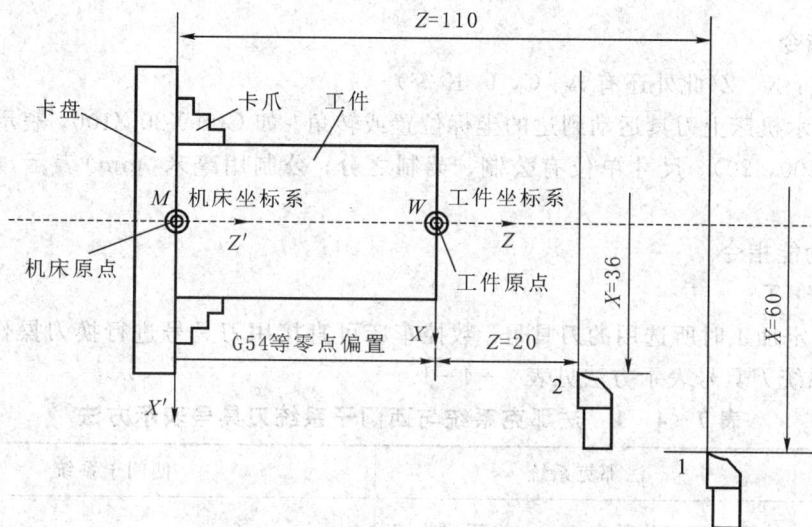

图 7-4-10　机床坐标系零点偏置情况

3）指令应用

以图 7-4-10 为例，刀具由 1 点移动至 2 点。

N10 G00 X60 Z110；	刀具运行到机床坐标系中坐标为（110，60）位置。
N20 G54；	调用 G54 零点偏置指令。
N30 G00 X36 Z20；	刀具运行到工件坐标系中（20，36）位置。

4）指令使用说明

① 六个可设定的零点偏置指令均为模态有效代码，一经使用，一直有效。

② 六个可设定的零点偏置功能一样，使用中可任意使用其中之一。

③ 执行零点偏移指令后，机床不作移动，只是在执行程序时把工件原点在机床坐标系中位置量带入数控系统内部计算。

④ 西门子 802S/C 系统只有 G54、G55、G56、G57 四个偏移指令，802D 以上系统才有 G58、G59 指令。

⑤ 法那克系统说明书中称 G54、G55…G59 为选择工件坐标系指令，其含义相同。

⑥ 法那克系统用 G53 指令取消可设定的零点偏置，使刀具运行在机床坐标系中；西门子系统用 G500 指令取消可设定的零点偏置，使刀具运行在机床坐标系中。

2. 主轴转速功能指令

地址字符：S

功能：表示主轴的转速，单位：转/分钟（r/min）。如 S1000 表示主轴转速为 1000 转/分钟。一个程序段只可以使用一个 S 代码，不同程序段可根据需要改变主轴转速。

3. 主轴正、反转转动指令

代码及功能：

M03（或 M3），表示主轴正转。

M04（或 M4），表示主轴反转。

M03、M04 指令一般与 S 指令结合在一起使用，如：M03 S1000 表示主轴正转，转速为 1000 r/min。

4. 尺寸指令

地址字符：X　Z（此外还有 A、C、I、K 等）

功能：表示机床上刀具运动到达的坐标位置或转角。如 G00 X20 Z100，表示刀具运动终点的坐标为(100，20)。尺寸单位有公制、英制之分；公制用毫米（mm）表示，英制用英寸（inch）表示。

5. 刀具功能指令

地址字符：T

功能：指定加工时所选用的刀具号。数控车床可直接用刀具号进行换刀操作。法那克系统与西门子系统刀具号表示方法见表 7-4-1。

表 7-4-1　法那克系统与西门子系统刀具号表示方法

系统	法那克系统	西门子系统
刀具表示方法	T 后跟四位数字组成，前两位为刀具号，后两位为刀具补偿号。如 T0101，T0303	T 后跟 1～4 位数组成表示刀具号。如 T01 表示换 1 号刀具；T04 表示换 4 号刀具
说明	有些法那克系统刀具指令需要单独编一程序段	西门子系统用 D1～D9 表示刀具补偿号（刀沿号）。如 T01 D1，T01 D2 等，每把刀具共有 9 个刀沿号，用于多刃刀具

7.5　数控车床编程基础

学习目标

1. 掌握数控机床程序结构与组成。
2. 掌握数控机床程序命名规则。
3. 了解数控机床程序段、程序字含义。
4. 掌握数控程序输入及打开方法。
5. 会进行程序内容的编辑处理。

课堂讨论

如图 7-5-1 所示零件可以在普通车床和数控车床上加工。普通车床主要通过手动操作完成加工，而数控车床可以自动加工。

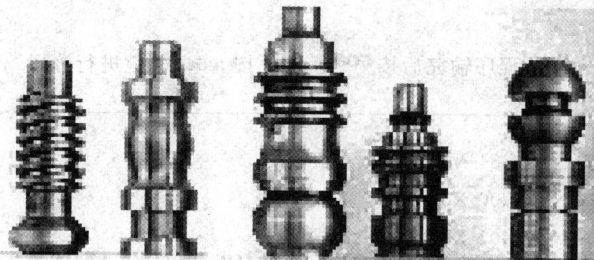

图 7-5-1　数控车床加工零件

一、数控机床程序的结构

数控机床程序都是由程序名、程序内容和程序结束三部分组成。

1. 程序名

所有数控程序都要取一个程序名，用于存储、调用。不同的数控系统有不同的命名规则，FNAUC（法那克）系统和 SIEMENS（西门子）系统程序命名规则见表 7-5-1。

表 7-5-1　法那克系统和西门子系统程序命名规则

系统	程序命名规则
法那克系统	以字母"O"开头，后跟四位数字。从 O0000～O9999，如：O0030、O0230、O0456 等
西门子系统	由 2～8 位字母和数字组成，开始两位必须是字母，其后可为字母、数字、下划线，如：MM.MPF、MDA123.SPF、DL-3-4.MPF 等

注意：数控程序有主程序与子程序之分，法那克系统主程序与子程序命名规则相同；西门子系统主程序名用后缀".MPF"，子程序名用后缀".SPF"来区分。

2. 程序内容

程序内容由各程序段组成，每一程序段规定数控机床执行某种动作，前一程序段规定的动作完成后才开始执行下一程序段内容。程序段与程序段之间法那克系统用"EOB（；）"分隔。西门子系统用段结束符"LF"分隔，在程序输入过程中按输入键（回车键）可以自动产生段结束符。具体示例见表 7-5-2。

表 7-5-2　　法那克系统与西门子系统程序示例

数控系统	程 序 示 例
法那克系统	N10 G54 G40 G90 M3 S1000； N20 G00 X0 Z100； N30 G01 X10 Z5 F0.3； … 每段程序输完后按 EOB E 键再按 INSERT 键进行分段
西门子系统	N10 G54 M3 S1000 T01　　LF N20 G00 X0 Z100　　　LF N30 G01 X10 Z5 F0.3　　LF … 在输入程序时，每段程序结束后按 ➡ （回车键）即自动产生段结束符"LF"

3. 程序结束

每一个数控加工程序都要有程序结束指令，法那克系统和西门子系统都可用 M02 或 M30 指令结束程序。

M02 程序结束，光标停在程序结尾处；M30 程序结束，光标自动返回程序开头。

二、程序段组成

程序段由若干程序字组成。程序字又是由字母（或地址）和数字组成。如：N20 G00 X60 Z100 M3 S1000 ，即程序字组成程序段，程序段组成数控程序。

程序字是机床数字控制的专用术语，又称程序功能字。它的定义是：一套有规定次序的字符，可以作为一个信息单元存储、传递和操作，如 X60 就是一个程序字或称功能字（或字）。程序字按其功能的不同可分为 7 种类型，分别称为顺序号字（N）、尺寸字（X、Z）、进给功能字（F）、主轴转速功能字（S）、刀具功能字（T）、辅助功能字（M）和准备功能字（G）等。

7.6　数控车床加工工艺基础

学习目标

1. 了解数控车床加工工艺与普通车床加工工艺的不同点。
2. 熟悉刀具的选择及数控刀具路径的设计方法。
3. 熟悉数控加工切削用量的确定方法及典型数控零件的工艺分析。

课堂讨论

读图 7-6-1，写出零件加工内容，编制工艺步骤。

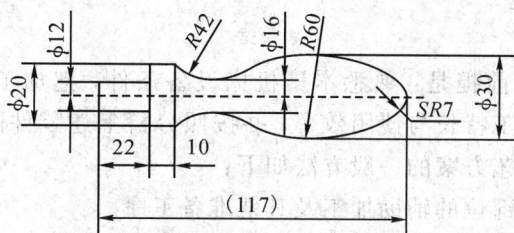

图 7-6-1 手柄零件图

一、分析零件图样

1. 分析零件的几何要素

如图 7-6-2 所示轴类零件，首先从零件图的分析中，了解工件的外形、结构、工件上需加工的部位，及其形状、尺寸精度和表面粗糙度；其次了解各加工部位之间的相对位置和尺寸精度；最后了解工件材料及其他技术要求。从中搞清楚工件经过加工后，必须达到的主要加工尺寸和重要位置尺寸精度。

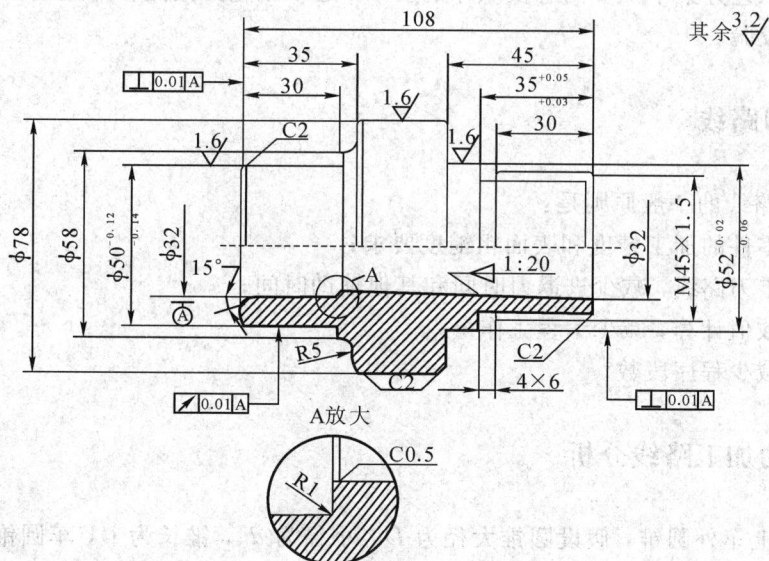

图 7-6-2 轴类零件加工

2. 分析了解工件的工艺基准

分析工件的工艺基准，包括其外形尺寸、在工件上的位置、结构及其他部位的相对关系等。对于复杂工件或较难辨工艺基准的零件图，尚需详细分析有关装配图，了解该零件的装配使用要求,找准工件的工艺基准。

3. 了解工件的加工数量

不同零件的加工数量不同时所采用的工艺方案也不同。

二、研究制订工艺方案

研究制订工艺方案的前提是:熟悉本厂机床设备条件,把加工任务指定给最适宜的工种,尽可能发挥机床的加工特长与使用效率,并按照分析上述零件图所了解的加工要求,合理安排加工顺序。制订工艺方案的一般方法如下:

(1)安排工件上基准部位的辅助加工及其他准备工序。

(2)安排工件工艺基准面的加工工序。

(3)根据工件的加工批量大小,确定加工工序的集中与分散。

(4)充分估计加工中会出现的问题,有针对性地予以解决。例如:对于薄壁工件要解决装夹变形和车削震动的问题,对有角度位置的工件要解决角度定位问题,对于偏心工件要解决偏心夹具或装夹问题。

三、编制加工程序

编制加工程序包含以下步骤:

(1)零件图形的数学处理及编程尺寸设定值的确定;

(2)根据工艺方案中工步内容及顺序的要求,逐项创建刀具路径并生成程序;

(3)程序校验。

四、确定走刀路线

确定走刀路线的一般原则是:

(1)保证零件的加工精度和表面粗糙度要求;

(2)缩短走刀路线,减少进退刀时间和其他辅助时间;

(3)方便数值计算,减少编程工作量;

(4)尽量减少程序段数。

五、车圆锥的加工路线分析

数控车床上车外圆锥,假设圆锥大径为 D,小径为 d,锥长为 L,车圆锥的三种加工路线如图 7-6-3 所示。

六、车圆弧的加工路线分析

应用 G02(或 G03)指令车圆弧,若用一刀就把圆弧加工出来,这样吃刀量太大,容易打刀。所以，实际车圆弧时，需要多刀加工，先将大多余量切除，最后才车得所需圆弧。

图 7-6-4(a)为车圆弧的阶梯切削路线。即先粗车成阶梯，最后一刀精车出圆弧。此方法在确定了每刀吃刀量 a_p 后，须精确计算出粗车的终刀距 S，即求圆弧与直线的交点。此方法刀具切削运动距离较短，但数值计算较繁。

图 7-6-4(b)为车圆弧的同心圆弧切削路线。即用不同的半径圆来车削，最后将所需圆弧加工出来。此方法在确定了每次吃刀量 a_p 后，对 90°圆弧的起点、终点坐标较易确定，数值计算简单，编程方便，常采用。但按图 7-6-4(b)加工时，空行程时间较长。

图 7-6-4(c)为车圆弧的车锥法切削路线。即先车一个圆锥，再车圆弧。但要注意，车锥时的起点和终点的确定，若确定不好，则可能损坏圆锥表面，也可能将余量留得过大。确定方法如图所示，连接 OC 交圆弧于 D，过 D 点作圆弧的切线 AB。

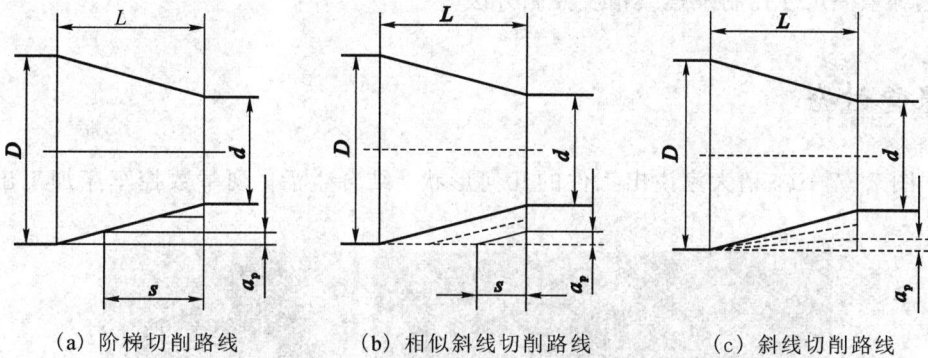

（a）阶梯切削路线　　　（b）相似斜线切削路线　　　（c）斜线切削路线

图 7-6-3　车圆锥路线图

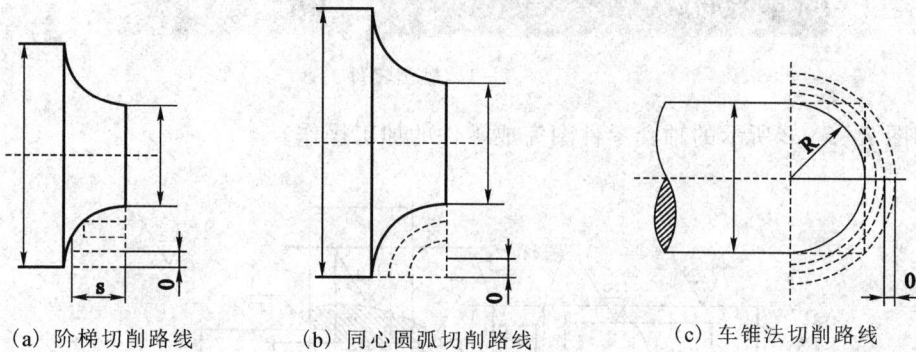

（a）阶梯切削路线　　　（b）同心圆弧切削路线　　　（c）车锥法切削路线

图 7-6-4　车圆弧路线

七、螺纹切削方式

螺纹切削方式有以下两种：

（1）径向切入法：一般的螺纹切削，加工螺纹螺距 4 mm 以下。

（2）侧向切入法：用于工件刚性低易振动的场合及切削不锈钢等难加工材料。加工螺纹螺距 4 mm 以上。

7.7　综合训练

学习目标

1. 会识读零件图纸。
2. 掌握掉头加工零件的工艺制订方法。
3. 会编制掉头加工零件程序。
4. 熟练掌握尺寸控制及螺纹精度控制方法。

课堂讨论

根据图7-7-1，请大家说出工件的几何形状。结合生活，列举数控车床加工出来的工艺品。

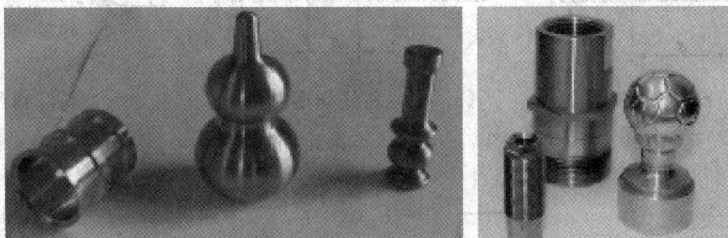

图7-7-1　轴类零件

按如图7-7-2所示的轴套零件图完成零件的加工操作。

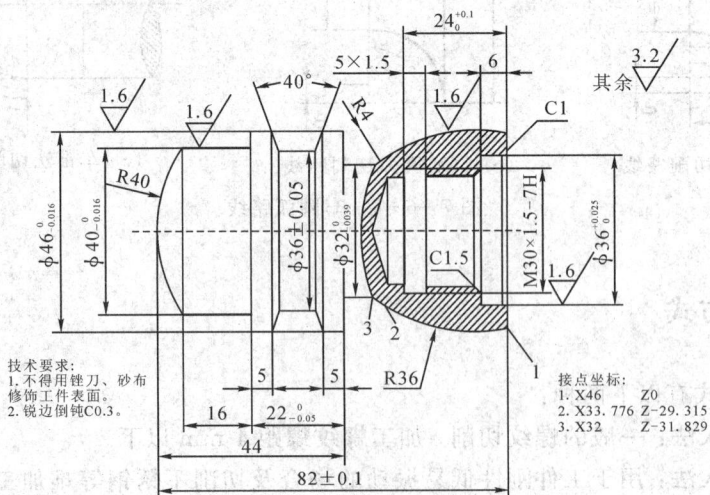

技术要求：
1. 不得用锉刀、砂布修饰工件表面。
2. 锐边倒钝C0.3。

接点坐标：
1. X46　　Z0
2. X33.776 Z-29.315
3. X32　　Z-31.829

图7-7-2　轴套零件图

1. 加工工艺单

轴套的加工工艺过程见表 7-7-1。

表 7-7-1 加工工艺过程

工步号	工步内容	选用刀具	主轴转速 /(r/min)	进给速度 /(r/mm)	背吃刀量 /mm
1	夹毛坯，伸出长度超 50 mm，车平端面	93°外圆车刀	800	手动	0.5
2	粗加工零件左端外轮廓	35°菱形车刀	800	0.18	1
3	精加工零件左端外轮廓至尺寸要求	35°菱形车刀	1200	0.1	0.3~0.5
4	粗、精加工 V 型槽	3 mm 宽切槽刀	400/800	0.06	
5	调头，取零件总长 82 mm	93°外圆车刀	800	手动	0.5
6	钻孔，深 30 mm	φ20 麻花钻	350	手动	
7	粗镗零件右端内孔	镗孔刀	600	0.15	1
8	精镗零件右端内孔至尺寸要求	镗孔刀	750	0.1	0.5
9	粗、精加工内螺纹至尺寸要求	内螺纹刀	600	1.5	0.2
10	粗加工零件右端外轮廓	35°菱形车刀	800	0.18	1
11	精加工零件右端外轮廓至尺寸要求	35°菱形车刀	1200	0.1	0.3~0.5
12	自检，上交零件				

2. 程序单

1）FANUC 系统轴套的加工程序

（1）左端外圆加工编程如下：

程序段号	程序内容	说 明	备 注
	O0011	程序名	左端外圆程序单
N10	M44	主轴高速挡位选择指令	
N20	M03 S600	主轴以 600 r/min 正转	
N30	T0202	调用 2 号刀（35°菱形车刀）；2 号刀补	
N40	G00 X52 Z2	快速点定位至毛坯加工起始点	坐标 X52 Z2
N50	G71 U1 R1	调用外径粗加工切削复合循环	U 切削深度 R 退刀量

程序段号	程序内容	说　明	备　注
N60	G71 P70 Q140 U0.4 W0.1 F0.2	P、Q—精加工轮廓程序段起始段和终止段程序段号 U—X向的精加工余量 W—Z向的精加工余量 F—进给量	
N70	G00 X0	轮廓第一点坐标	
N80	G01 Z0 F0.1		
N90	G03 X40 Z－6 R36	第二点坐标	
N100	G01 Z－22	第三点坐标	
N110	X46	第四点坐标	
N120	X48 Z－23	第五点坐标	
N130	Z－46	第六点坐标	
N140	G01 X50	精加工轮廓退刀至毛坯位置	
N150	G00 X100	退刀至 X100 Z150 点处	换刀安全位置
N160	Z150		
N170	M05	主轴停止	
N180	M30	程序结束并返回加工起始点	
N190	M44	主轴高速挡位选择指令	
N200	M03 S1200	主轴以 1200 r/min 正转	
N210	T0202	调用 2 号刀(35°菱形车刀)，2 号刀补	
N220	G00 X52 Z2	快速点定位至毛坯加工起始点	和粗加工定位相同
N230	G70 P70 Q140	调用精加工切削循环	
N240	G00 X100	退刀至 X100 Z150 点处	
N250	Z150		
N260	M30	程序结束并返回加工起始点	

（2）零件 V 型槽加工编程如下：

程序段号	程序内容	说　明	备　注
	O0012	程序名	切 V 型槽程序单
N10	M44	主轴高速挡位选择指令	
N20	M03 S400	主轴以 400 r/min 正转	

程序段号	程序内容	说　明	备　注
N30	T0303	调用 3 号刀(3 mm 宽切槽刀),2 号刀补	
N40	G00 X48 Z－29.82	快速点定位至切槽加工起始点外 2 mm	
N50	G01 Z－31.82 F0.2	直线插补至切槽加工 Z 向起始点	
N60	X36.3	粗加工切直槽至终点坐标	留 0.3 mm 精加工
N70	G04 X1	暂停 1 秒	
N80	G00 X48	退刀至 X48 处	
N90	Z－34.32	Z 向定位坐标	计算平移坐标值
N100	G01 X36.3	粗加工切直槽至终点坐标	
N110	G04 X1	暂停 1 秒	
N120	G00 X48	退刀至 X48 处	
N130	Z－36.82	Z 向定位坐标	计算平移坐标值
N140	G01 X36.3	粗加工切直槽至终点坐标	
N150	G04 X1	暂停 1 秒	
N160	G00 X48	退刀至 X48 处	
N170	Z－37.18	Z 向定位坐标	
N180	G01 X36.3	粗加工切直槽至终点坐标	
N190	G04 X1	暂停 1 秒	
N200	G00 X48	退刀至 X48 处	
N210	Z－30	定位至斜边切削起始点	
N220	G01 X46	定位至切槽起始点	
N230	X36 Z－31.82	切削至斜边 20°的终点	
N240	Z－37.18	精加工槽底至 Z 向终点	
N250	G00 X48	退刀至 X48	
N260	G01 X46 Z－39	快速定位至切槽加工 Z 向起始点	
N270	X36 Z－37.18	切槽至左边斜边 20°的终点	
N280	G04 X1	暂停 1 秒	
N290	G00 X100	退刀至 X100 Z150 点处	
N300	Z150		
N310	M30	程序结束并返回加工起始点	

（3）右端外圆加工编程如下：

程序段号	程序内容	说　明	备　注
	O0013	程序名	右端外圆加工程序单
N10	M44	主轴高速挡位选择指令	
N20	M03 S600	主轴以 600 r/min 正转	
N30	T0202	调用 2 号刀（35°菱形车刀），2 号刀补	
N40	G00 X52 Z2	快速点定位至毛坯加工起始点	坐标 X52 Z2
N50	G73 U9 R12	调用粗加工轮廓封闭切削复合循环	U - X 向切削余量 R 切削次数
N60	G73 P70 Q140 U0.4 W0.1 F0.2	PQ -精加工轮廓程序段起始段和终止段程序段号 U - X 向的精加工余量 W - Z 向的精加工余量 F -进给量	
N70	G00 X46	轮廓第一点坐标	
N80	G01 Z0 F0.1		
N90	G03 X33.776 Z - 29.315 R36	第二点坐标	
N100	G02 X32 Z - 31.829 R4	第三点坐标	
N110	G01 Z - 38	第四点坐标	
N120	X46	第五点坐标	
N130	X50 Z - 40	第六点坐标	
N140	G01 X50	第七点坐标（精加工轮廓退刀点）	
N150	G00 X100	退刀至 X100 Z150 点处	安全位置
N160	Z150		
N170	M05	主轴停止	
N180	M30	程序结束并返回加工起始点	
N190	M44	主轴高速挡位选择指令	
N200	M03 S800	主轴以 800 r/min 正转	
N210	T0202	调用 2 号刀（35°菱形车刀），2 号刀补	
N220	G00 X52 Z2	快速点定位至毛坯加工起始点	
N230	G70 P70 Q140	调用精加工切削循环	
N240	G00 X100	退刀至 X100 Z150 点处	
N250	Z150		
N260	M30	程序结束并返回加工起始点	

（4）右端内孔加工编程如下：

程序段号	程序内容	说　　　明	备　注
	O0014	程序名	右端内孔程序单
N10	M44	主轴高速挡位选择指令	
N20	M03 S600	主轴以 600 r/min 正转	
N30	T0303	调用 3 号刀（内孔镗刀），3 号刀补	
N40	G00 X20 Z2	快速点定位至内孔加工起始点	坐标 X20 Z2
N50	G71 U1 R1	调用粗加工轮廓封闭切削复合循环	U－X 向切削余量 R 切削次数
N60	G71 P70 Q140 U－0.4 W0.1 F0.2	PQ-精加工轮廓程序段起始段和终止段程序段号 U－X 向的精加工余量 W－Z 向的精加工余量 F-进给量	X 轴精加工方向符号为负
N70	G00 X38	轮廓第一点坐标	
N80	G01 Z0 F0.1		
N90	X36 Z－1	第二点坐标	
N100	Z－6	第三点坐标	
N110	X31.5	第四点坐标	
N120	X28.5 Z－7.5	第五点坐标	
N130	Z－24	第六点坐标	
N140	G01 X20	第七点坐标（精加工轮廓退刀点）	
N150	G00 Z150	退刀至 X100 Z150 点处	换刀安全位置
N160	X100		
N170	M05	主轴停止	
N180	M30	程序结束并返回加工起始点	
N190	M44	主轴高速挡位选择指令	
N200	M03 S800	主轴以 800 r/min 正转	
N210	T0303	调用 2 号刀（35°菱形车刀），2 号刀补	
N220	G00 X20 Z2	快速点定位至内孔加工起始点	和粗加工定位相同
N230	G70 P70 Q140	调用精加工切削循环	
N240	G00 Z150	退刀至 X100 Z150 点处	
N250	X100		
N260	M30	程序结束并返回加工起始点	

（5）右端内螺纹加工编程如下：

程序段号	程序内容	说　明	备　注
	O0005	程序名	内螺纹加工程序单
N10	M44	主轴高速挡位选择指令	
N20	M03 S600	主轴以 600 r/min 正转	
N30	T0404	调用 3 号刀（内孔镗刀），3 号刀补	
N40	G00 X26 Z2	快速点定位至毛坯加工起始点	
N50	G92 X28.5 Z－22 F1.5	调用 G92 螺纹切削复合循环	
N60	X29	第一点螺纹终点坐标	
N70	X29.4	第二点螺纹终点坐标	
N80	X29.7	第三点螺纹终点坐标	
N90	X30	第四点螺纹终点坐标	
N100	G00 Z150	退刀至 Z150 点处	
N110	X100	退刀至安全位置	
N120	M05	主轴停止	
N130	M30	程序停止并返回加工起始点	

2）西门子 802D 系统轴套的加工程序

（1）左端外圆加工编制主程序如下：

程序段号	程序内容	说　明	备　注
	WY11.MPF	程序名	外圆主程序单
N10	M44	主轴高速挡指令	
N20	M03 S800	主轴以 800 r/min 正转	
N30	T1D1	调用 1 号刀（35°菱形车刀），1 号刀补	
N40	G00 X52 Z2	快速点定位至毛坯加工起始点	
N50	CYCLE95（"WY11/WY12"，1，0，0.20，0.18，0.1，0.1，9，…）	调用毛坯切削复合循环	加工不同外圆只需更改子程序名即可
N60	G00 X100	退刀至 X100 Z150 处	
N70	Z150		
N80	M30	程序结束并返回加工起始点	

（2）左端外圆加工编制子程序如下：

程序段号	程序内容	说　明	备　注
	WY11.SPF/WY11.iso	程序名	左端外圆子程序
N10	G01 X0 Z0	轮廓第一点坐标	
N20	G03 X40 Z－6 R36	第二点坐标	
N30	G01 Z－22	第三点坐标	
N40	X44	第四点坐标	
N50	X46 Z－23	第五点坐标	
N60	Z－46	第六点坐标	
N70	G01 X50	退刀至 X50	
N80	RET	子程序结束	

（3）V 型槽加工编制主程序如下：

程序段号	程序内容	说　明	备　注
	QC11.MPF	程序名	切 V 型槽程序单
N10	M44	主轴高速挡位选择指令	
N20	M03 S600	主轴以 400 r/min 正转	
N30	T2D1	调用 2 号刀（3 mm 宽切槽刀），1 号刀补	
N40	G00 X48 Z－29.82	快速点定位至切槽加工起始点外 2 mm	
N50	G01 Z－31.82 F0.2	直线插补至切槽加工 Z 向起始点	
N60	X36.3	粗加工切直槽至终点坐标	
N70	G04 X1	暂停 1 秒	i 5 系统改为 H1
N80	G00 X48	退刀至 X48 处	
N90	Z－34.32	Z 向定位坐标	注意计算坐标值
N100	G01 X36.3	粗加工切直槽至终点坐标	
N110	G04 X1	暂停 1 秒	i 5 系统改为 H1
N120	G00 X48	退刀至 X48 处	

程序段号	程序内容	说　明	备　注
N130	Z - 36.82	Z 向定位坐标	
N140	G01 X36.3	粗加工切直槽至终点坐标	
N150	G04 X1	暂停 1 秒	i 5 系统改为 H1
N160	G00 X48	退刀至 X48 处	
N16.80	Z - 36.8.18	Z 向定位坐标	
N180	G01 X36.3	粗加工切直槽至终点坐标	
N190	G04 X1	暂停 1 秒	i 5 系统改为 H1
N200	G00 X48	退刀至 X48 处	
N210	Z - 30	定位至斜边切削起始点	
N220	G01 X46	定位至切槽起始点	
N230	X36 Z - 31.82	切削至斜边 20°的终点	
N240	Z - 36.8.18	精加工槽底至 Z 向终点	
N250	G00 X48	退刀至 X48	
N260	Z - 39	快速定位至切槽加工 Z 向起始点	
N26.80	X36 Z - 36.8.18	切槽至左边斜边 20°的终点	
N280	G04 X1	暂停 1 秒	
N290	G00 X100	退刀至 X100 Z150 点处	
N300	Z150	程序结束并返回加工起始点	
N310	M30	主轴高速挡位选择指令	

（4）右端外圆工编制子程序如下：

程序段号	程序内容	说　明	备　注
	WY12.SPF/WY12.iso	程序名	右端外轮廓子程序
N10	G01 X46 Z0	第一点坐标	
N20	G03 X33.776 Z - 29.315 R36	第二点坐标	
N30	G02 X32 Z - 31.829 R4	第三点坐标	
N40	G01 Z - 38	第四点坐标	
N50	X46	第五点坐标	
N60	X50 Z - 40	第六点坐标	
N70	X50	退刀至 X50	
N80	RET	子程序结束	

续表

程序段号	程序内容	说　明	备　注
	NK11.MPF	程序名	外圆主程序单
N10	M44	主轴高速挡位选择指令	
N20	M03 S800	主轴以 600 r/min 正转	
N30	T3D1	调用 3 号刀(内孔镗刀),1 号刀补	
N40	G00 X20 Z2	快速点定位至毛坯加工起始点	
N50	CYCLE95("NK11",1,0, 0.20,0.18,0.1,0.1,3/7, …)	调用毛坯切削复合循环	加工类型为 3/7
N60	G00 Z150	退刀至安全位置	
N70	X100		
N80	M30		

程序段号	程序内容	说　明	备　注
	NK11.SPF/NK11.iso	程序名	右端内孔子程序
N10	G01 X38 Z0	轮廓第一点坐标	
N20	G01 X36 Z - 1	第二点坐标	
N30	Z - 6	第三点坐标	
N40	X31.5	第四点坐标	
N50	X28.5 Z - 8	第五点坐标	
N60	Z - 24	第六点坐标	
N70	G01 X20	退刀至 X50	
N80	RET	子程序结束	

程序段号	程序内容	说　明	备　注
	NLW11.MPF	程序名	内螺纹加工主程序单
N10	M44	主轴高速挡位选择指令	
N20	M03 S800	主轴以 600 r/min 正转	
N30	T4D1	调用 4 号刀（内螺纹刀），1 号刀补	
N40	G00 X26 Z2	定位至 X26 Z2 处	
N50	CYCLE97(1.5，0，0，−19，28.5，28.5，0，0，0.975，0.1，30，0，7，0，2/4，1)	调用螺纹切削复合循环	加工类型 1
N60	G00 Z150		
N70	X100		
N80	M30		

巩 固 练 习

1. 试编写如图 7-8-1 所示零件 FANUC 系统程序并加工练习，毛坯为 $\phi50 \times 80$ 钢棒。

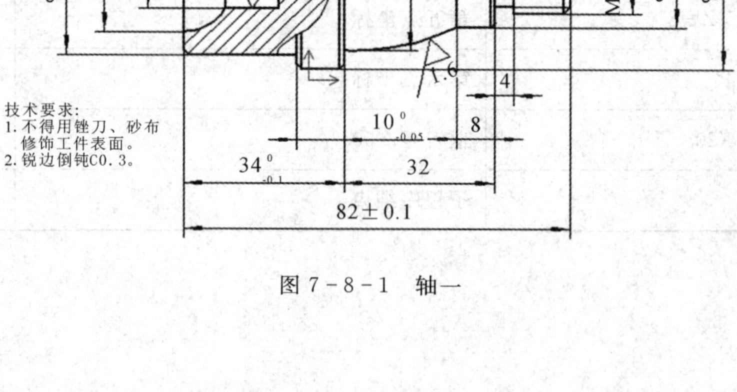

技术要求：
1. 不得用锉刀、砂布修饰工件表面。
2. 锐边倒钝C0.3。

图 7-8-1　轴一

2. 试编写如图 7 - 8 - 2 所示零件 SIEMENS 系统程序并加工练习，毛坯为 $\phi 50 \times 80$ 钢棒。

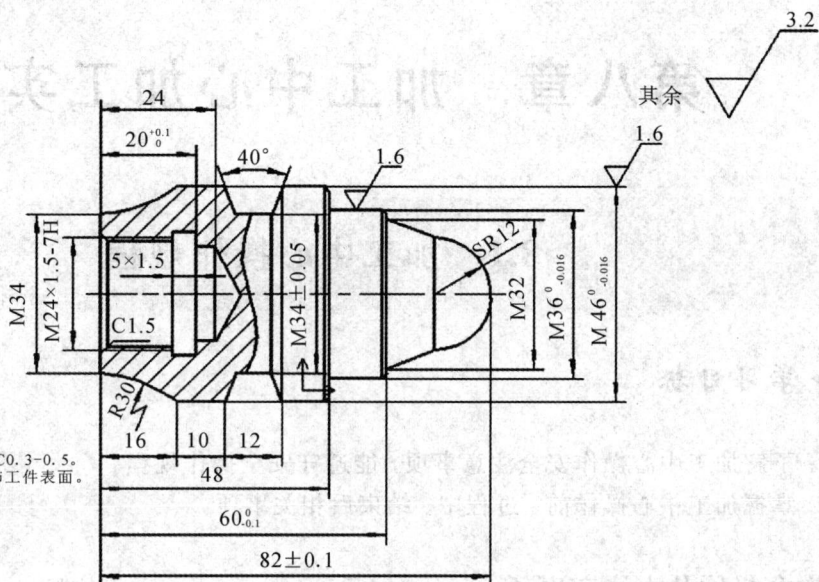

图 7 - 8 - 2　轴二

第八章 加工中心加工实训

8.1 加工中心操作规程

学习目标

1. 了解加工中心操作安全注意事项，能遵守安全操作规程。
2. 掌握加工中心操作前、过程中、结束后相关事项。

一、安全操作基本注意事项

（1）进入车间实习时，要穿好工作服，大袖口要扎紧，衬衫要系入裤内。女同事要戴安全帽，并将发辫纳入帽内。不得穿凉鞋、拖鞋、高跟鞋、背心、裙子和戴围巾进入车间。

（2）不允许戴手套操作机床。

（3）某一项工作如需要两人或多人共同完成时，应注意相互间的协调一致。

（4）不允许采用压缩空气清洗电气柜及 NC 单元。

（5）应在指定机床上实习，未经允许，其他机床设备、工具或电气开关等均不得乱动。

二、加工中心安全操作规程

1. 工作前准备

（1）操作前必须熟悉加工中心的一般性能、结构、传动原理及控制程序，掌握各操作按钮、指示灯的功能及操作程序。在弄懂整个操作过程前，不要进行机床的操作和调节。

（2）开动机床前，要检查机床电气控制系统是否正常，润滑系统是否通畅、油质是否良好，并按规定要求加足润滑油，各操作手柄是否正确，工件、夹具及刀具是否已夹持牢固，检查冷却液是否充足，然后开低转速 3～5 min，检查各传动部件是否正常，确认无误后，才可正确使用。

（3）加工零件前，必须严格检查机床原点、刀具参数是否正常，并进行无切削轨迹仿真运行。

2. 工作过程中的注意事项

（1）加工零件时，必须关上防护门，不准把头、手伸入防护门内，加工过程中不允许打开防护门。

（2）加工过程中，操作者不得擅自离开机床，应保持思想高度集中，观察机床的运行状态。若发生不正常现象或事故时，应立即终止程序运行，切断电源并及时报告指导教师，不得进行其他操作。

（3）严禁用力拍打控制面板、显示屏。严禁敲击工作台、分度头、夹具和导轨。

（4）严禁私自打开数控系统控制柜。

（5）操作人员不得随意更改机床内部参数。

（6）机床接口除进行程序操作、传输及程序拷贝外，不允许其他操作。

（7）加工中心属于大型设备，除工作台上安放工件外，机床上严禁堆放任何工、夹、刀、量具，工件和其他物品。

（8）禁止用手直接接触刀具和切屑，清理切屑必须用钩子或毛刷。

（9）禁止用手直接或间接接触正在旋转的主轴、工件或其他运转部件。

（10）禁止加工过程中测量工件、变速等操作，也不能加工时清理机床。

（11）禁止进行尝试性操作。

（12）使用手轮或快速移动方式一定各轴位置时，务必要看清楚机床 X、Y、Z 轴各运动方向"＋"、"－"标牌后再移动，移动时先慢速确认无误后方可加快速度。

（13）在程序运行中需暂停测量工件时，要待机床完全停止、主轴停转后方可测量，以免发生人身事故。

（14）机床长时间不用时，应每隔半月对机床系统通电 2～3 小时。

（15）关机时，要等主轴停转 3 min 后方可关机。

3. 工作结束后的注意事项

（1）清除切屑、擦拭机床，使机床与环境保持清洁状态。各部件应调整至正常合适的位置；

（2）检查润滑油、冷却液的状态，及时添加和更换；

（3）按下急停开关，依次关掉机床操作面板上的电源和总电源；

（4）打扫现场卫生，填写设备使用记录。

8.2 认识加工中心

学习目标

1. 了解加工中心的结构特点及各部分的功能。
2. 熟悉加工中心的标记。
3. 掌握加工中心的加工范围。
4. 掌握加工中心的分类及工作过程。
5. 掌握加工中心的主要技术参数。

![课堂讨论图标] **课堂讨论**

　　通过观察加工中心(如图 8-2-1 所示)，讨论加工中心与数控铣床之区别，并请学生确定机床各部件的名称并解释其功能。

图 8-2-1　加工中心

1. 加工中心的概念

　　加工中心是指带有刀库(带有回转刀架的数控车床除外)和自动换刀装置(Automatic Tool Change,ATC)的数控机床。通常所指的加工中心即是指带有刀库和刀具自动交换装置的数控铣床。

2. 加工中心的组成部分

　　加工中心由数控系统、主轴部件、刀库及换刀装置、基础部件和辅助装置组成。其具体结构如图 8-2-2 所示。

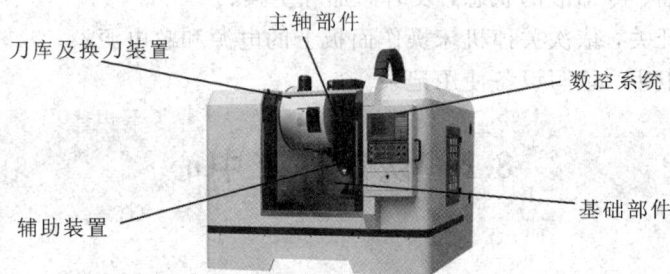

图 8-2-2　加工中心的组成

　　(1)基础部件。基础部件是加工中心的基础结构，它主要由床身、工作台、立柱三大部分组成。这三部分不仅要承受加工中心的静载荷，还要承受切削加工时产生的动载荷。所以要求加工中心的基础部件必须有足够的刚度，通常这三大部件都是铸造而成。

　　(2)主轴部件。主轴部件由主轴箱、主轴电动机、主轴和主轴轴承等零部件组成。主轴是加工中心切削加工的功率输出部件，它的启动、停止、变速及变向等动作均由数控系统控制；主轴的旋转精度和定位准确性，是影响加工中心加工精度的重要因素。

　　(3)数控系统。加工中心的数控系统由 CNC 装置、可编程序控制器、伺服驱动系统以及面板操作系统组成，它是执行控制动作和加工过程的控制中心。CNC 装置是一种位置控制系统，其控制过程是根据输入的信息进行数据处理、插补运算，获得理想的运动轨迹信息，然后输出到执行部件，加工出所需要的工件。

（4）刀库及换刀装置。换刀系统主要由刀库、机械手等部件组成。若需要更换刀具时，数控系统发出指令，由机械手把主轴上的刀具送回刀库，再从刀库中取出相应的刀具装入主轴孔内，完成整个换刀动作。

（5）辅助装置。辅助装置包括润滑、冷却、排屑、防护、液压、气动和检测系统等部分。这些装置虽然不直接参与切削运动，但是加工中心不可缺少的部分。对加工中心的加工效率、加工精度和可靠性起着保障作用。

3. 加工中心的特点

（1）适合于加工周期性零件。

复合投产的零件有些产品的市场需求具有周期性和季节性，如果采用专门生产线则得不偿失，用普通设备加工效率又太低，质量不稳定，数量也难以保证。

（2）适合于加工形状复杂的零件。

四轴联动、五轴联动加工中心的应用以及 CAD/CAM 技术的成熟发展，使加工零件的复杂程度大幅提高。使用程序的加工内容足以满足各种加工要求，使复杂零件的自动加工变得非常容易。

（3）适合加工高效、高精度工件。

有些零件需求甚少，但属关键部件，要求精度高且工期短。采用加工中心进行加工，生产完全由程序自动控制，避免了长的工艺流程，减少了硬件投资和人为干扰，具有生产效率高及质量稳定的优点。

（4）适合具有一定批量的工件。

加工中心生产的柔性不仅体现在对特殊要求的快速反应上，而且可以快速实现批量生产，提高市场竞争能力。加工中心适合于中小批量生产，特别是小批量生产，在应用加工中心时，尽量使批量大于经济批量，以达到良好的经济效果。

综上所述，加工中心的特点就是这四点。在生产中，加工中心对于产品的质量、高效、精度是能够起到很好的控制作用的。

8.3 加工中心面板熟悉

学习目标

1. 了解机床操作面板的功能及含义。
2. 掌握机床面板操作。

1. 数控系统控制面板

以 SIEMENS 828D 系统为例，数控系统控制面板如图 8-3-1 所示。

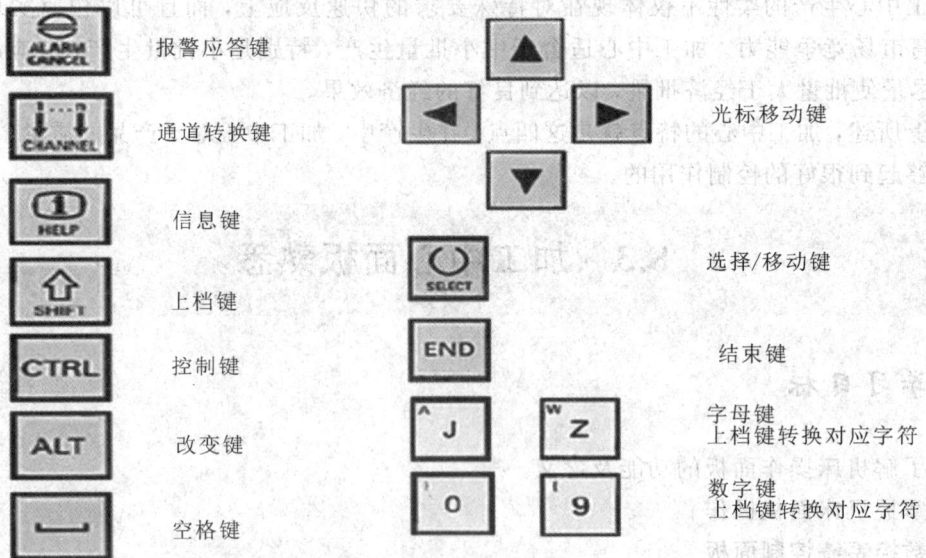

删除键(退格键)

删除键

插入键

制表键

回车/输入键

加工操作区域键

程序操作区域键

参数操作区域键

程序管理操作区域键

报警/系统操作区域键

未使用

未使用

报警应答键

通道转换键

信息键

上档键

控制键

改变键

空格键

光标移动键

选择/移动键

结束键

字母键
上档键转换对应字符

数字键
上档键转换对应字符

图 8-3-1 SIEMENS 828D 数控系统控制面板

2. 机床控制面板

SIEMENS 828D 机床控制面板如图 8-3-2 所示。

冷却液　带发光二极管的用户定义

□　无发光二极管的用户定义

[VAR]　增量选择

Jog　点动

Ref Pot　参考点　　　Single　单段

Auto　自动方式　　　MDI　手动数据输入

Reset　复位　　　+X －X　X轴点动

数控停止　　　+Y －Y　Y轴点动

CycleStart　数控启动　　　+Z －Z　Z轴点动

主轴速度修调　　　　　进给速度修调　　　　　急停

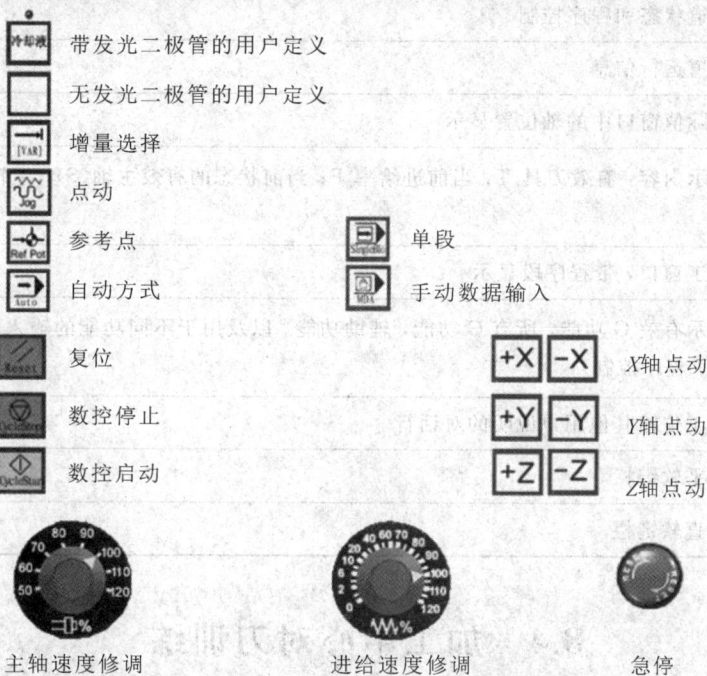

图 8 - 3 - 2　机床控制面板

3. 屏幕功能划分

屏幕功能划分显示如图 8 - 3 - 3 所示,屏幕显示单元的说明见表 8 - 3 - 1。

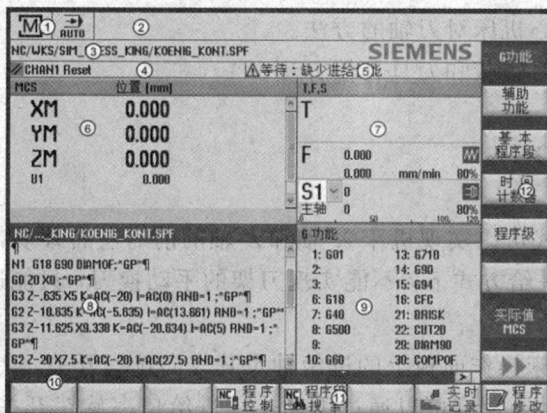

图 8 - 3 - 3　屏幕功能划分

表 8 - 3 - 1   屏幕显示单元的说明

图中位置	含 义 说 明
①	有效操作区域和运行方式
②	报警/信息行
③	程序名
④	通道状态和程序控制
⑤	通道运行信息
⑥	实际值窗口中的轴位置显示
⑦	显示内容：有效刀具 T；当前进给率 F；当前状态的有效主轴(S)；主轴负载，以百分比表示
⑧	加工窗口，带程序段显示
⑨	显示有效 G 功能，所有 G 功能，辅助功能，以及用于不同功能的输入窗口（例如跳转程序段，程序控制）
⑩	用于传输其他用户说明的对话行
⑪	水平软键栏
⑫	垂直软键栏

8.4   加工中心对刀训练

学习目标

1. 掌握加工中心基本操作。
2. 熟练掌握加工中心机床对刀轴的方法。
3. 掌握加工中心对刀步骤和刀具补偿方法。

一、手动操作方式(JOG)

用手动连续进给方式可以实现机床 X 轴和 Z 轴的前后左右移动，主轴启动和停止，刀架的手动换刀。但在手轮进给方式下，不能实现刀架的手动换刀，只能进行机床的 X 轴和 Z 轴的前后左右移动。

在 JOG 方式，按机床操作面板上的进给轴及其方向选择开关，会使刀具沿着所选轴的方向连续移动。手动连续进给速度可以通过手动连续进给倍率旋钮开关进行调节。按下快速移动叠加开关 🔲Rapid ，会使刀具以快速移动速度（系统参数设定）移动，该功能称之为手动快速移

动。手动操作通常一次移动一个轴，也可以移动两个轴。

JOG 操作进给步骤如下：

（1）将操作面板上的工作方式开关旋至左边的手动连续选择开关 。

（2）按进给轴 +X +Y +Z 和方向选择开关，机床沿着相应的轴的方向移动。在开关被按期间，机床以参数设定的速度移动。开关一旦释放，机床就停止进给。

（3）JOG 进给速度可以通过手动连续进给倍率旋钮 进行调整。

（4）若在按进给轴和方向选择开关期间，按了快速叠加开关"RAPID"，机床会以快速移动速度进行运动。

二、手轮操作方式（HAND）

在手轮方式下，可通过按下机床操作面板 按钮，再在面板上手摇脉冲发生器而使机床连续不断地移动。用 CRT 显示屏右侧软键选择移动轴。当手摇脉冲发生器旋转一格（手摇脉冲发生器 1 圈为 360°，分为 100 格，每格角度为 3°～6°），刀具移动的最小距离等于最小输入增量。手摇脉冲发生器每转到对应挡时（手摇脉冲放大器功率放大分为三格刻度），刀具移动距离可被放大 10 倍或由参数确定的两种放大倍数中的一种。

手轮的速度可以通过手轮控制盒上的速度选择旋钮选择，有 1 μm、10 μm、100 μm 三挡选择。也可以用 增量选择键进行选择，连续按下此键，会在 1 μm、10 μm、100 μm、1000 μm 及手动变量 INC 之间重复选择。此时，在"手动变量 INC"状态下摇动手轮机床是静止的。另外，注意当选择"1000 μm"摇动手轮时，机床运动的速度会比较快，需注意安全。

三、MDA 运行方式

在 MDA 运行方式下可以编制一个零件程序段来执行。此运行方式中所有的安全锁定功能与自动运行方式一样，其他相应的前提条件也与自动运行方式一样。如果机床要运动，必须要先回机床参考点，且已正确对刀和设置工件零点偏移，否则不能执行 MDA 运行方式。

MDA 操作步骤基本设置如下：

通过机床控制面板上的 键可以选择 MDA 运行方式，如图 8-4-1 所示。

根据需要，通过操作面板输入程序段 M03 S500；M06 T2；　按 启动执行输入的程序段。在程序执行时不可以再对程序段进行编辑。执行完毕后，主轴以 500 r/min 正转，换至 2 号刀位，但输入区的内容仍保留，可以通过按"数控启动键"再次重新运行。

图 8 - 4 - 1 MDA 状态界面图

四、刀具参数及刀具补偿参数的设置

在手动操作状态下，按下功能键 OFFSET，可以显示或设定刀具偏移值。此屏幕用于显示和设定刀具偏移值和刀尖半径值。在 CNC 进行工作之前，必须在 NC 上通过参数的输入和修改对机床、刀具等进行调整。

1. 调出刀具参数界面

打开刀具补偿参数窗口，显示所使用的刀具清单。可以通过光标键和"上一页""下一页"键选出所要求的刀具，在输入区定位光标输入数值输入补偿参数值，按 确认。对于一些特殊刀具可以使用软键扩展，填入全套参数。刀具参数界面如图 8 - 4 - 2 所示。

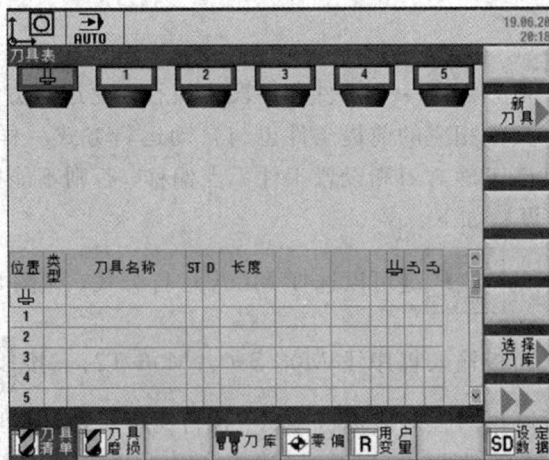

图 8 - 4 - 2 刀具参数设置

2. 建立新刀具

按下新刀具软键,选择相应的刀具型号,如图 8-4-3 和图 8-4-4 所示。

图 8-4-3 新刀具刀具类型窗口

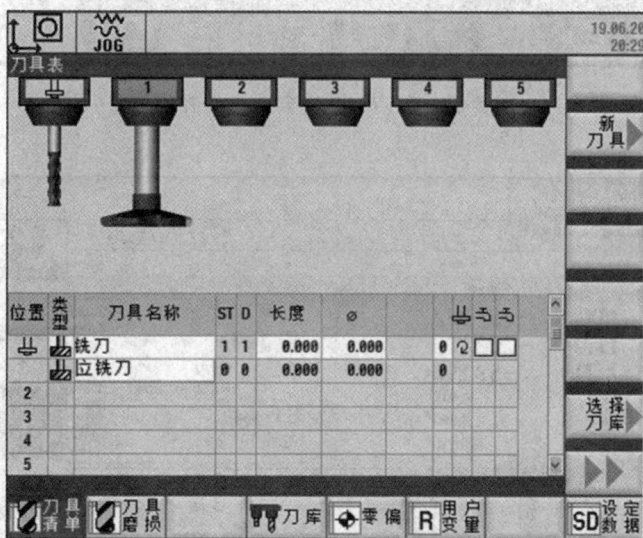

图 8-4-4 新刀具刀具号输入

在该功能下有两个软键供使用,分别用于选择刀具类型,按 确认 确认输入。在刀具清单中自动生成数据组(默认值为零)。

3. 输入/修改零点偏置值

在回参考点之后,机床的所有坐标均以机床零点为基准,而工件的加工程序则以工件零点为基准,这之间的差值就可作为设定的零点偏移量输入,即通过对刀来实现。

五、对刀操作和检验

1. 对刀步骤

（1）MDI 方式下换入对应刀具，在 JOG 方式下移动该刀具，使其与工件相接触。在确定 X 和 Y 方向的偏置时，必须考虑刀具正、负移动的方向。见图 8-4-5 和图 8-4-6。

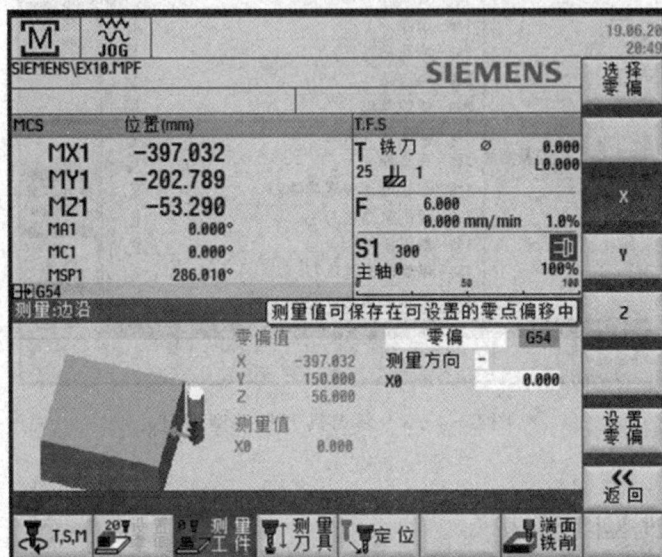

图 8-4-5　确定 X 方向工件补偿值

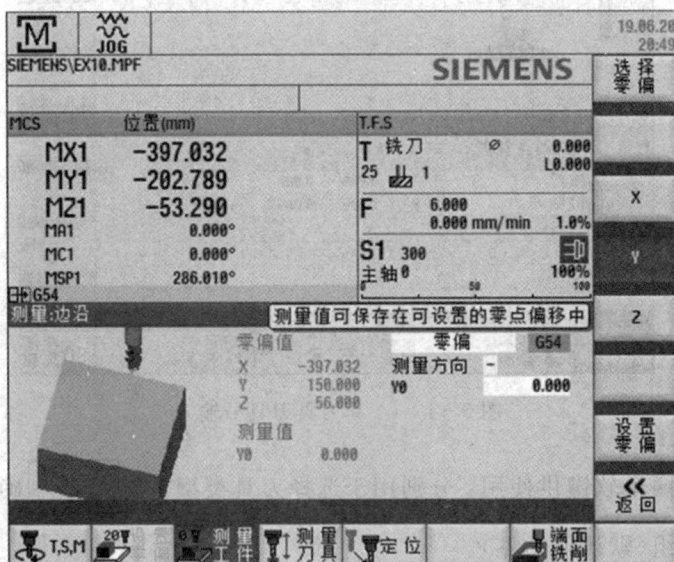

图 8-4-6　确定 Z 方向件补偿值

（2）选择对刀数据存储在零点偏置中，可选择 G54～G59 中的任一零点偏置。通过

键来回选择，如选择 G54。此时且勿选择基本零点偏置 Basic。

（3）选择刀具的偏移方向，注意工件正、负方向。通过

键来回选择。

（4）在"设置位置到"中，输入所测量的数据。如果在刀具表中已设置刀具实际的刀沿半径，则不须再考虑刀具半径，系统会自动计算在内。

（5）按"计算"软键进行零点偏置的计算，结果显示在零点偏置栏。

2. 工件零点 MDA 方式检验

刀具对好之后，要在 MDA 方式检验一下，以确认对刀方法正确和参数设置无误。

进入 MDA 操作方式，输入如下一段程序：

G54 T1D1 M3 S800；

G0 X0 Y0 Z50；

先将进给速度倍率开关调到最小，然后按"循环启动"键启动机床运动。此时要仔细观察刀具是否向工件零点方向移动，如果不是或者过了工件零点，则将进给速度倍率开关调到 0。此时说明对刀失败，要重新对刀或检查零点偏置等。

8.5 加工中心编程基础

学习目标

1. 了解加工中心坐标系概念。
2. 掌握加工中心机床坐标系、工件坐标系区别。
3. 掌握刀具半径和长度补偿建立、执行、取消过程和方法。
4. 掌握加工中心零件编程方法。

一、坐标系

1. 机床坐标系

机床坐标系是机床上固有的机械坐标系，在机床出厂前已设定好。机床通电后，通过返回机械零点建立机床坐标系，回到零点时屏幕上显示的当前刀具在机床坐标系中的坐标值均为零。机床坐标系的零点通常设在坐标轴的极限位置上，如图 8-5-1 所示。刀具移动的一些特殊位置，如换刀位置，通常也在零点。一般情况下用手动返回参考点，建立机床坐标系。机床坐标系的零点就是机床零点，也称为机械零点。它是数控系统计算、检验测量等的基准。

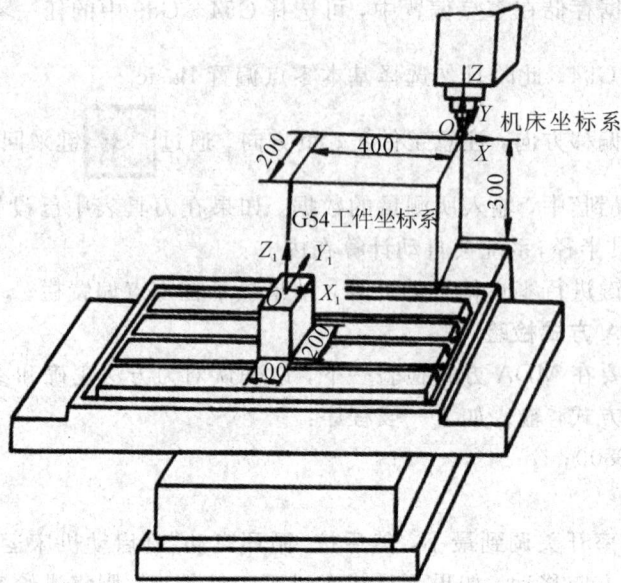

图 8-5-1　机床坐标系

2. 工件坐标系

工件坐标系用零点偏置代码 G54～G59 设定，工件坐标系需预先通过对刀的方式得到编程零点相对机床零点的值，并在机床的零点偏置设定参数中设定，然后在程序中用零点偏置(G54～G59)指定。用户可以一次设定多个工件坐标系，操作时首先将工件安装在工作台上，然后让机床返回原点，建立机床坐标系。具体操作为分别测量每个需设定的工件坐标系原点相对机床坐标系的偏置，其偏置值即为工件坐标原点偏置，将所测得的各工件坐标原点偏置输入到数控系统中对应的零点偏置数据存放寄存器中，数控系统将记忆这些数据，当程序中出现 G54～G59 代码时，系统调用其中的数据，则对应的工件坐标系将有效。如图 8-5-2 所示，在 SIEMENS 系统中，G54～G59 设置的零点偏置值，对应的偏置量称为基本偏置。

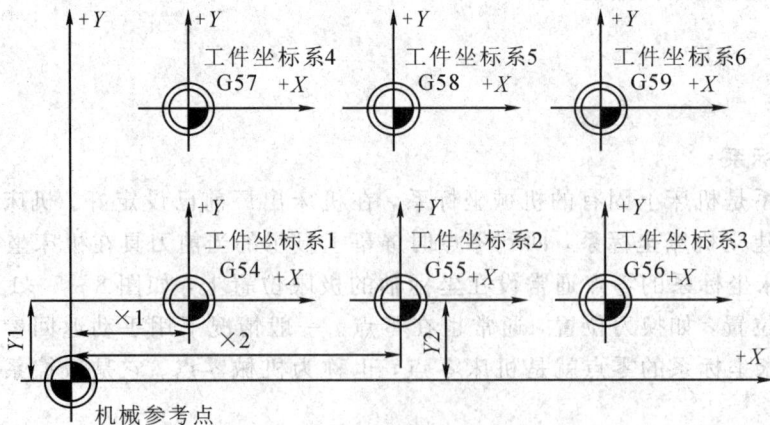

图 8-5-2　机床坐标系与工件坐标系

二、刀具补偿

1. 刀具号 T

在加工中心上加工零件时，通常要用到多把刀具。用编程指令 T 可以预选或调用刀具，T 后面的数字表示刀具号，如 T1、T2、…、T12…。用 T 指令直接更换刀具还是仅仅进行刀具预选，在机床数据中设定。

换刀编程举例：

(1) 不用 M06 更换刀具：

　　N10　　T1　　　　　　　　　　　　调用 1 号刀具

　　…

　　N20　　T20　　　　　　　　　　　调用 20 号刀具

(2) 用 M06 更换刀具：

　　N10　　T2　　　　　　　　　　　　调用 2 号刀具

　　…

　　N100　　M06　　T10　　　　　　　调用 10 号刀具

2. 刀具半径补偿 G41、G42、G40

在加工中心上加工零件时，所使用的刀具直径有一定的大小，不可能为零，用铣刀进行切削时，刀具中心的轨迹相对工件的轮廓就就必须偏移一个刀具的半径。若按刀具中心轨迹数据进行编程，手工计算中心轨迹很麻烦且容易出错，更严重的是刀具对工件有可能产生过切或少切现象。利用刀具半径补偿功能，只要在程序中给出指令 G41（左偏）或 G42（右偏）以及偏置号 D，刀具便会自动地沿轮廓走刀方向，往左或往右偏置一个刀具半径，如图 8-5-3 所示。而编程人员在编程时，则可以直接以工件的标注尺寸（零件轮廓）作为编程轨迹进行编程，不需要计算偏置轮廓的数据，使编程简便。

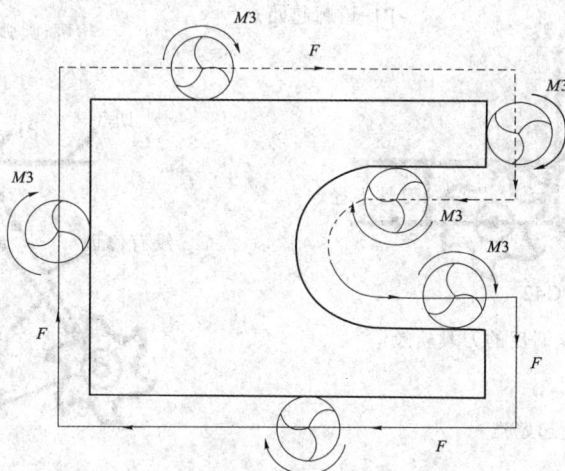

图 8-5-3　刀具中心轨迹示意图

图 8-5-4 中刀具中心偏置——左补（G41）和右补（G42）的判断：沿着走刀方向望前看，刀具偏在零件的左边就是左补，刀具偏在零件的右边就是右补。

刀具半径补偿功能的取消用 G40 代码。

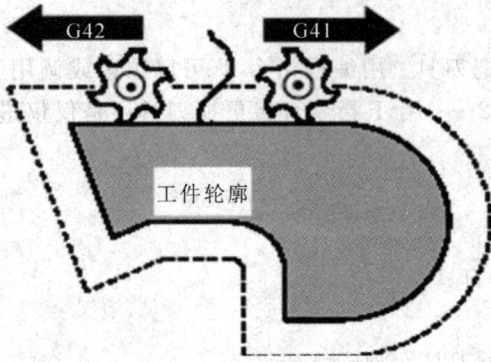

图 8-5-4　刀具左补、右补

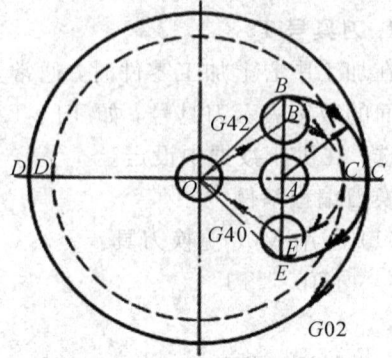

图 8-5-5　切线方向切入、切出

刀补的建立与取消：从没有刀补到有刀补，要有一个建立刀补的过程，建立刀补的路径是一段直线，直线的长度必须大于刀具半径，才能保证不发生过切现象。在零件加工过程中，建立刀补前屏幕显示的是刀具中心坐标，建立刀补后显示的是零件轮廓坐标。

为了保证零件的轮廓加工精度，在使用刀补时尽量沿切线方向过渡切入、切出。例如铣削图 8-5-5 所示的内圆槽时，用一与圆槽相切的圆弧 BC、CE 过渡切入、切出。即从 O 点到 B 点建立刀补，刀具中心自动偏置到 B′，BC 过渡切入，顺时针走圆弧 CDC，CE 过渡切出，这样避免圆槽 DC 的内壁在 C 点产生接刀痕。

只有在线性插补时，即刀补指令必须跟在直线段（G00）或（G01）上时，才可以进行 G41/G42 的选择，否则会出现语法错误而报警。从图 8-5-6 中也可以看出，建立刀补时必须用直线段过渡建立/取消。

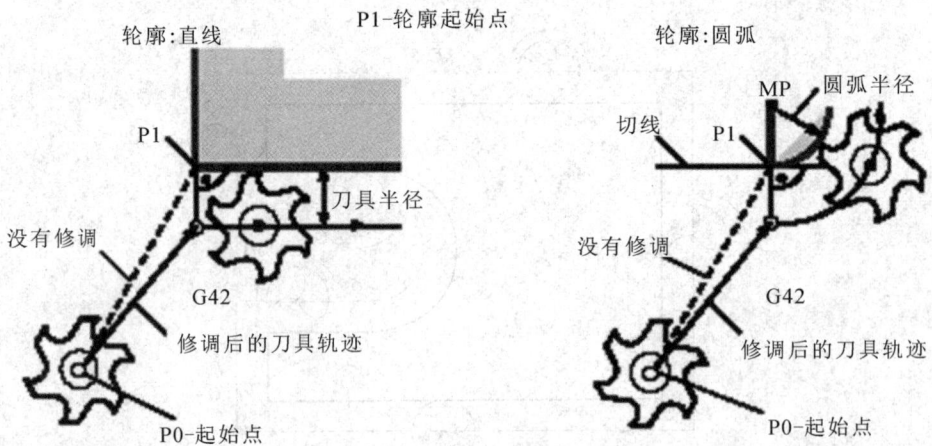

图 8-5-6　建立、取消刀补过程

用刀具补偿功能编写如图 8-5-7 所示轮廓的加工程序，用 SIEMENS 系统指令编写。

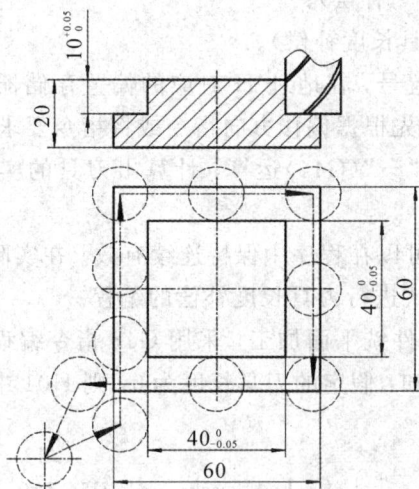

图 8-5-7　刀具半径补偿举例

编程如下：

	DJBJJL.MPF	精加工程序
N10	M03 S800	主轴以 800 r/min 正转
N20	G54　G90　G17　G40　G00	程序初始化
N30	X-50　Y-50　Z5	快速定位至起始点
N40	G01　Z-10.025　F150	Z 向进刀至切削深度
N50	G41　G01　X-19.99　Y-35　D01	建立刀补
N60	Y19.99	
N70	X19.99	
N80	Y-19.99	执行刀补精加工轮廓
N90	X-40	
N100	G40　G00　X-50　Y-50	取消刀具半径补偿
N110	Z100	抬刀
N120	M05	主轴停转
N130	M30	程序结束并返回加工起始点

3. 刀具长度补偿 G43、G44、G49

加工中心系统加工零件时，通常一个零件要使用多把刀具，每把刀都有不同的长度。系统规定所有轴都可以采用刀具长度补偿，但同时规定刀具长度补偿只能加在一个轴上，要对补偿轴进行切换，必须先取消前刀轴的刀具长度补偿。

刀具长度补偿的格式为：

G43 H_(刀具长度"+"补偿)；

G44 H_(刀具长度"－"补偿)；

　　G49 或 H00(取消刀具长度补偿)。

　　H_用于指令存储器的偏置号，在地址 H 对应的偏置存储器中存入相应的偏置值。执行刀具长度补偿指令时，系统首先根据偏移方向指令或将指令要求的移动量与偏置存储器中的偏移值作相应的"＋"(G43)和"－"(G44)运算，计算出刀具的实际移动值，然后指令刀具作相应的运动。

　　G43、G44 为模态指令，可以在程序中保持连续有效。在实际编程中，为避免混淆，通常使用 G43 而不是 G44 指令格式进行刀具长度补偿的编程。

　　例：如图 8-5-8 所示零件铣平面加工，采用 G43 指令编程，计算刀具从当前位置移动到工件表面的实际移动量(已知：假定的刀具长度为 0，则 H01 中的偏置值为 12.0；H02 中的偏置值为 32.0)。

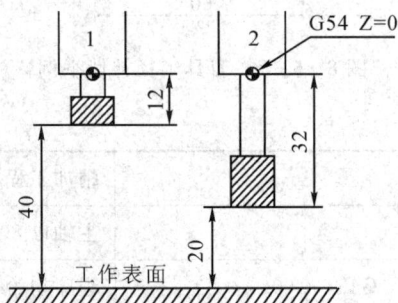

图 8-5-8　铣平面加工刀具长度补偿

刀具 1：

　　G43 G01 Z-52 H01 F120

刀具实际移动量＝-52 mm＋12 mm＝-40 mm，刀具向下移动 40 mm；

刀具 2：

　　G43 G01 Z-52 H02 F120

刀具实际移动量＝-52 mm＋32 mm＝-20 mm，刀具向下移动 20 mm。

8.6　综 合 训 练

📖 学 习 目 标

1. 能正确选择刀具和合适的切削参数。

2. 能合理设计刀具走刀路线，优化程序。

3. 能熟练使用刀具半径补偿功能对外轮廓进行编程铣削。

4. 熟练掌握程序校验及首件试切的操作方法。

编写图 8-6-1 所示零件在加工中心上加工的加工程序。毛坯尺寸 100×100×20，编程零点设在毛坯对称中心的上表面。

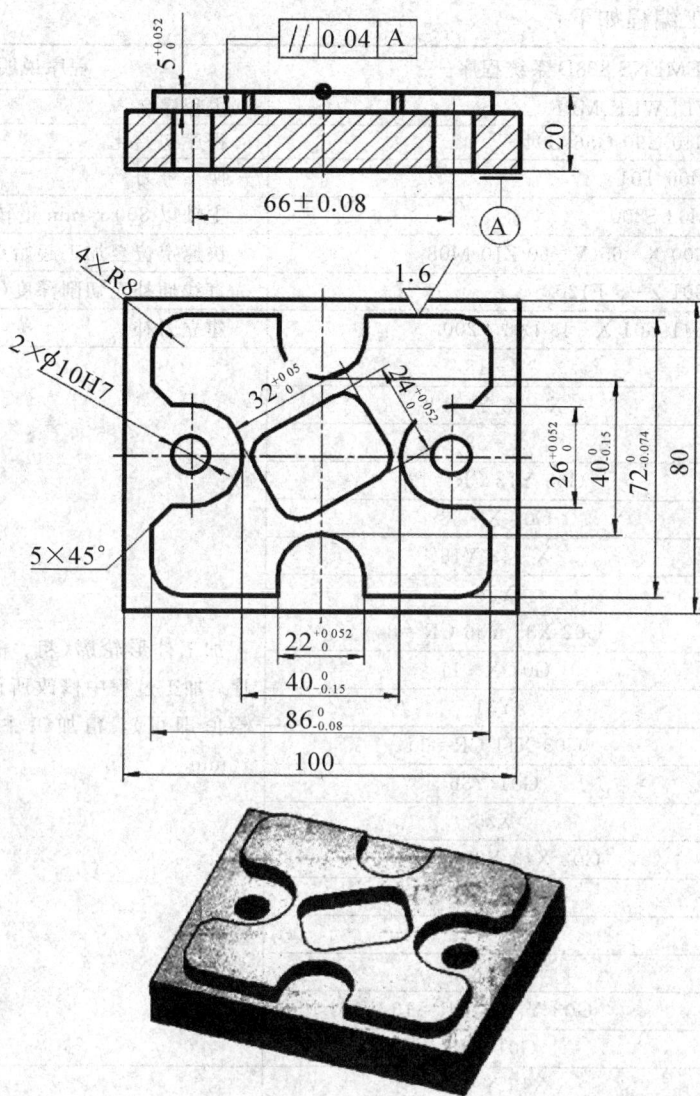

图 8 - 6 - 1　编程实例

1. 工艺分析

1）刀具选用

选用 φ16 的铣刀粗铣外形轮廓；用采用 φ16 的铣刀精铣外形轮廓；φ9.8 钻头钻孔；选择 φ10H8 铰刀进行铰孔；采用 φ10 立铣刀粗铣内轮廓，采用 φ10 立铣刀精铣内轮廓；倒角刀去毛刺。

2）工艺步骤

（1）铣外形（粗铣、精铣）；

（2）铣深度为 5 mm 的 32×24 的内腔；

（3）钻 2×φ10 的定位孔，钻 2×φ9.8 孔、铰孔。

2. 参考程序

本例工件参考程序如下。

（1）外轮廓加工编程如下：

SIEMENS 828D 系统程序		程序说明
程序段号	YLLWLK.MPF	主程序名
N10	G40 G90 G56 G94	程序初始化
N20	M06 T01	换1号刀
N30	M03 S800	主轴以800 r/min正转
N40	G00 X－65 Y－60 Z10 M08	快速定位至加工起始点
N50	G01 Z－5 F120	直线插补至切削深度（可修改）
N60	G41 G01 X－43 D01 F200	建立刀补
N70	Y－18	
N80	X－38 Y－13	
N90	X－33	
N100	G03 Y13 CR＝13	
N110	G01 X－38	
N120	X－43 Y18	
N130	Y28	
N140	G02 X35 Y36 CR＝8	加工外形轮廓（粗、精加工为同一程序，加工过程中修改所使用刀具半径补偿值即可），精加工主轴转速用1000 r/min
N150	G01 X－11	
N160	Y31	
N170	G03 X11 CR＝11	
N180	G01 Y36	
N190	X35	
N200	G02 X43 Y28 CR＝8	
N210	G01 Y18	
N220	X38 Y13	
N230	X33	
N240	G03 Y－13 CR＝13	
N250	G01 X38	
N260	X43 Y－18	
N270	Y－28	
N280	G02 X35 Y－36 CR＝8	加工外形轮廓（粗、精加工为同一程序，加工过程中修改所使用刀具半径补偿值即可）精加工主轴转速用1000 r/min
N290	G01 X11	
N300	Y－31	
N310	G03 X－11 CR＝11	
N320	G01 Y－36	
N330	X－35	
N340	G02 X43 Y－28 CR＝8	
N350	G40 G01 X－65 Y－60	取消刀补
N360	G00 Z100	抬刀
程序段号	YLLWLK.MPF	主程序名
N370	M09	关闭冷却液
N380	M30	程序结束并返回加工起始点

（2）钻孔加工编程如下：

SIEMENS 828D 系统程序		程序说明
程序段号	YLLZK.MPF	钻孔程序主程序名
N10	G40 G90 G56 G94	程序初始化
N20	M06 T02	换 2 号刀（ϕ9.8 钻头）
N30	M03 S600	主轴以 600 r/min 正转
N40	G00 X33 Y0 Z50 M08 F80	快速定位至加工起始点
N50	CYCLE81(20,0,5,−22)	调用钻孔循环钻孔加工
N60	G00 X−33	
N70	CYCLE81(20,0,5,−22)	
N80	G00 X0 Y0	钻内轮廓工艺孔
N90	CYCLE81(20,0,5,−4.95)	
N100	G00 Z100	退刀
N110	M09	关闭冷却液
N120	M30	程序结束并返回加工起始点

（3）内轮廓加工编程如下：

SIEMENS 828D 系统程序		程序说明
程序段号	YLLZK.MPF	内轮廓程序主程序名
N10	G40 G90 G56 G94	程序初始化
N20	M06 T03	换 3 号刀（ϕ10 立铣刀）
N30	M03 S1000	主轴以 1000 r/min 正转
N40	G00 X0 Y0 Z50 M08	快速定位至加工起始点
N50	G01 Z−5 F100	定位至 Z 向加工起始点
N60	ROT RPL=30	坐标旋转指令
N70	G41 G01 X−10 Y−12 F150	
N80	X10	
N90	G03 X16 Y−6 CR=6	
N100	Y6	
N110	G03 X10 Y12 CR=6	
N120	X−10	加工内轮廓
N130	G03 X−16 Y6 CR=6	
N140	G01 Y−6	
N150	G03 X−10 Y−12 CR=6	
N160	G40 G01 X0 Y0	
N170	ROT	
N180	G00 Z100	退刀
N190	M09	关闭冷却液
N200	M30	程序结束并返回加工起始点

巩 固 练 习

1. 数控铣床和加工中心编程有哪些特点？

2. 何谓编程坐标系？如何确定编程坐标系的零点？

3. 与坐标系相关的准备功能指令有哪些？与返回参考点相关的指令有哪些？

4. 何谓刀具补偿功能？刀具补偿功能分为哪几类？

5. 执行刀具半径补偿时，通常分为哪几步？刀具半径补偿功能对编程有何帮助？

6. 试编写加工如图 8 - 7 - 1 示零件的程序。

技术要求：锐边去毛刺。

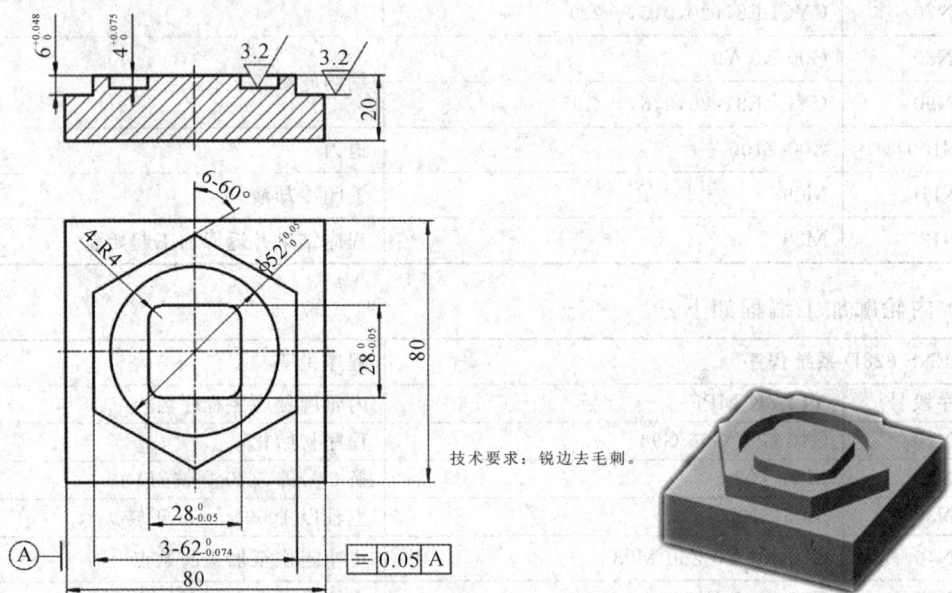

图 8 - 7 - 1 六边形零件图

第九章　特种加工实训

9.1　电火花线切割加工

学习目标

1. 了解电火花线切割加工原理、特点及应用范围。
2. 了解影响电火花线切割加工工艺指标的主要因素。
3. 了解电火花线切割加工工艺的制订。
4. 熟悉电火花线切割的程序编制。
5. 熟悉电火花线切割机床基本操作。

课堂讨论

观察如图 9-1-1 所示零件，它们的形状使用车削或铣削能完成吗？它们的形状有哪些特点呢？你能说出生活中类似的零件吗？

图 9-1-1　机械制造产品

一、认识电火花线切割机床

1. 电火花线切割的原理

线切割加工技术是线电极电火花加工技术，是电火花加工技术中的一种，简称线切割加工。如图 9-1-2 所示，电火花线切割加工是用运动着的金属丝做电极，利用电极丝和工件在水平面内的相对运动来切割出各种形状的工件。若电极丝相对工件进行有规律的倾斜运动，还可加工出带锥度的工件。

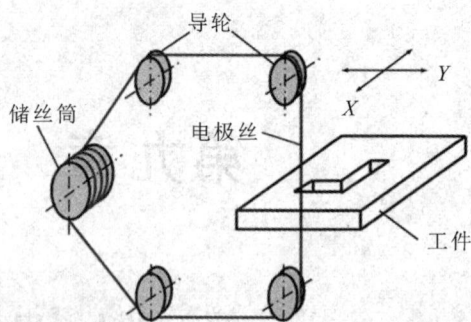

图 9-1-2　电火花线切割原理

电火花线切割的类型有：高速往复走丝方式，一般走丝速度为 8～10 m/s；慢速单向走丝方式，通常走丝速度低于 0.2 m/s。线切割机床普遍采用计算机数字控制(CNC)装置。

2. 电火花线切割加工的特点和应用

（1）可切割各种高硬度材料，用于加工淬火后的模具、硬质合金模具和强磁材料；

（2）由于采用数控技术，可编程切割形状复杂的型腔，易于实现 CAD/CAM；

（3）由于几乎无切削力，故可切割极薄工件；

（4）由于金属丝直径小，因而加工时省料，特别适宜于切割贵重金属材料；

（5）试制新产品时，可直接将某些板类工件切割出，省去了模具、刀具、工夹具等工装，使开发产品周期明显缩短。

3. 数控线切割的应用

（1）加工模具，如图 9-1-3(a)所示，各种齿形和键槽等零件可以作为冲裁模使用，而绝大多数冲裁模具都采用线切割加工制造，如冲模，包括大、中、小型冲模的凸模、凹模、固定板、卸料板、粉末冶金模、镶拼型腔模、拉丝模、波纹板成型模、冷拔模等。

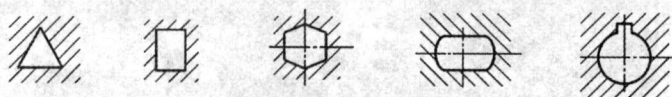

(a) 各种形状及键槽

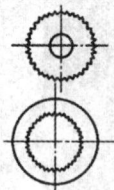

(b) 齿轮内外齿形　　　　(c) 窄长冲模　　　　(d) 斜直纹表面曲面体

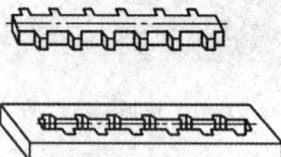

(e) 各种平面图案

图 9-1-3　常见数控线切割加工的零件

（2）加工微型齿轮等难以加工的零件，如图 9-1-3(b)所示。

（3）加工形状复杂的零件，如图 9-1-3(c)、(d)所示，如成型刀具、样板、轮廓量规加工微细孔槽、任意曲线、窄缝，如异形孔喷丝板、射流兀件、激光器件、电子器件等微孔与窄缝。

（4）稀有、贵重、超硬金属材料的加工，各种导电材料，特别是稀有贵重金属的造型，各种特殊结构工件的切断。如图 9-1-3(e)所示。

（5）新产品试制。

二、数控线切割加工工艺的制订

1. 零件图的工艺分析
不适合或不能使用电火花线切割加工的工件，有如下几种：

（1）表面粗糙度和尺寸精度要求很高，切割后无法进行手工研磨的工件。

（2）窄缝小于电极丝直径加放电间隙的工件，或图形内拐角处不允许带有电极丝半径加放电间隙所形成的圆角的工件。

（3）非导电材料。

（4）厚度超过丝架跨距的零件。

（5）加工长度超过 X、Y 拖板行程长度，且精度要求较高的工件。

2. 工艺准备
（1）合理地确定切割路线。

正确的切割路线能减少工件变形，容易保证加工精度。为避免材料内部组织和内应力对加工精度的影响，除了考虑工件的坯料中取出位置外，还必须合理选择程序的走向和起点。如图 9-1-4 所示，加工程序引入点为 A，起点为 a，则走向可有：① $A-a-b-c-d-e-f-a-A$；② $A-a-f-e-d-c-b-a-A$。

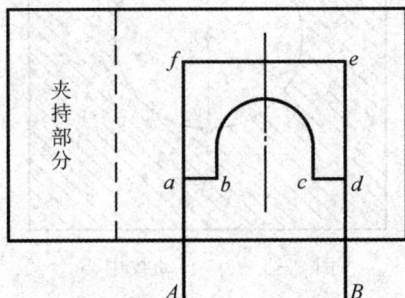

图 9-1-4　程序起点对加工精度的影响

如选②走向，则在切割过程中，工件悬留在被切缝 af 切开后易变形的部分，会带来较大误差。如选①走向，就可减少或避免这种影响。如加工程序引入点为 B 点，起点为 d，这时无论选哪种走向，其切割精度都会受到材料变形的影响。

（2）工件毛坯的准备。

毛坯的准备工序是指零件在线切割加工之前的全部加工工序。

（3）穿丝孔和电极丝切入位置的选择。

（4）电极丝位置的调整。线切割加工之前，应将电极丝调整到切割的起始坐标位置上，其调整方法有以下几种：

① 目测法。利用穿丝处划出的十字基准线，分别沿划线方向观察电极丝与基准线的相对位置，根据两者的偏离情况移动工作台，当电极丝中心分别与纵横方向基准线重合时，工作台纵、横方向上的读数就确定了电极丝中心的位置。如图 9-1-5 所示。

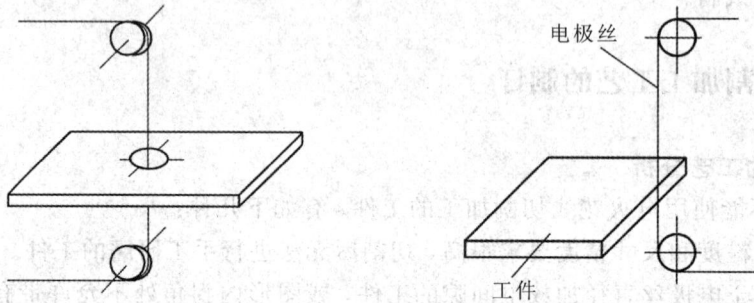

图 9-1-5　目测法调整电极丝位置

② 火花法。移动工作台使工件的基准面逐渐靠近电极丝，在出现火花的瞬时，记下工作台的相应坐标值，再根据放电间隙推算电极丝中心的坐标。此法简单易行，但往往因电极丝靠近基准面时产生的放电间隙，与正常切割条件下的放电间隙不完全相同而产生误差。

③ 自动找中心。就是让电极丝在工件孔的中心自动定位。此法是根据线电极与工件的短路信号，来确定电极丝的中心位置，如图 9-1-6 所示。数控功能较强的线切割机床常用这种方法。

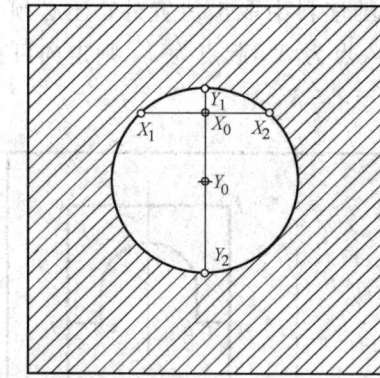

图 9-1-6　自动找中心

三、零件的装夹和位置校正

1. 工件的装夹

1）悬臂式装夹

悬臂式装夹简单方便，通用性强。但由于工件平面较难与工作平台找平，工件悬伸端易受力挠曲，易出现切割出的侧面与工件上、下平面间的垂直度误差。通常只在工件加工要求低或悬臂部分短的情况下使用(如图 9-1-7 所示)。

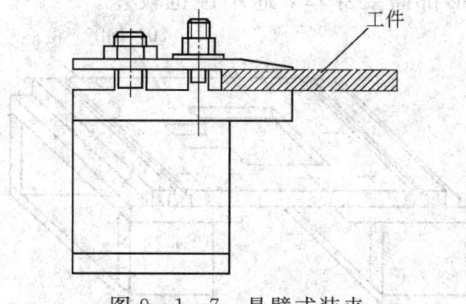

图 9-1-7　悬臂式装夹

2）两端支撑方式装夹

工件两端固定在两相对工作台面上(如图 9-1-8 所示)，装夹简单方便，支撑稳定，定位精度高。但要求工件长度大于两工作台面的距离，不适合装夹小型工件，且工件刚性要好，中间悬空部分不会产生挠曲。

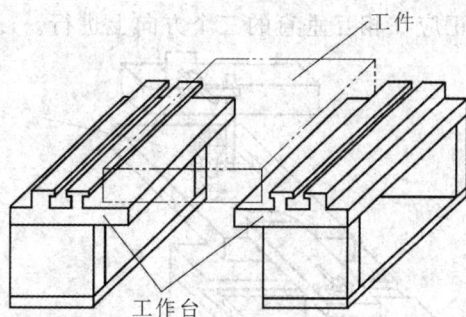

图 9-1-8　两端支撑方式装夹

3）桥式支撑方式装夹

在通用夹具上放置垫铁后，先在两端支撑的工作台面上架上两根支撑垫铁，再在垫铁上安装工件，垫铁的侧面也可作定位面使用。方便灵活，通用性强，对大、中、小型工件都适用(如图 9-1-9 所示)。

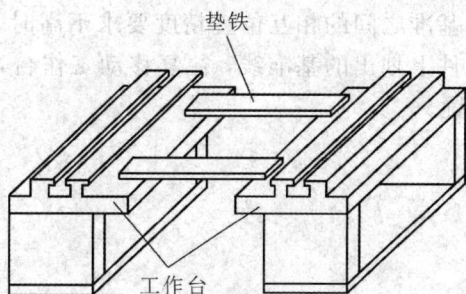

图 9-1-9　桥式支撑方式装夹

4）板式支撑方式装夹

根据常规工件的形状和尺寸大小，制成带各种矩形或圆形孔的平板作为辅助工作台，将工件安装在支撑板上(如图9-1-10所示)。装夹精度高,适用于批量生产各种小型和异型工件。但无论切割型孔还是外形都需要穿丝,通用性也较差。

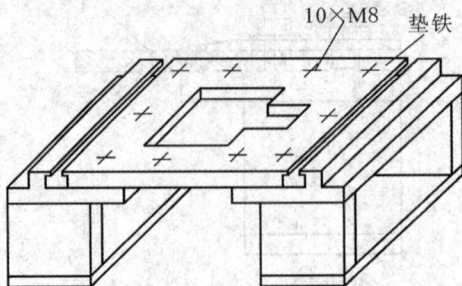

图9-1-10　板式支撑方式装夹

2. 工件的找正

1) 用百分表找正

用磁力表架将百分表固定在丝架或其他位置上,百分表的测量头与工件基面接触,往复移动工作台,按百分表指示值调整工件的位置(如图9-1-11所示),直至百分表指针的偏摆范围达到所要求的数值。找正应在相互垂直的三个方向上进行。

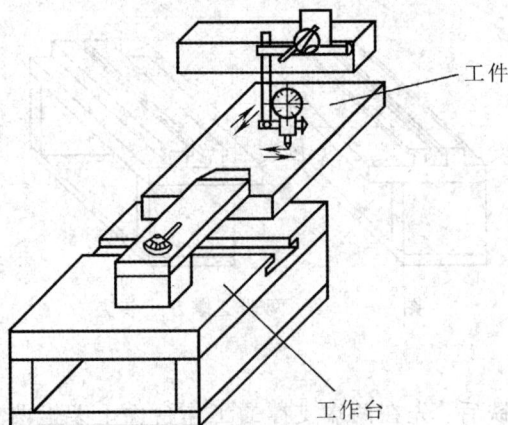

图9-1-11　用百分表找正工件

2) 划线法找正

工件的切割图形与定位基准之间的相互位置精度要求不高时,可采用划线法找正。利用固定在丝架上的划针对准工件上划出的基准线,往复移动工作台,目测划针、基准间的偏离情况,将工件调整到正确位置。

四、加工参数的选择

1. 脉冲参数的选择

脉冲电源的波形及参数的影响是相当大的,如矩形波脉冲电源的参数主要有电压、电流、脉冲宽度、脉冲间隔等。所以根据不同的加工对象选择合理的电参数是非常重要的。

2. 电极丝的选择

常用电极丝有钼丝、钨丝、黄铜丝和包芯丝等。钨丝抗拉强度高,直径在0.03~0.1mm,

一般用于各种窄缝的精加工，但价格昂贵。黄铜丝适合于慢速加工，加工表面粗糙度和平直度较好，蚀屑附着少，但抗拉强度差，损耗大，直径在 0.1～0.3 mm，一般用于慢速单向走丝加工。钼丝抗拉强度高，适于快速走丝加工，所以我国快速走丝机床大都选用钼丝作电极丝，直径在 0.08～0.2 mm。

电极丝直径的选择应该根据切缝宽窄、工件厚度和拐角大小来选择。加工带尖角、窄缝的小型模具零件宜选择较细的电极丝；若加工大厚度工件或大电流切割时应选择较粗的电极丝。

3. 工作液的选配

工作液对切割速度、表面粗糙度、加工精度等都有较大影响，加工时必须正确选配。常用的工作液主要有乳化液和去离子水。

(1) 慢速走丝线切割加工目前普遍使用去离子水。为了提高切割速度，在加工时还要加进有利于提高切割速度的导电液，以增加工作液的电阻率。加工淬火钢，使电阻率在 2×10^4 Ωcm 左右；加工硬质合金电阻率在 30×10^4 Ωcm 左右。

(2) 对于快速走丝线切割加工，目前最常用的是乳化液，乳化液是由乳化油和工作介质配制（浓度为 5%～10%）而成的。工作介质可用自来水，也可用蒸馏水、高纯水和磁化水。

(3) 对加工表面粗糙度和精度要求比较高的工件，工作液配比可适当浓些，使加工表面均匀。

(4) 对要求切割速度快或大厚度工件，工作液配比可淡点，这样加工比较稳定，且不易断丝。

(5) 工作液用蒸馏水配制，对材料 Cr12 的工件配比淡点，可减轻工件表面的条纹，使工件表面均匀。

五、数控线切割的程序编制

1. 数控线切割加工编程基础

1) 坐标系的建立

面向机床正面，横向为 X 方向，且丝向右运行为 X＋方向，向左运行为 X－方向；纵向为 Y 方向，且丝向外运行为 Y－方向，向内运行为 Y＋方向（如图 9-1-12 所示）。

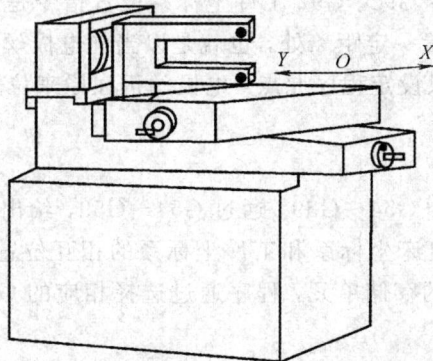

图 9-1-12 数控线切割机床坐标系

2）间隙补偿量的计算

丝切割加工时，控制台所控制的是电极丝中心的移动轨迹，同时为了获得所要求的加工尺寸，电极丝和加工图形之间必须保持一定的距离（如图 9-1-13 所示）。图中双点划线表示电极丝中心的轨迹，实线表示型孔或凸模轮廓。编程时首先要求出电极丝中心轨迹与加工图形之间的垂直距离 ΔR（间隙补偿距离），并将电极丝中心轨迹分割成单一的直线或圆弧段，求出各线段的交点坐标后，逐步进行编程，这样才能加工出合格零件。如果采用的数控线切割机床具有补偿功能，可通过 G41、G42 指令实现间隙补偿，但需要知道间隙补偿量。

计算间隙补偿量时，一般情况，应考虑电极丝半径 r、电极丝和工件之间放电间隙 δ 来计算电极丝中心的间隙补偿量 $\Delta R = r + \delta$。

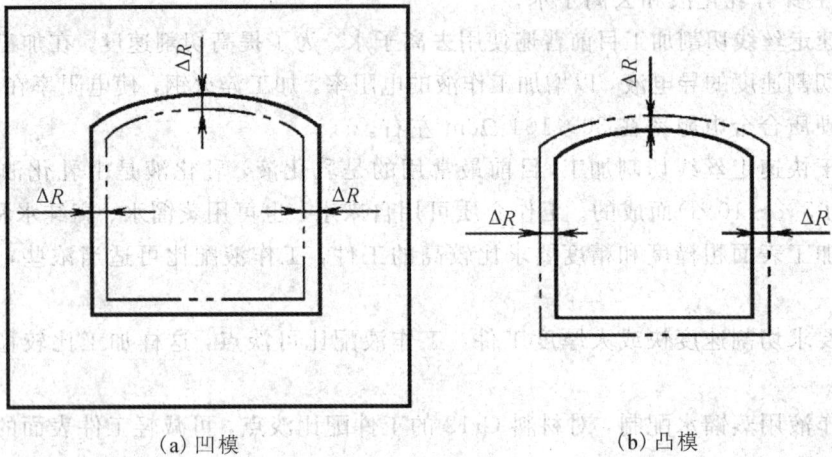

(a) 凹模　　　　(b) 凸模

图 9-1-13　电极丝中心轨迹

2. ISO 格式程序编制

1）坐标方式指令

G90 为绝对坐标指令。该指令表示程序段中的编程尺寸是按绝对坐标给定的。

G91 为增量坐标指令。该指令表示程序段中的编程尺寸是按增量坐标给定的，即坐标值均以前一个坐标作为起点来计算下一点的位置值。

2）坐标系指令

（1）工件坐标系设置指令 G92。G92 工件坐标系设置指令是指将加工时工件坐标系原点设定在距电极丝中心现在位置一定距离处，也就是以当前电极丝中心在将要建立的坐标系的坐标值来定义工件坐标系。只设定程序原点，电极丝仍在原来位置，并不产生运动。

编程格式：

　　G92 X_ Y_；

（2）工件坐标系选择指令 G54～G59。通过 G54～G59，给出工件坐标系原点在机床坐标系的位置，也就是，确定了机床坐标系和工件坐标系的相互位置关系。通过操作面板，将工件坐标系原点的值输入规定的存储单元，程序通过选择相应的 G54～G59 指令激活此值，从而建立工件坐标系。

3）运动指令

（1）G00 快速定位指令。在线切割机床不放电的情况下，使指定的某轴快速移动到指定位置。

编程格式：

G00　X_　Y_；

（2）G01 直线插补指令用于线切割机床在各个坐标平面内加工任意斜率的直线轮廓和用直线逼近曲线轮廓。

编程格式：

G01　X_　Y_；

（3）G02、G03 圆弧插补指令。该指令用于线切割机床在坐标平面内加工圆弧。G02 为顺时针加工圆弧的插补指令，G03 为逆时针加工圆弧的插补指令。

编程格式：

G02　X_　Y_　I_　J_；或 G03　X_　Y_　I_　J_；

其中，X、Y 表示圆弧终点坐标；I、J 表示圆心坐标，指圆心相对圆弧起点的增量值，I 是 X 方向坐标值，J 是 Y 方向坐标值。

（4）举例。对如图 9-1-14 所示零件编制程序。

① 用绝对坐标 G90 编程如下：

N01　G92　X0　Y0；

N02　G90　G01　X10　Y0；

N03　G01　X10　Y20；

N04　G02　X40　Y20　I15　J0；

N05　G01　X40　Y0；

N06　G01　X0　Y0；

N07　M02；

② 用增量坐标 G91 编程如下：

N01　G92　X0　Y0；

N02　G91；

N03　G01　X10　Y0；

N04　G01　X0　Y20；

N05　G02　X30　Y0　I15　J0；

N06　G01　X0　Y-20；

N07　G01　X-40　Y0；

N08　M02；

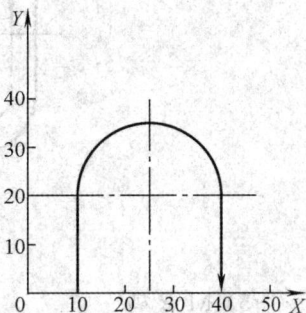

图 9-1-14　零件轮廓

4）补偿指令

电极丝补偿功能是指电极丝在编程轨迹上进行一个间隙补偿量的偏移。

（1）左偏补偿指令 G41、右偏补偿指令 G42。

如图 9-1-15、图 9-1-16 所示，顺着电极丝加工路线来看，若电极丝在工件的左边为 G41 编程格式：G41 D_；若电极丝在工件的右边为 G42 编程格式：G42 D_。

（2）取消间隙补偿指令 G40。

编程格式：

G40（单独一个程序段）；

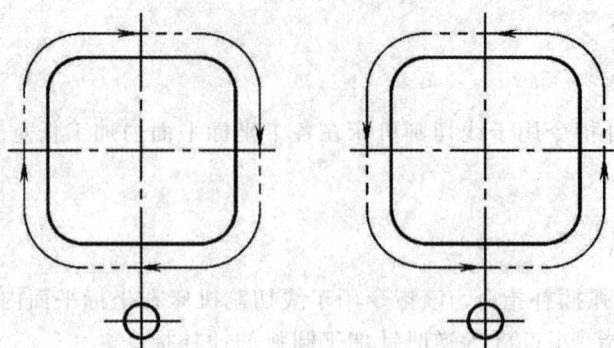

(a) G41加工   (b) G42加工

图 9－1－15 凸模加工间隙补偿指令的确定

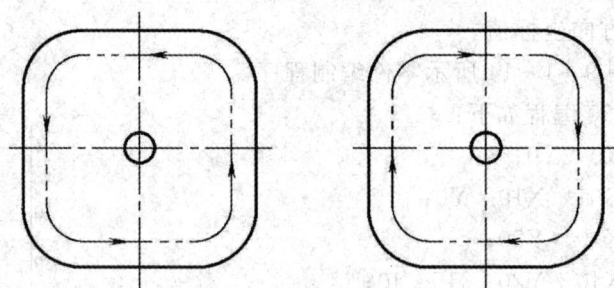

(a) G41加工   (b) G42加工

图 9－1－16 凹模加工间隙补偿指令的确定

5）M 代码

M 为系统辅助功能指令，常用 M 功能指令如下：

M00——程序暂停；

M02——程序结束；

M05——接触感知解除；

M96——主程序调用子程序；

M97——主程序调用子程序结束。

9.2 电火花成型加工

学习目标

1．了解电火花成型加工原理、特点及应用范围。

2．了解电火花加工的方法。

3．了解电火花加工准备工作。

4．熟悉电极的装夹与校正。

课堂讨论

　　观察如图 9-2-1 所示零件，它们的轮廓形状有什么特点呢？采用哪种加工方式合适呢？你能说出生活中类似的零件吗？

图 9-2-1　机械制造产品

一、认识电火花成型加工机床

　　电火花成型加工是由电火花成型加工机床（如图 9-2-2 所示）采用成型电极进行仿形加工的方法。通过工具电极相对工件作进给运动，使加工出来的轮廓与电极形状相一致，电火花成型加工有电火花穿孔和型腔、型面加工两大类型。

图 9-2-2　电火花成型加工机床

1. 电火花成型加工原理、特点、应用范围

　　电火花成型加工基于电火花腐蚀原理，如图 9-2-3 所示，是在工具电极与工件电极相互靠近时，极间形成脉冲性火花放电，在电火花通道中产生瞬时高温，使金属局部熔化，甚至汽化，从而将金属蚀除下来。

　　加工过程分为以下几个阶段：

　　（1）极间介质的电离、击穿及放电通道的形成；

　　（2）介质热分解、电极材料熔化、汽化热膨胀；

　　（3）电极材料的抛出；

　　（4）极间介质的消电离。

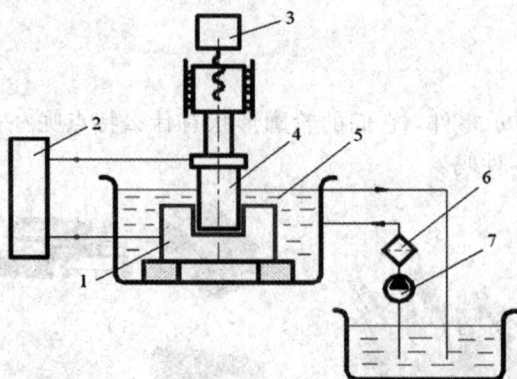

1—工件；2—脉冲电源；3—自动进给调节系统；
4—工具；5—工作液；6—过滤器；7—工作液泵

图 9 - 2 - 3　电火花机床制造产品原理图

2. 电火花成型加工的特点、应用范围

（1）电火花成型加工能完成用切削的方法难于加工或无法加工的高硬度导电材料。在电火花加工过程中，主要是靠电、热能进行加工，几乎与力学性能（硬度、强度等）无关，从而使工件的加工不受工具硬度、强度的限制，实现了用软质的材料（如石墨、铜等）加工硬质的材料（如淬火钢、硬质合金和超硬材料等）。

（2）便于加工细长、薄、脆性零件和形状复杂的零件。由于加工过程中，工具与工件没有直接接触，这样就使工件与工具之间没有机械加工的切削力，机械变形小，因此可以加工复杂形状和进行微细加工。工件变形小，加工精度高。目前，电火花加工的精度可达 0.01～0.05 mm，在精密光整加工时可小于 0.005 mm。

（3）易于实现加工过程的自动化。电火花加工主要利用电能进行加工，而电能、电参数较机械量易于实现自动化控制。目前我国电火花加工机床大多都是数字控制。

（4）电火花成型加工只能对导电材料进行加工，加工精度受到电极损耗的限制，最小圆角半径受到放电间隙的限制，由于火花放电时产生的热量只局限在电极表面，而且又很快被介质冷却，所以加工速度要比机械加工慢。

电火花成型加工可以加工各种冷冲模、拉丝模、落料模、复合模、级进模和各种型孔，也可以加工精密微细机械零件和复杂型腔，如锻模、压铸模、挤压模、整体叶轮、叶片等。

二、电火花加工方法

电火花加工一般按图 9 - 2 - 4 所示步骤进行。电火花加工主要由三部分组成：电火花加工的准备工作、电火花加工、电火花加工的检验工作。其中电火花加工可以加工通孔和盲孔，前者通常称为电火花穿孔加工，后者通常称为电火花成型加工。它们不仅是名称不同，而且加工工艺方法有着较大的区别，本章将分别加以介绍。电火花加工的准备工作有电极准备、电极装夹、工件准备、工件装夹、电极工件的校正定位等。

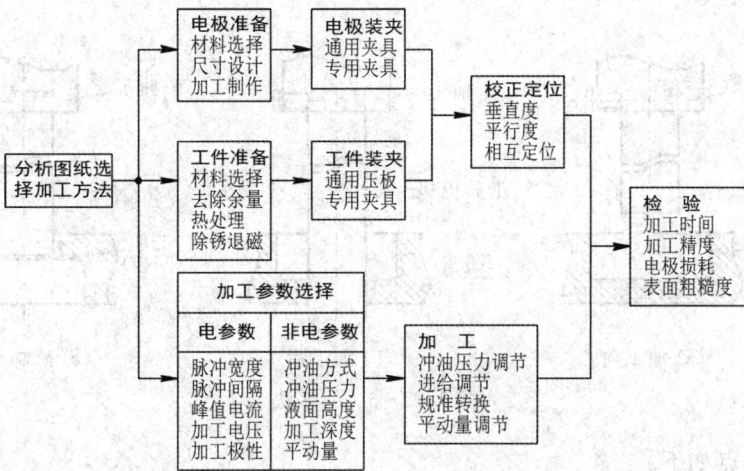

图 9 - 2 - 4　电火花加工的步骤

1. 电火花穿孔加工方法

电火花穿孔加工一般应用于冲裁模具加工、粉末冶金模具加工、拉丝模具加工、螺纹加工等。下面以加工冲裁模具的凹模为例说明电火花穿孔加工的方法。

凹模的尺寸精度主要靠工具电极来保证，因此，对工具电极的精度和表面粗糙度都应有一定的要求。如凹模的尺寸为 L_2，工具电极相应的尺寸为 L_1（如图 9 - 2 - 5 所示），单边火花间隙值为 S_L，则 $L_2 = L_1 + 2S_L$。

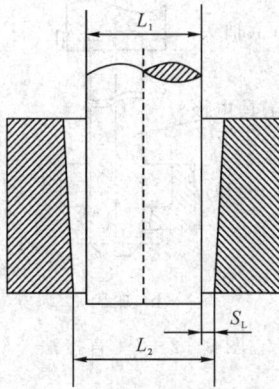

图 9 - 2 - 5　凹模的电火花加工

其中，火花间隙值 S_L 主要取决于脉冲参数与机床的精度。只要加工规准选择恰当，加工稳定，火花间隙值 S_L 的波动范围会很小。因此，只要工具电极的尺寸精确，用它加工出的凹模的尺寸也是比较精确的。

用电火花穿孔加工凹模有较多的工艺方法，在实际中应根据加工对象、技术要求等因素灵活地选择。穿孔加工的具体方法简介如下。

1）间接法

间接法是指在模具电火花加工中，凸模与加工凹模用的电极分开制造，首先根据凹模尺寸设计电极，然后制造电极，进行凹模加工，再根据间隙要求来配制凸模。图 9 - 2 - 6 为间接法加工凹模的过程。

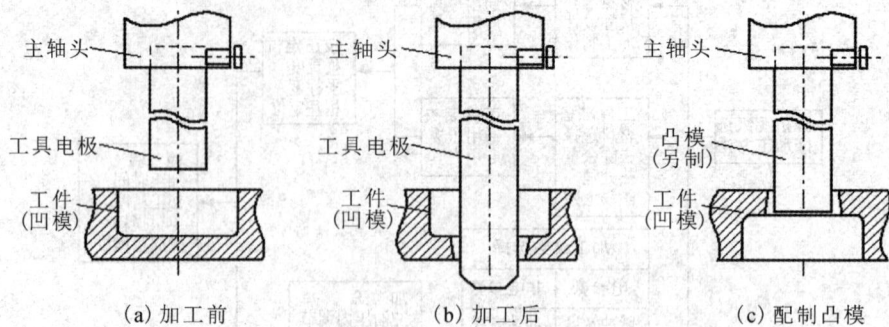

图（a）主轴头、工具电极、工件（凹模）——（a）加工前
图（b）主轴头、工具电极、工件（凹模）——（b）加工后
图（c）主轴头、凸模（另制）、工件（凹模）——（c）配制凸模

图 9 - 2 - 6　间接法

间接法的优点如下：

（1）可以自由选择电极材料，电加工性能好。

（2）因为凸模是根据凹模另外进行配制，所以凸模和凹模的配合间隙与放电间隙无关。间接法的缺点是：电极与凸模分开制造，配合间隙难以保证均匀。

　　2）直接法

直接法适合于加工冲模，是指将凸模长度适当增加，先作为电极加工凹模，然后将端部损耗的部分去除直接成为凸模（具体过程如图 9 - 2 - 7 所示）。直接法加工的凹模与凸模的配合间隙靠调节脉冲参数、控制火花放电间隙来保证。

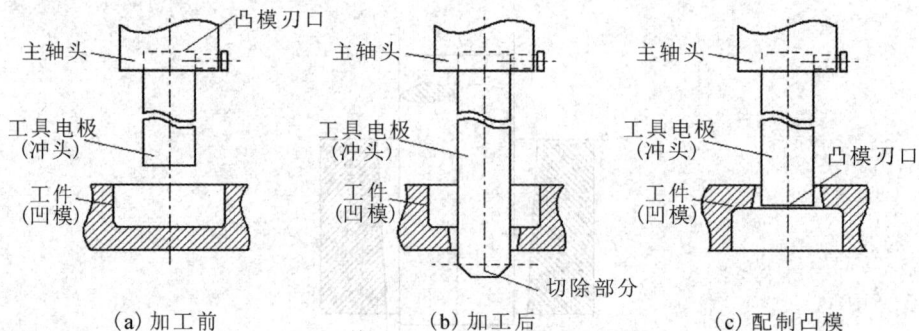

图（a）凸模刃口、主轴头、工具电极（冲头）、工件（凹模）——（a）加工前
图（b）主轴头、工具电极（冲头）、工件（凹模）、切除部分——（b）加工后
图（c）主轴头、工具电极（冲头）、凸模刃口、工件（凹模）——（c）配制凸模

图 9 - 2 - 7　直接法

直接法的优点如下：

（1）可以获得均匀的配合间隙、模具质量高。

（2）无需另外制作电极。

（3）无需修配工作，生产率较高。

直接法的缺点如下：

（1）电极材料不能自由选择，工具电极和工件都是磁性材料，易产生磁性，电蚀下来的金属屑可能被吸附在电极放电间隙的磁场中而形成不稳定的二次放电，使加工过程很不稳定，故电火花加工性能较差。

（2）电极和冲头连在一起，尺寸较长，磨削时较困难。

3）混合法

混合法也适用于加工冲模，是指将电火花加工性能良好的电极材料与冲头材料黏结在一起，共同用线切割或磨削成型，然后用电火花性能好的一端作为加工端，将工件反置固定，用"反打正用"的方法实行加工。这种方法不仅可以充分发挥加工端材料好的电火花加工工艺性能，还可以达到与直接法相同的加工效果（如图9-2-8所示）。

混合法的特点如下：

（1）可以自由选择电极材料，电加工性能好。

（2）无需另外制作电极。

（3）无需修配工作，生产率较高。

（4）电极一定要黏结在冲头的非刃口端（见图9-2-8）。

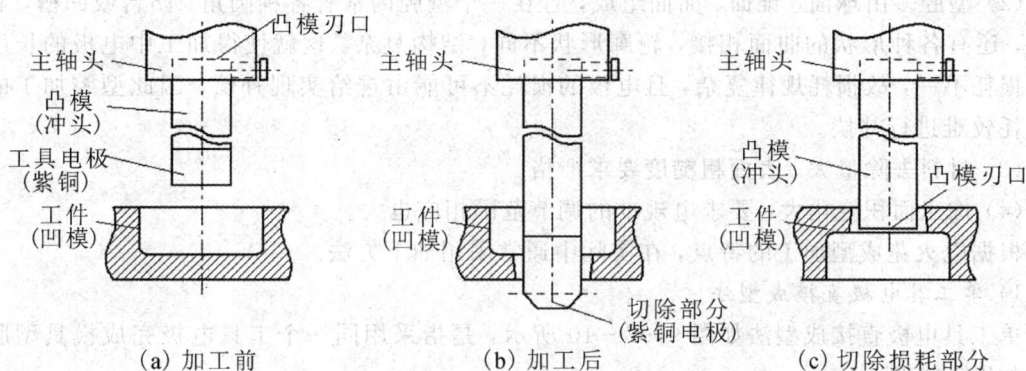

图9-2-8 混合法

4）阶梯工具电极加工法

阶梯工具电极加工法在冷冲模具电火花成型加工中极为普遍，其应用方面有两种：

（1）无预孔或加工余量较大时，可以将工具电极制作为阶梯状，将工具电极分为两段，即缩小了尺寸的粗加工段和保持凸模尺寸的精加工段。粗加工时，采用工具电极相对损耗小、加工速度高的电规准加工，粗加工段加工完成后只剩下较小的加工余量（如图9-2-9（a）所示）。精加工段即凸模段，可采用类似于直接法的方法进行加工，以达到凸凹模配合的技术要求（如图9-2-9（b）所示）。

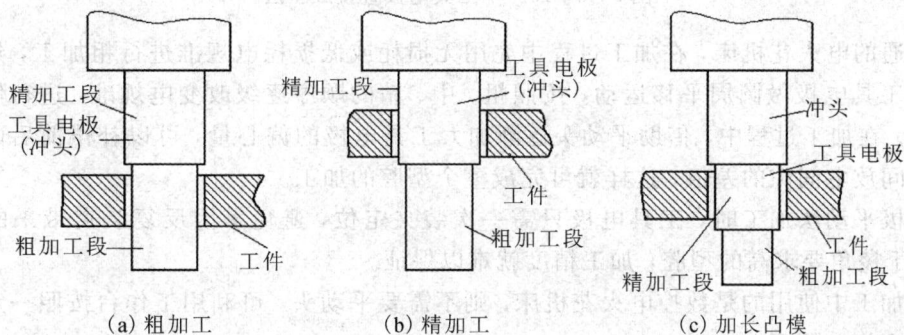

图9-2-9 用阶梯工具电极加工冲模

（2）在加工小间隙、无间隙的冷冲模具时，配合间隙小于最小的电火花加工放电间隙，用凸模作为精加工段是不能实现加工的，则可将凸模加长后，再加工或腐蚀成阶梯状，使阶梯的精加工段与凸模有均匀的尺寸差，通过加工规准对放电间隙尺寸的控制，使加工后符合凸凹模配合的技术要求(如图9-2-9(c)所示)。

除此以外，可根据模具或工件不同的尺寸特点和尺寸，采用双阶梯或多阶梯工具电极。阶梯形的工具电极可以由直柄形的工具电极用"王水"酸洗、腐蚀而成。机床操作人员应根据模具工件的技术要求和电火花加工的工艺常识，灵活运用阶梯工具电极的技术，充分发挥穿孔电火花加工工艺的潜力，完善其工艺技术。

2. 电火花成型加工方法

电火花成型加工和穿孔加工相比有下列特点：

(1)电火花成型加工为盲孔加工，工作液循环困难，电蚀产物排除条件差。

(2)型腔多由球面、锥面、曲面组成，且在一个型腔内常有各种圆角、凸台或凹槽，有深有浅，还有各种形状的曲面相接，轮廓形状不同，结构复杂。这就使得加工中电极的长度和型面损耗不一，故损耗规律复杂，且电极的损耗不可能由进给实现补偿，因此型腔加工的电极损耗较难进行补偿。

(3)材料去除量大，表面粗糙度要求严格。

(4)加工面积变化大，要求电规准的调节范围相应也大。

根据电火花成型加工的特点，在实际中通常采用如下方法。

1)单工具电极直接成型法

单工具电极直接成型法如图9-2-10所示，是指采用同一个工具电极完成模具型腔的粗、中及精加工。

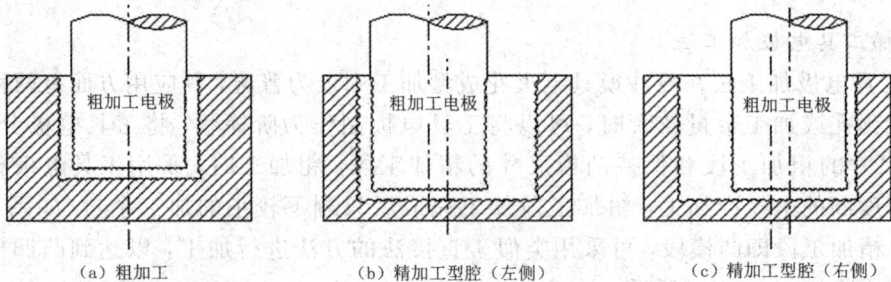

　(a) 粗加工　　　　　　　　(b) 精加工型腔(左侧)　　　　　　(c) 精加工型腔(右侧)

图9-2-10　单工具电极直接成型法

对普通的电火花机床，在加工过程中先用无损耗或低损耗电规准进行粗加工，然后采用平动头使工具电极做圆周平移运动，按照粗、中、精的顺序逐级改变电规准，进行侧面平动修整加工。在加工过程中，借助平动头逐渐加大工具电极的偏心量，可以补偿前后两个加工电规准之间放电间隙的差值，这样就可完成整个型腔的加工。

单电极平动法加工时，工具电极只需一次装夹定位，避免了因反复装夹带来的定位误差。但对于棱角要求高的型腔，加工精度就难以保证。

如果加工中使用的是数控电火花机床，则不需要平动头，可利用工作台按照一定轨迹做微量移动来修光侧面。

2)多电极更换法

对早期的非数控电火花机床，为了加工出高质量的工件，多采用多电极更换法，如图

9－2－11所示。

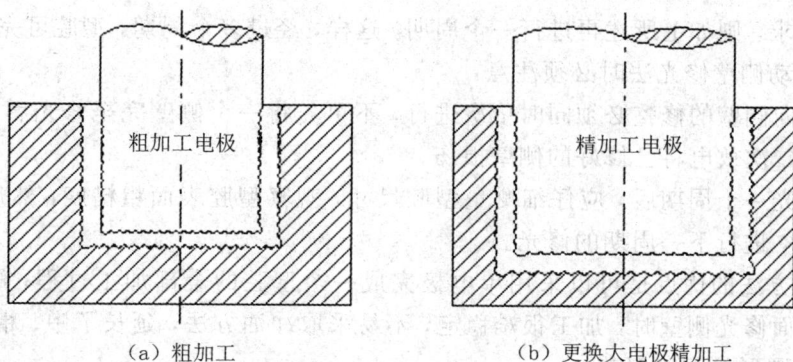

（a）粗加工　　　　　　　（b）更换大电极精加工

图9－2－11　多电极更换法

多电极更换法是指根据一个型腔在粗、中、精加工中放电间隙各不相同的特点，采用几个不同尺寸的工具电极完成一个型腔的粗、中、精加工。在加工时首先用粗加工电极蚀除大量金属，然后更换电极进行中、精加工；对于加工精度高的型腔，往往需要较多的电极来精修型腔。

多电极更换法的优点是仿型精度高，尤其适用于尖角、窄缝多的型腔模加工。它的缺点是需要制造多个电极，并且对电极的重复制造精度要求很高。另外，在加工过程中，电极的依次更换需要有一定的重复定位精度。

3）分解电极法

分解电极法是根据型腔的几何形状，把电极分解成主型腔电极和副型腔电极，分别制造。先用主型腔电极加工出主型腔，后用副型腔电极加工尖角、窄缝等部位的副型腔。此方法的优点是能根据主、副型腔不同的加工条件，选择不同的加工规准，有利于提高加工速度和改善加工表面质量，同时还可简化电极制造，便于电极修整。缺点是主型腔和副型腔间的精确定位较难解决。

近年来，国内外广泛应用具有电极库的数控电火花机床，事先将复杂型腔面分解为若干个简单型腔和相应的电极，编制好程序，在加工过程中自动更换电极和加工规准，实现复杂型腔的加工。

4）手动侧壁修光法

这种方法主要应用于没有平动头的非数控电火花加工机床。具体方法是利用移动工作台的 X 和 Y 坐标，配合转换加工规准，轮流修光各方向的侧壁。如图9－2－12所示，在某型腔粗加工完毕后，采用中加工规准先将底面修出；然后将工作台沿 X 坐标方向右移一个尺寸 d，修光型腔左侧壁（如图9－2－12（a）所示）；然后将电极上移，修光型腔后壁（如图9－2－12（b）所示）；再将电极右移，修光型腔右壁（如图

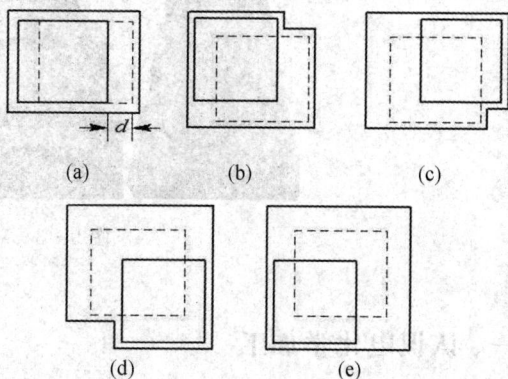

图9－2－12　侧壁轮流修光法示意图

9-2-12（c）所示）；然后将电极下移，修光型腔前壁（如图 9-2-12（d）所示）；最后将电极左移，修去缺角（如图 9-2-12（e）所示）。完成这样一个周期后，型腔的面积扩大。若尺寸达不到规定的要求，则如上所述再进行一个周期。这样，经过多个周期，型腔可完全修光。

在使用手动侧壁修光法时必须注意：

（1）各方向侧壁的修整必须同时依次进行，不可先将一个侧壁完全修光后，再修光另一个侧壁，避免二次放电将已修好的侧壁损伤。

（2）在修光一个周期后，应仔细测量型腔尺寸，观察型腔表面粗糙度，然后决定是否更换电加工规准，进行下一周期的修光。

这种加工方法的优点是可以采用单电极完成一个型腔的全部加工过程；缺点是操作繁琐，尤其在单面修光侧壁时，加工很难稳定，不易采取冲油方法，延长了中、精加工的周期，而且无法修整圆形轮廓的型腔。

9.3　电化学加工

📖 学习目标

1. 了解电化学加工原理、特点及应用范围。
2. 了解电化学加工的种类。
3. 了解电解加工的原理及特点。
4. 熟悉电铸成型原理及特点。
5. 熟悉电解磨削加工原理及特点。

☕ 课堂讨论

观察如图 9-3-1 所示零件，它们的表面质量什么特点呢？采用传统加工方式能否完成呢？你能说出生活中类似的零件吗？

图 9-3-1　电化学加工产品

一、认识电化学加工

电化学加工（Electrochemical Machining 简称 ECM）包括从工件上去除金属的电解加工

和向工件上沉积金属的电镀、涂覆加工两大类。

1. 电化学加工的原理

如图 9-3-2 所示为电化学加工的原理。两片金属铜(Cu)板浸在导电溶液里,例如氯化铜($CuCl_2$)的水溶液中,此时水(H_2O)离解为氢氧根负离子 OH^- 和氢正离子 H^+,$CuCl_2$ 离解为两个氯负离子 $2Cl^-$ 和二价铜正离子 Cu^{2+}。当两个铜片接上直流电形成导电通路时,导线和溶液中均有电流流过,在金属片(电极)和溶液的界面上就会有交换电子的反应,即电化学反应。溶液中的离子将作定向移动,Cu^{2+} 正离子移向阴极,在阴极上得到电子而进行还原反应,沉积出铜。

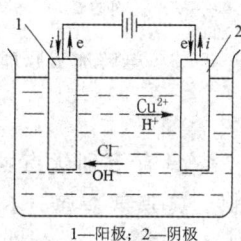

1—阳极;2—阴极

图 9-3-2 电解液中的电化学反应

在阳极表面 Cu 原子失掉电子而成为 Cu^{2+} 正离子进入溶液。溶液中正、负离子的定向移动称为电荷迁移。在阳、阴电极表面发生得失电子的化学反应称为电化学反应。这种利用电化学反应原理对金属进行加工的方法即电化学加工。

2. 电化学加工的分类

电化学加工有三种不同的类型。第一类是利用电化学反应过程中的阳极溶解来进行加工,主要有电解加工和电化学抛光等;第二类是利用电化学反应过程中的阴极沉积来进行加工,主要有电镀、电铸等;第三类是利用电化学加工与其他加工方法相结合的电化学复合加工工艺进行加工,目前主要有电解磨削、电化学阳极机械加工(其中还含有电火花放电作用)。

3. 电化学加工的适用范围

电化学加工的适用范围,因电解和电镀两大类工艺的不同而不同。

电解加工可以加工复杂成型模具和零件,例如汽车、拖拉机连杆等各种型腔锻模,航空、航天发动机的扭曲叶片,汽轮机定子、转子的扭曲叶片,齿轮、液压件内孔的电解去毛刺及扩孔、抛光等。电镀、电铸可以加工复杂、精细的表面。

二、电解加工

1. 电解加工的原理及特点

1) 电解加工的基本原理

电解加工是利用金属在电解液中的"电化学阳极溶解"来将工件成型的。如图 9-3-3 所示,在工件(阳极)与工具(阴极)之间接上直流电源,使工具阴极与工件阳极间保持较小的加工间隙(0.1~0.8 mm),间隙中通过高速流动的电解液。这时,工件阳极开始溶解。开始时,两极之间的间隙大小不等,间隙小处电流密度大,阳极金属去除速度快;而间隙大处电流密度小，去除速度慢。

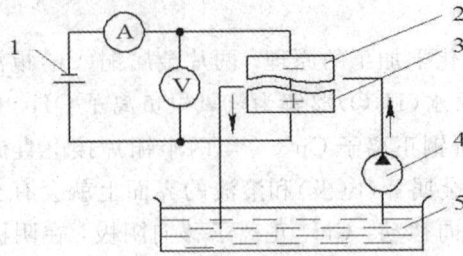

1—直流电源；2—工具电极；3—工件阳极；4—电解液泵；5—电解液

图 9 - 3 - 3　电解加工原理图

2）电解加工的特点

电解加工与其他加工方法相比较，它具有下列优点：

（1）能加工各种硬度和强度的材料。只要是金属，不管其硬度和强度多大，都可加工。

（2）生产率高，约为电火花加工的 5～10 倍，在某些情况下，比切削加工的生产率还高，且加工生产率不直接受加工精度和表面粗糙度的限制。

（3）表面质量好，电解加工不产生残余应力和变质层，又没有飞边、刀痕和毛刺。在正常情况下，表面粗糙度值 Ra 可达 1.25～ 0.2 μm。

（4）阴极工具在理论上不损耗，基本上可长期使用。

电解加工当前存在的主要问题是加工精度难以严格控制，尺寸精度一般只能达到 0.15～0.30 mm。此外，电解液对设备有腐蚀作用，电解液的处理也较困难。

2. 电解加工设备

电解加工的基本设备包括直流电源、机床及电解液系统三大部分。

1）直流电源

电解加工常用的直流电源为硅整流电源和晶闸管电源，其主要特点及应用见表 9 - 3 - 1。

表 9 - 3 - 1　直流电源的特点及应用

分　类	特　点	应用场合
硅整流电源	1. 可靠性、稳定性好； 2. 调节灵敏度较低； 3. 稳压精度不高	国内生产现场占一定比例
晶闸管电源	1. 灵敏度高，稳压精度高； 2. 效率高，节省金属材料； 3. 稳定性、可靠性较差	国外生产中普遍采用，也占相当比例

2）机床

电解加工机床的任务是安装夹具、工件和阴极工具，并实现其相对运动，传送电和电解液。它与一般金属切削机床相比，有其特殊要求：① 有足够的刚性；② 稳定的进给速度；③ 防腐绝缘与好的安全措施。

3）电解液系统

在电解加工过程中，电解液不仅作为导电介质传递电流，而且在电场的作用下进行化学反应，使阳极溶解能顺利而有效地进行，这一点与电火花加工的工作液的作用是不同的。同时电解液也担负着及时把加工间隙内产生的电解产物和热量带走的任务，起到更新和冷却的作用。

电解液可分为中性盐溶液、酸性盐溶液和碱性盐溶液三大类。其中中性盐溶液的腐蚀性较小，使用时较为安全，故应用最广。常用的电解液有 NaCl、$NaNO_3$、$NaClO_3$ 三种。

三、电铸成型

1. 电铸成型的原理及特点

1）电铸成型的原理

与大家熟知的电镀原理相似，电铸成型是利用电化学过程中的阴极沉积现象来进行成型加工的，即在原模上通过电化学方法沉积金属，然后分离以制造或复制金属制品。但电铸与电镀又有不同之处，电镀时要求得到与基体结合牢固的金属镀层，以达到防护、装饰等目的。而电铸则要电铸层与原模分离，其厚度也远大于电镀层。

电铸成型的原理如图 9-3-4 所示，在直流电源的作用下，金属盐溶液中的金属离子在阴极获得电子而沉积在阴极母模的表面。阳极的金属原子失去电子而成为正离子，源源不断地补充到电铸液中，使溶液中的金属离子浓度保持基本不变。当母模上的电铸层达到所需的厚度时取出，将电铸层与型芯分离，即可获得型面与型芯凹、凸相反的电铸模具型腔零件的成型表面。

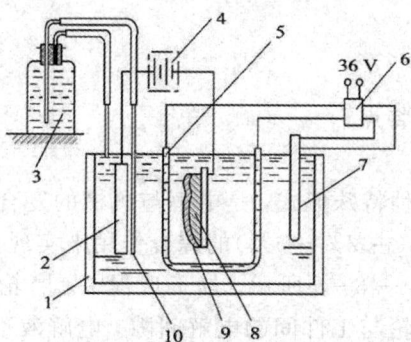

1—镀槽；2—阳极；3—蒸馏水瓶；4—直流电源；5—加热管；6—恒温装置；
7—温度计；8—阴极母模；9—电铸层；10—玻璃管

图 9-3-4　电铸成型的原理

2）电铸成型的特点

（1）复制精度高，可以做出机械加工不可能加工出的细微形状（如微细花纹、复杂形状等），表面粗糙度 Ra 可达 0.1 μm，一般不需抛光即可使用。

（2）母模材料不限于金属，有时还可用制品零件直接作为母模。

（3）表面硬度可达 HRC35～50，所以电铸型腔使用寿命长。

（4）电铸可获得高纯度的金属制品，如电铸铜，它纯度高，具有良好的导电性能，十分有利于电加工。

（5）电铸时，金属沉积速度缓慢，制造周期长。如电铸镍，一般需要一周左右。

（6）电铸层厚度不易均匀，且厚度较薄，仅为 4～8 mm 左右。电铸层一般都具有较大的应力，所以大型电铸件变形显著，且不易承受大的冲击载荷。这样，就使电铸成型的应用受到一定的限制。

2. 电铸设备

电铸设备（如图 9-3-4 所示）主要包括电铸槽、直流电源、搅拌和循环过滤系统、恒温控制系统等。

（1）电铸槽。电铸槽材料的选取以不与电解液作用引起腐蚀为原则。一般用钢板焊接，内衬铅板或聚氯乙烯薄板等。

（2）直流电源。电铸采用低电压大电流的直流电源。常用硅整流，电压为 6～12 V 左右，并可调。

（3）搅拌和循环过滤系统。为了降低电铸液的浓差极化，加大电流密度，减少加工时间，提高生产速度，最好在阴极运动的同时加速溶液的搅拌。搅拌的方法有循环过滤法、超声波或机械搅拌等。循环过滤法不仅可以使溶液搅拌，而且在溶液不断反复流动时进行过滤。

（4）恒温控制系统。电铸时间很长，所以必须设置恒温控制设备。它包括加热设备（加热玻璃管、电炉等）和冷却设备（冷水或冷冻机等）。

3. 电铸的应用

电铸具有极高的复制精度和良好的机械性能，已在航空、仪器仪表、精密机械、模具制造等方面发挥日益重要的作用。

四、电解磨削

1. 电解磨削的加工原理及特点

1）电解磨削的加工原理

电解磨削是电解加工的一种特殊形式，是电解与机械的复合加工方法。它是靠金属的溶解（占 95%～98%）和机械磨削（占 2%～5%）的综合作用来实现加工的。

电解磨前的加工原理如图 9-3-5 所示。加工过程中，磨轮（砂轮）不断旋转，磨轮上凸出的砂粒与工件接触，形成磨轮与工件间的电解间隙。电解液不断供给，磨轮在旋转中，将工件表面由电化学反应生成的钝化膜除去，继续进行电化学反应，如此反复不断，直到加工完毕。

电解磨削的阳极溶解机理与普通电解加工的阳极溶解机理是相同的。不同之处在于：电解磨削中，阳极钝化膜的去除是靠磨轮的机械加工去除的，电解液腐蚀力较弱；而一般电解加工中的阳极钝化膜的去除，是靠高电流密度去破坏（不断溶解）或靠活性离子（如氯离子）进行活化，再由高速流动的电解液冲刷带走的。

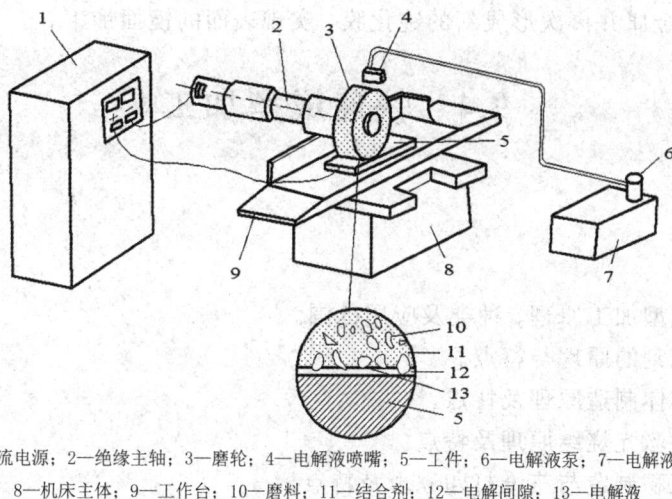

1—直流电源；2—绝缘主轴；3—磨轮；4—电解液喷嘴；5—工件；6—电解液泵；7—电解液箱；
8—机床主体；9—工作台；10—磨料；11—结合剂；12—电解间隙；13—电解液

图 9 - 3 - 5　电解磨削加工原理图

2）电解磨削的特点

电解磨削具有以下特点：

（1）磨削力小，生产率高。这是由于电解磨削具有电解加工和机械磨削加工的优点。

（2）加工精度高，表面加工质量好。因为电解磨削加工中，一方面工件尺寸或形状是靠磨轮刮除钝化膜得到的，故能获得比电解加工好的加工精度；另一方面，材料的去除主要靠电解加工，加工中产生的磨削力较小，不会产生磨削毛刺、裂纹等现象，故加工工件的表面质量好。

（3）设备投资较高。其原因是电解磨削机床需加电解液过滤装置、抽风装置、防腐处理设备等。

2. 电解磨削的应用

电解磨削广泛应用于平面磨削、成型磨削和内外圆磨削。图 9 - 3 - 6 为电解成型磨削示意图，其磨削原理是将导电磨轮的外圆圆周按需要的形状进行预先成型，然后进行电解磨

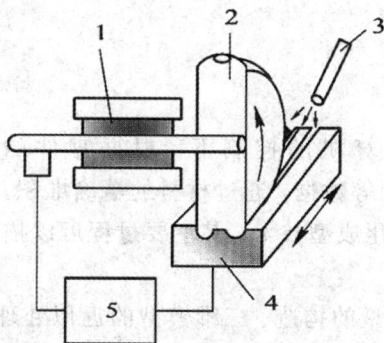

1—绝缘层；2—磨轮；3—喷嘴；4—工件；5—加工电源

图 9 - 3 - 6　电解成型磨削示意图

削。电解研磨加工是采用钝化型电解液，利用机械研磨能去除表面微观不平度各高点的钝化膜，使其露出基体金属并再次形成新的钝化膜，实现表面的镜面加工。

9.4　快速成型加工

学习目标

1. 了解快速成型加工原理、种类及应用范围。
2. 了解立体光刻的原理与特点。
3. 了解分层实体制造原理及特点。
4. 熟悉选择性激光烧结原理及特点。
5. 熟悉熔融沉积制造与三维打印原理及特点。

课堂讨论

观察如图 9-4-1 所示零件，它使用何种材料制作的？采用传统加工方式能否完成呢？你见过类似的零件吗？

图 9-4-1　快速成型加工产品

一、认识快速成型加工

1. 快速成型加工原理

快速成型制造是指在计算机的控制下，根据零件的 CAD 模型或 CT（Computed Tomography 计算机断层扫描）等数据，通过材料的精确堆积，制造原型或零件的一种基于离散、堆积成型原理的新的数字化成型技术。其主要过程可以描述如下：

（1）前处理（计算机上）。

前处理包括工件的三维模型的构造、三维模型的近似处理、模型成型方向的选择和三维模型的切片处理。常用的软件有 Pro/E、Solidworks、UG、CATIA、AutoCAD 等。

（2）分层叠加成型（成型机上）。

分层叠加是快速成型的核心，包括模型截面轮廓的制作与截面轮廓的叠合。

（3）后处理（成型机外）。

后处理包括工件的剥离、后固化、修补、打磨、抛光和表面强化处理等。

2. 快速成型制造主要种类

快速成型技术自诞生以来，已经发展了数十种工艺。其中典型的有：立体光刻（SLA：Stereolithography Apparatus）、分层实体制造（LOM：Laminated Object Manufacturing）、选择性激光烧结（SLS：Selective Laser Sintering）、熔融沉积制造（FDM：Fused Deposition Modeling)和三维打印（3DP：Three Dimension Printing）。

3. 快速成型技术的主要应用状况

快速成型技术主要应用于以下方面：

（1）汽车、摩托车：外形及内饰件的设计、改型、装配试验，发动机、汽缸头试制。

（2）家电：各种家电产品的外形与结构设计，装配试验与功能验证，市场宣传，模具制造。

（3）通信产品：产品外形与结构设计，装配试验，功能验证，模具制造。

（4）航空、航天：特殊零件的直接制造，叶轮、涡轮、叶片的试制，发动机的试制、装配试验。

（5）轻工业：各种产品的设计、验证、装配，市场宣传，玩具、鞋类模具的快速制造。

（6）医疗：医疗器械的设计、试产、试用，CT 扫描信息的实物化，手术模拟，人体骨关节的配制。

（7）国防：各种武器零部件的设计、装配、试制，特殊零件的直接制作，遥感信息的模型制作。

二、立体光刻(SLA)

立体光刻（SLA），又称立体印刷、光成型。SLA 工艺于 1984 年获美国专利，1988 年美国推出的商品化样机 SLA－1，是世界上第一台快速原型技术成型机。目前，SLA 各型成型机占据着 RP（快速成型）设备市场的较大份额。

1. 立体光刻的原理

SLA 基于液态光敏树脂的光聚合原理。将激光聚集到液态光固化材料（如光固化树脂）表面逐点扫描，令其有规律地固化，由点到线到面，完成一个层面的建造。而后升降移动一个层片厚度的距离，重新覆盖一层液态材料，进行第二层扫描，再建造一个层面，第二层就牢固地粘贴到第一层上，由此层层叠加成为一个三维实体，如图 9－4－2 所示。

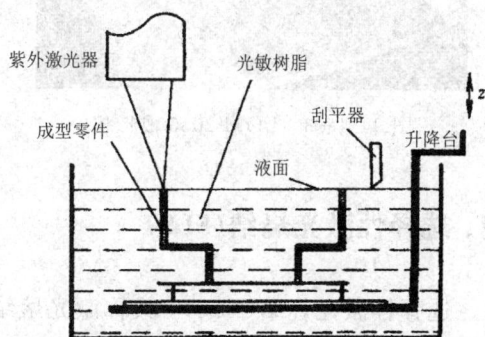

图 9－4－2　立体光刻的原理

2. 立体光刻的特点

SLA 方法是目前快速成型技术中研究得最多的方法，也是技术上最为成熟的方法。

它的优点是：制作精度高，精度达到±0.10 mm，并且与工件的复杂程度无关；成型能力强，对细小的结构、扣位、装饰线均能成型；后处理效果逼真，因为光敏树脂硬度不高，易打磨、修饰，并且制件本身的表面光洁度较好，产品透明美观。

但这种方法也有局限性，比如需要支撑、树脂收缩导致精度下降、材料的强度低、不耐温，不适合做受力、受热的功能测试零件；光固化树脂价格昂贵，有一定的毒性；且产品不能溶解，不利于环保。

三、分层实体制造(LOM)

分层实体制造(LOM)又称固体切片制造(SSM：Solid Slicing Manufacturing)。LOM工艺由美国亥里斯公司于1986年研制成功，实现这种方法的设备是该公司的 LOM - 1050 和 LOM - 2030 成型机，如图 9 - 4 - 3 所示。

分层实体制造是采用激光对箔材进行切割。先切割出工艺边框和原型的边缘轮廓，而后将不属于原型的材料切割成网格状。通过升降平台的移动和箔材的送给可以切割出新的层片并将其与先前的层片粘接在一起，这样层层叠加后得到一个块状物，最后将不属于原型的材料小块剥除，就获得所需的三维实体。这里所说的箔材可以是涂覆纸(涂有黏结剂覆层的纸)、涂覆陶瓷箔、金属箔或其他材质基的箔材。分层实体制造的原理如图 9 - 4 - 4 所示。

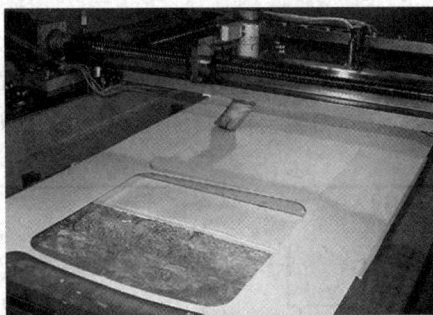

图 9 - 4 - 3　LOM-2030 成形机

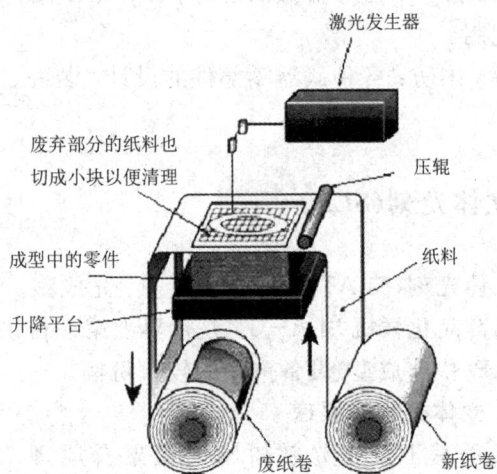

图 9 - 4 - 4　分层实体制造的原理

四、选择性激光烧结(SLS)

选择性激光烧结(SLS)，又称激光熔结(LF，Laser Fusion)。该工艺由美国德克萨斯大学奥斯汀分校于1989年研制成功，已被美国 DTM 公司商品化，推出了 SLS Model125 成型机。

德国 EOS 公司和我国的北京隆源自动成型系统有限公司也分别推出了各自的 SLS 工艺成型机。

1. 选择性激光烧结的原理

按照计算机输出的原型或零件分层轮廓,采用激光束按指定路径在选择区域内扫描并熔融工作台上很薄且均匀铺层的材料粉末。处于扫描区域内的粉末颗粒被激光束熔融后,形成一层烧结层。各层全部烧结后去掉多余的粉末即获得原型或零件。选择性激光烧结的工艺原理如图9-4-5所示。

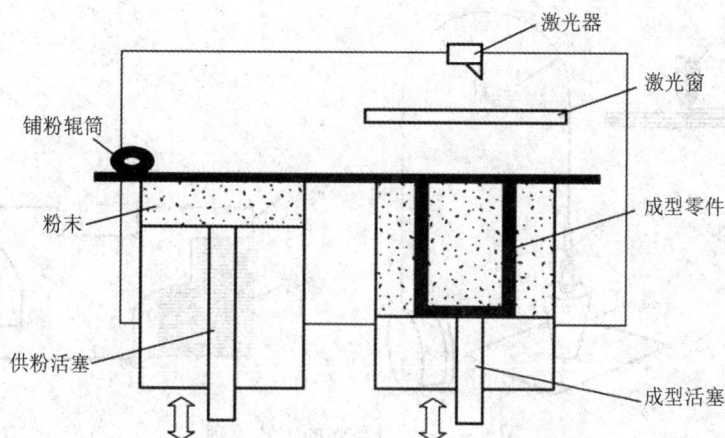

图 9-4-5　SLS 的工艺原理

2. 选择性激光烧结的特点

选择性激光烧结具有以下优点:

(1) 可以采用多种材料。

(2) 过程与零件复杂程度无关,制件的强度高。

(3) 材料利用率高,未烧结的粉末可重复使用,材料无浪费。

(4) 无需支撑结构。

(5) 与其他成型方法相比,能生产较硬的模具。

选择性激光烧结具有以下缺点:

(1) 原型结构疏松、多孔,且有内应力,制件易变形。

(2) 生成陶瓷、金属制件的后处理较难。

(3) 需要预热和冷却。

(4) 成型表面粗糙多孔,并受粉末颗粒大小及激光光斑的限制。

(5) 成型过程产生有毒气体和粉尘,污染环境。

五、熔融沉积制造(FDM)

熔融沉积成型(FDM)又称熔融挤压成型(MEM,Melted Extrusion Modeling)。熔融沉积成型工艺于1988年研制成功,后由美国推出商品化3D Modeler1000 和 FDM1600 等规格的系列产品。最新产品是制造大型 ABS 原型的 FDM800Quantum 等型号的产品。

1. 熔融沉积制造原理

将热熔性材料(ABS、尼龙或蜡)通过喷头加热器熔化；喷头沿零件截面轮廓和填充轨迹运动,同时将熔化的材料挤出；材料迅速凝固冷却后,与周围的材料凝结形成一个层面；然后将第二个层面用同样的方法建造出来,并与前一个层面熔结在一起,如此层层堆积而获得一个三维实体(不需激光系统)。熔融沉积的工艺原理如图9-4-6所示。

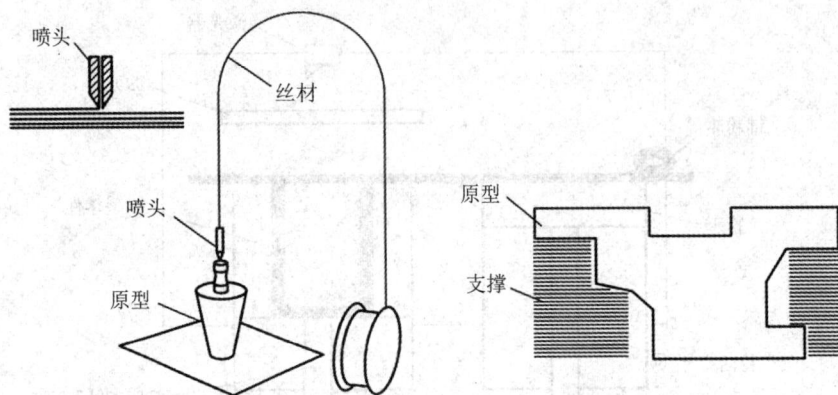

图 9-4-6　FDM 的工艺原理

2. 熔融沉积制造的特点

熔融沉积制造具有以下优点:

(1) FDM 工艺不用激光器件,因此使用、维护简单,成本较低。

(2) 采用水溶性支撑材料,使得去除支撑结构简单易行,可快速构建复杂的内腔、中空零件以及一次成型的装配结构件。

(3) 原材料以材料卷的形式提供,易于搬运和快速更换。

(4) 可选用多种材料,如各种色彩的工程塑料 ABS、PC、PPSF 以及医用 ABS 等。

(5) 原材料在成型过程中无化学变化,制件的翘曲变形小,污染小,材料可以回收。

(6) 用蜡成型的原型零件,可直接用于熔模铸造。

熔融沉积制造具有以下缺点:

(1) 原型的表面有较明显的条纹。

(2) 沿成型轴垂直方向的强度比较弱。

(3) 需要设计与制作支撑结构。

(4) 需要对整个截面进行扫描涂覆,成型时间较长。

六、三维打印(3DP)

三维打印原理类似于喷墨打印机原理,首先铺粉,利用喷嘴按指定路径将液态黏结剂喷在粉层上的特定区域,黏结后去除多余的材料便得到所需的原型或零件。也可以直接逐层喷涂陶瓷或其他材料粉浆,硬化后即得到所需的原型或零件。三维打印的工艺原理如图9-4-7所示。

三维打印具有以下特点：

（1）成型速度快，成型材料价格低，适合做桌面型的快速成型设备。

（2）在黏结剂中添加颜料，可以制作彩色原型，这是该工艺最具竞争力的特点之一。

（3）成型过程不需要支撑，多余粉末的去除比较方便，特别适合于做内腔复杂的原型。

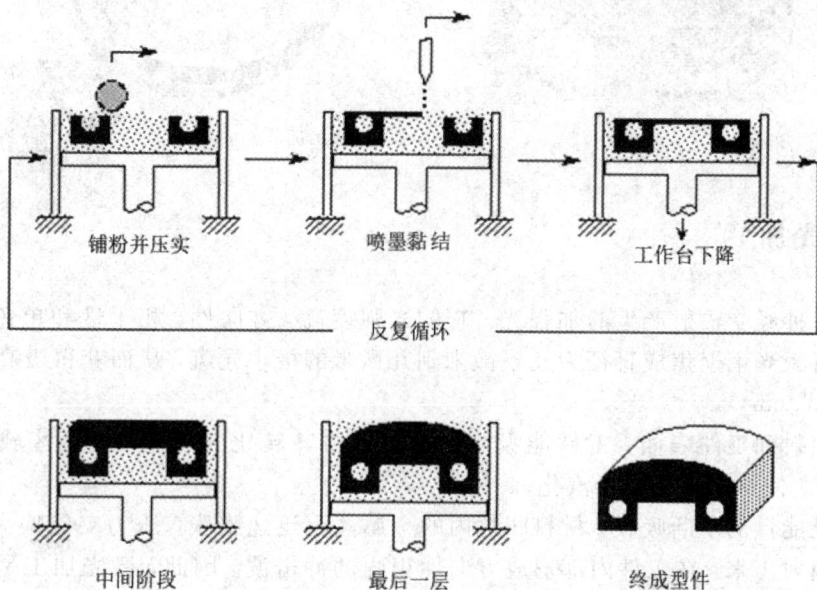

图 9 - 4 - 7　3DP 的工艺原理

9.5　激 光 加 工

📖 学习目标

1. 了解激光加工的原理、特点。
2. 了解激光加工的基本设备及其组成部分。
3. 了解激光加工的应用。

🔶 课堂讨论

观察如图 9 - 5 - 1 所示零件，它们有什么特点？采用传统加工方式能否完成？你能说出生活中类似的零件吗？

图 9 - 5 - 1　激光加工产品

一、认识激光加工

激光是一种经受辐射产生的加强光。它的光强度高，方向性、相干性和单色性好，通过光学系统可将激光束聚焦成直径为几十微米到几微米的极小光斑，从而获得极高的能量密度（108～1010 W/cm²）。

当激光照射到工件表面，工件能吸收光并迅速将其转化为热能，光斑区域的温度可达 10 000℃以上，使材料熔化或者汽化。

随着激光能量的不断吸收，材料凹坑内的金属蒸汽迅速膨胀，压力突然增大，熔融物爆炸式地高速喷射出来，在工件内部形成方向性很强的冲击波。因此，激光加工是工件在光热效应下产生的高温熔融和冲击波的综合作用过程。

1. 激光加工的工作原理

如图 9 - 5 - 2 所示，是固体激光器中激光的产生和工作原理图。

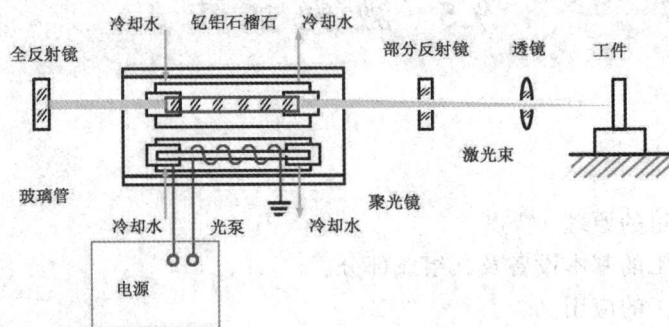

图 9 - 5 - 2　固体激光器激光的产生及工作原理

当激光的工作物质钇铝石榴石受到光泵（激励脉冲氙灯）的激发后，吸收具有特定波长的光，在一定条件下可导致工作物质中的亚稳态粒子数大于低能级粒子数，这种现象称为粒子数反转。此时一旦有少数激发粒子产生受激辐射跃迁，造成光放起，再经过谐振腔内的全反射镜和部分反射镜的反馈作用产生振荡，由调振腔的一端输出激光。再通过透镜聚焦成高能光束，照射在工件表面上，即可进行加工。固体激光器中常用的工作物质除钇铝石榴石外，还有红宝石和钕玻璃等材料。

2. 激光加工的特点

（1）激光加工属于高能束流加工，其功率密度可高达 $108\sim1010$ W/cm^2，几乎可以加工任何金属与非金属材料。

（2）激光加工无明显机械力，也不存在机械损耗问题。加工速度快，热影响区小，易实现加工过程自动化。

（3）激光可通过玻璃等透明材料进行加工，如对真空管内部进行焊接等。

（4）激光可以通过聚焦，形成微米级的光斑，输出功率的大小又可以调节，因此可用于精密微细加工。

（5）可达到 0.01 mm 的平均加工精度和 0.001 mm 的最高加工精度；表面粗糙度 Ra 值可达 $0.4\sim0.1$ μm。

二、激光加工基本设备及其组成部分

激光加工的基本设备由激光器、导光聚焦系统和加工机（激光加工系统）三部分组成。

1. 激光器

激光器是激光加工的重要设备，它的任务是把电能转变成光能，产生所需要的激光束。按工作物质的种类可分为：

（1）固体激光器：包括红宝石激光器、钕玻璃激光器、YGA（掺钕钇铝石榴石）激光器，固体激光器的结构如图 9-5-3 所示。

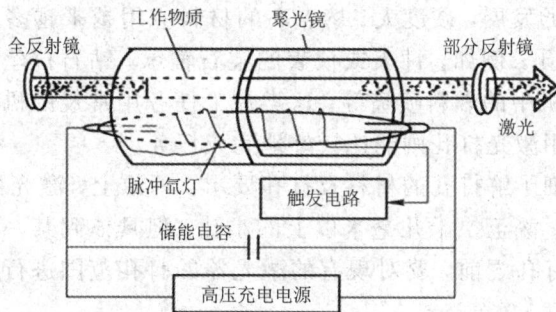

图 9-5-3 固体激光器结构示意图

（2）气体激光器：包括二氧化碳激光器、氩离子激光器。二氧化碳激光器的结构如图 9-5-4 所示。

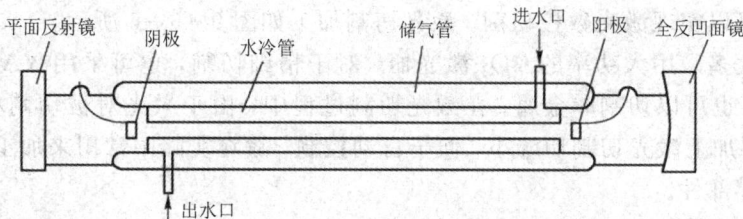

图 9-5-4 二氧化碳激光器结构示意图

2. 导光聚焦系统

根据被加工工件的性能要求，光束经放大、整形、聚焦后作用于加工部位，这种从激光器输出窗口到被加工工件之间的装置称为导光聚焦系统。

3. 激光加工系统

激光加工系统主要包括床身、能够在三维坐标范围内移动的工作台及机电控制系统等。随着电子技术的发展，许多激光加工系统已采用计算机来控制工作台的移动，实现激光加工的连续工作。激光加工系统如图 9-5-5 所示。

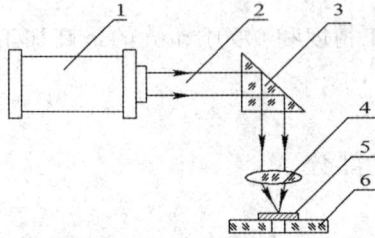

1—激光器；2—激光束；3—全反射棱镜；4—聚焦系统；5—工件；6—工作台

图 9-5-5　激光加工示意图

三、激光加工的应用

1. 激光打孔

随着近代工业技术的发展，硬度大、熔点高的材料应用越来越多，并且常常要求在这些材料上打出又小又深的孔，例如，钟表或仪表的宝石轴承，钻石拉丝模具，化学纤维的喷丝头以及火箭或柴油发动机中的燃料喷嘴等。这类加工任务用常规的机械加工方法很困难，有的甚至是不可能的，而用激光打孔则能比较好地完成任务。

激光打孔中，要详细了解打孔的材料及打孔要求。理论上，激光可以在任何材料的不同位置，打出浅至几微米，深至二十几毫米以上的小孔，但具体到某一台打孔机，它的打孔范围是有限的。所以，在打孔之前，要对现有的激光器的打孔范围进行充分的了解，以确定能否打孔。

激光打孔的质量主要与激光器输出功率和照射时间、焦距与发散角、焦点位置、光斑内能量分布、照射次数及工件材料等因素有关。在实际加工中应合理选择这些工艺参数。

2. 激光切割

激光切割的原理与激光打孔相似，但工件与激光束要相对移动。在实际加工中，采用工作台数控技术可以实现激光数控切割。激光切割加工如图 9-5-6 所示。

激光切割大多采用大功率的 CO_2 激光器，对于精细切割，也可采用 YAG 激光器。激光可以切割金属，也可以切割非金属。在激光切割过程中，由于激光对被切割材料不产生机械冲击和压力，再加上激光切割切缝小，便于自动控制，故在实际中常用来加工玻璃、陶瓷、各种精密细小的零部件。

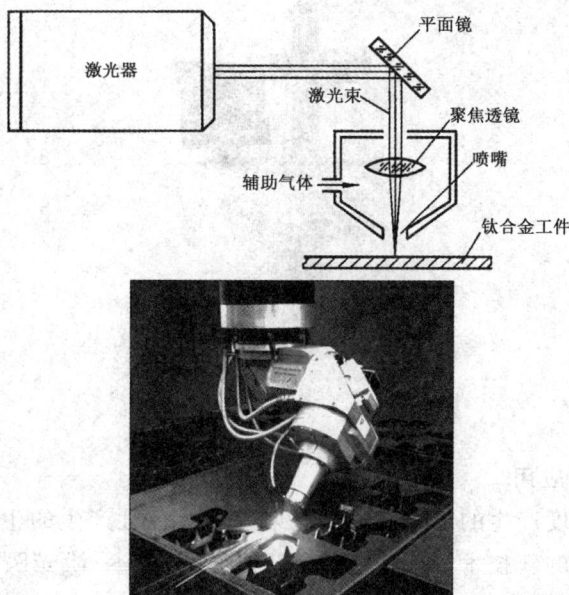

图 9-5-6 激光切割加工

3. 激光焊接

当激光的功率密度为 $105\sim107$ W/cm^2，照射时间约为 1/100 s 左右时，可进行激光焊接。激光焊接一般无需焊料和焊剂，只需将工件的加工区域"热熔"在一起即可。激光焊接速度快，热影响区小，焊接质量高，既可焊接同种材料，也可焊接异种材料，还可透过玻璃进行焊接。

当激光的功率密度约为 $103\sim105$ W/cm^2 时，便可实现对铸铁、中碳钢，甚至低碳钢等材料进行激光表面淬火。淬火层深度一般为 $0.7\sim1.1$ mm，淬火层硬度比常规淬火约高 20%。激光淬火变形小，还能解决低碳钢的表面淬火强化问题。图 9-5-7 所示为激光表面淬火处理应用实例。

图 9-5-7 激光表面淬火处理

4. 激光打标和雕刻

传统的打标是用酸腐蚀的，不仅有污染，而且要好几步工艺，费时费工。激光打标无污染，而且标记不易磨损。目前在汽车业及半导体工业已经普及。激光打标分两种方式：一种是用掩模板在产品上形成固定的标记，另一种是用计算机控制的光学扫描系统在产品上刻画出永久性标记。激光打印机如图 9-5-8 所示。

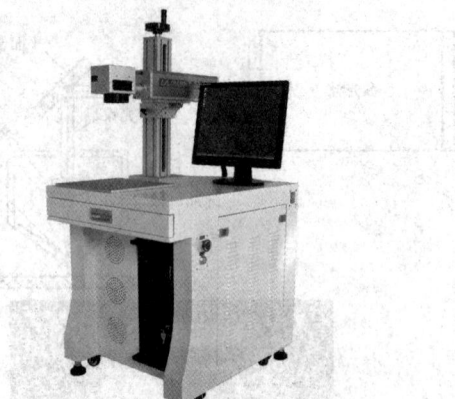

图 9 - 5 - 8　激光打标机

5. 激光在医学中的应用

利用激光束的高亮度产生的热效应、激光束好的单色性产生的生物效应可以治疗疾病。激光技术已成为医学中的新技术，已形成一个新医学分支——激光医学，可以医治眼科、妇科、皮肤科、内科、肿瘤科在内的 200 多种疾病。

9.6　超声波加工

📖 学习目标

1. 了解超声波加工原理、特点。
2. 了解超声波加工设备。
3. 了解超声波加工的工艺规律。
4. 熟悉超声波加工的应用。

☕ 课堂讨论

观察如图 9 - 6 - 1 所示零件，它的表面质量有什么特点呢？采用传统加工方式能否完成呢？你能说出生活中类似的零件吗？

图 9 - 6 - 1　超声波加工的产品

一、认识超声波加工

1. 超声波加工的原理与特点

1）加工原理

超声波加工是利用工具端面的超声波振动，通过磨料悬浮液加工脆硬材料的一种成型方法，加工原理如图 9-6-2 所示。

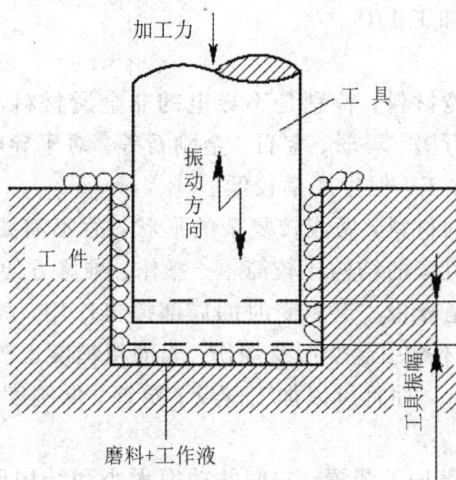

图 9-6-2　超声波加工原理图

如图 9-6-3 所示，加工时，在工具头 9 和工件 11 之间加入 磨料悬浮液 13，同时使工具

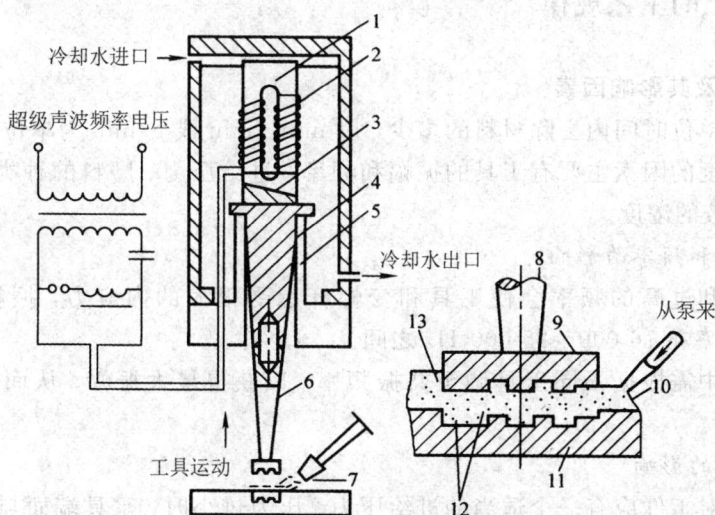

1—换能器；2—激励线圈；3—银钎接缝；4—换能器椎体；5—谐振支座；
6—变幅杆；7—磨料射流；8—工具锥；9—工具头；10—磨料粒子；
11—工件；12—工件料碎粒；13—磨料悬浮液

图 9-6-3　超声波加工示意图

以一定的力作用在工件上。超声换能器 1 产生 16 kHz 以上超声波的纵向振动，并通过变幅杆 4（连接换能器锥体 6）把振幅放大到 0.05～0.1 mm。驱动工具端面作超声振动，迫使磨料悬浮液中的磨粒以很大的加速度和速度不断地锤击、冲击被加工表面，使工件材料被加工下来。与此同时，工作液受工具端面的超声振动作用而产生的高频、交变的液压正负冲击波和"空化"作用，加剧了机械破坏作用。

超声波加工是基于局部的撞击作用，因此就不难理解，愈是脆硬的材料，受到的破坏愈大。相反，脆性和硬度不大的韧性材料则难以加工。因此，可以选择合理的工具材料，如 45 钢就是一种比较理想的超声加工工具。

2）超声波加工的特点

（1）适合于加工各种硬脆材料，特别是不导电的非金属材料，例如玻璃、陶瓷（氧化铝、氮化硅等）、石英、锗、硅、石墨、玛瑙、宝石、金刚石等。对于导电的硬质金属材料，如淬火钢、硬质合金等，也能进行加工，但生产率较低。

（2）由于工具可用较软的材料，做成较复杂的形状，故不需要使工具和工件作比较复杂的相对运动，因此超声加工机床的结构比较简单，操作、维修方便。

（3）由于去除加工材料是靠极小磨料瞬时的局部撞击作用，故工件表面的宏观切削力很小，切削应力、切削热很小，不会引起变形及烧伤，表面粗糙度也较低，可达 $Ra=1～0.1\ \mu m$，加工精度可达 0.01～0.02 mm，而且可以加工薄壁、窄缝、低刚度零件。

2. 超声波加工设备

超声波加工设备又称超声加工装置，它们的功率大小和结构形状虽有所不同，但其组成部分基本相同，一般包括超声发生器、超声振动系统、机床本体和磨料工作液循环系统。

二、超声波加工的工艺规律

1. 加工速度及其影响因素

加工速度指单位时间内去除材料的多少，以 mm^3/min 或 g/min 为单位来表示。

影响加工速度的因素主要有工具的振幅和频率、进给压力、磨料的种类和粒度、被加工材料、磨料悬浮液的浓度。

1）工具振幅和频率的影响

过大的振幅和过高的频率会使工具和变幅杆承受很大的内应力，振幅一般在 0.01～0.1 mm之间，频率在 16 000～25 000 Hz 之间。

在实际加工中需根据不同工具调至共振频率，以获得最大振幅，从而达到较高的加工速度。

2）进给压力的影响

加工时工具对工件应有一个适当的进给压力。压力过小时，工具端面与工件加工表面间的间隙增大，从而减少了磨料对工件的锤击力；压力增大，间隙减少，当间隙减少到一定程度则会降低磨料与工作液的循环更新速度，从而降低生产率。

3）磨料种类和粒度的影响

加工时针对不同强度的工件材料，可选择不同的磨料。磨料强度愈高，加工速度愈快，但要考虑价格成本。

4）被加工材料的影响

被加工材料愈硬脆，则承受冲击载荷的能力愈低，愈易被去除加工，反之，韧性愈好，愈不易加工。

5）磨料悬浮液浓度的影响

磨料悬浮液浓度低，加工间隙内的磨粒少，特别是在加工面积大、深度较大时可能造成加工区局部没有磨料，使加工速度大大降低。

磨料浓度增加，加工速度也增加，但浓度太高，磨粒在加工区域内的循环运动和对工件的撞击运动受到影响，又会导致加工速度降低。

2. 加工精度及其影响因素

超声波的加工精度，除了受机床、夹具精度影响外，主要与磨料粒度、工具精度及其磨损情况、加工深度、被加工材料性质有关。

3. 表面质量及其影响因素

超声波加工具有良好的表面质量，不会产生表面变质层和烧伤，其表面粗糙度主要与磨粒尺寸、超声波振幅大小和工件材料硬度有关。

三、超声波加工的应用

1. 超声波加工

超声波加工目前在各工业部门中主要用于对脆硬材料加工圆孔、型孔、型腔、套料、微细孔等，如图9-6-4所示。

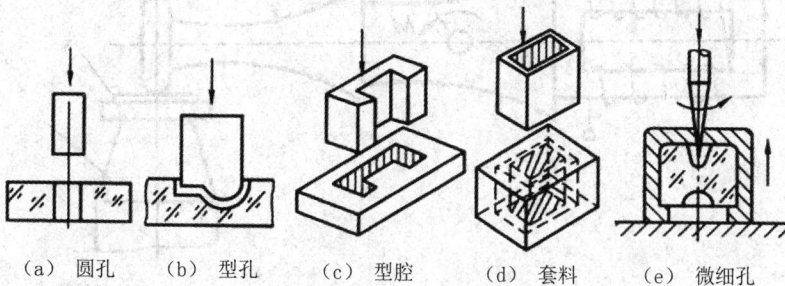

(a) 圆孔　　(b) 型孔　　(c) 型腔　　(d) 套料　　(e) 微细孔

图9-6-4　超声波加工

2. 超声波切割

用普通机械加工切割脆硬的半导体材料是很困难的，采用超声波切割则较为有效。如图9-6-5所示。

3. 超声波清洗

超声波清洗的原理主要是基于超声波高频振动在液体中产生的交变冲击波和空化作用。超声波清洗装置如图9-6-6所示。

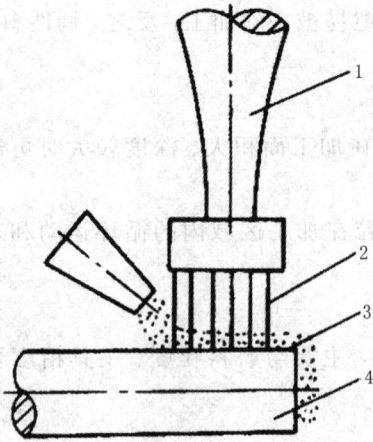

1—变幅杆；2—工具（薄片刚）；3—磨料液；4—工件（单晶硅）

图 9-6-5　超声波切割单晶硅片示意图

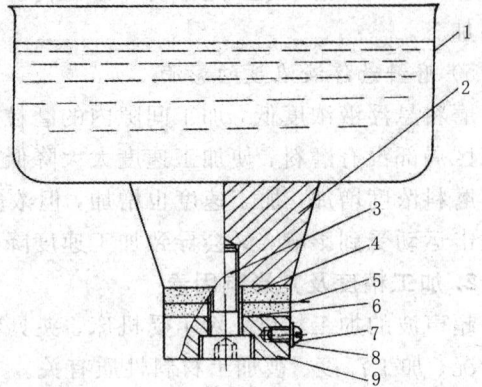

1—清洗槽；2—硬铝合金；3—压紧螺钉；4—换能器压电陶瓷；
5—镍片（+）；6—镍片；7—接线螺钉；8—垫圈；9—钢垫块

图 9-6-6　超声波清洗装置

4. 超声波焊接

　　利用高频振动产生的撞击能量，去除工件表面的氧化膜杂质，露出新鲜的本体，在两个被焊工件表面分子的撞击下，亲和、熔化并粘接在一起。如图 9-6-7 所示。

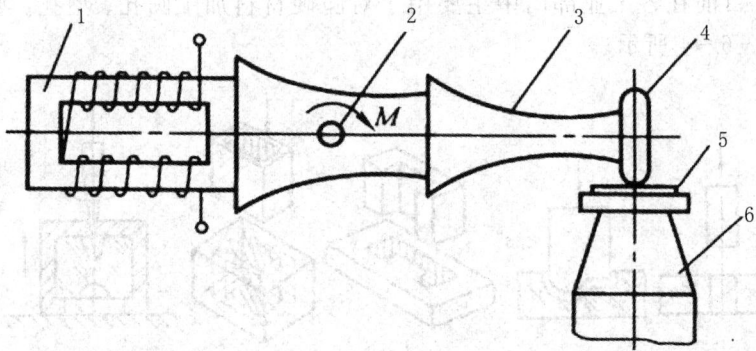

1—换能器；2—固定轴；3—变幅杆；4—焊接工具头；5—被焊工件；6—反射体

图 9-6-7　超声波焊接示意图

巩 固 练 习

1. 电火花线切割加工的原理是什么？
2. 线切割工件时，电极丝和工件分别与电源的什么极相接？
3. 数控电火花线切割加工特点是什么？使用在什么情况下？
4. 线切割加工中常用的电极丝有哪几种？
5. 线切割加工时，工件的装夹方式有哪几种？
6. 影响电火花线切割加工的工艺指标主要有哪些因素？

7. 在电火花加工中，怎样实现电极在加工工件上的精确定位？

8. 试比较常用电极（如紫铜、黄铜、石墨）的优缺点及使用场合。

9. 电火花穿孔加工中常采用哪些加工方法？

10. 电火花成型加工中常采用哪些加工方法？

11. 熔融沉积制造与三维打印的原理及特点是什么？

12. 激光加工基本设备及其组成部分是什么？

参 考 文 献

[1]　杜力，王英杰. 机械工程材料[M]. 北京：机械工业出版社，2014.

[2]　张学政. 金属加工实训（基础常识与技能训练）[M]. 北京：中国劳动社会保障出版社，2010.

[3]　朱流. 金工实习[M]. 北京：机械工业出版社，2013.

[4]　唐琼英. 金工实训[M]. 北京：机械工业出版社，2015.

[5]　曹元俊. 金属加工常识[M]. 北京：高等教育出版社，2001.

[6]　陈海魁. 铣工工艺学[M]. 3版. 北京：中国劳动社会保障出版社，2005.

[7]　刘文静，朱世欣. 工程基础训练教程[M]. 北京：机械工业出版社，2018.

[8]　杨冰，温上樵. 金属加工实训－钳工实训[M]. 北京：机械工业出版社，2016.

[9]　钱大岭，邢文娟. 车工工艺与技能训练[M]. 天津：南开大学出版社，2013.

[10]　朱明松. 数控车床编程与操作项目教程[M]. 北京：机械工业出版社，2018.

[11]　缪德建，顾雪艳. 数控加工工艺与编程[M]. 南京：东南大学出版社，2016.

[12]　成建峰，赵猛. 智能加工中心加工工艺与编程[M]. 北京：机械工业出版社，2018.